大学工程制图疑难题解析指导

郭 慧 赵菊娣 刘 晶 张明忠 主编

華東理工大學出版社
EAST CHINA UNIVERSITY OF SCIENCE AND TECHNOLOGY PRESS
·上海·

图书在版编目(CIP)数据

大学工程制图疑难题解析指导 / 郭慧等主编. —上海：华东理工大学出版社，2018.12(2025.1 重印)

ISBN 978 - 7 - 5628 - 5586 - 6

Ⅰ.①大… Ⅱ.①郭… Ⅲ.①工程制图—高等学校—题解 Ⅳ.①TB23 - 44

中国版本图书馆 CIP 数据核字(2018)第 276236 号

策划编辑 / 徐知今
责任编辑 / 吴蒙蒙
装帧设计 / 徐　蓉
出版发行 / 华东理工大学出版社有限公司
地址：上海市梅陇路 130 号，200237
电话：021 - 64250306
网址：www.ecustpress.cn
邮箱：zongbianban@ecustpress.cn
印　　刷 / 上海展强印刷有限公司
开　　本 / 787 mm×1092 mm　1/16
印　　张 / 15
字　　数 / 324 千字
版　　次 / 2018 年 12 月第 1 版
印　　次 / 2025 年 1 月第 4 次
定　　价 / 46.00 元

前　　言

工程制图是工科类各专业的一门必修的技术基础课，其主要任务是培养学生具有一定的空间想象和思维能力，掌握按标准规定表达工程图样的实际技能，为学习后继的机械设计系列课程打下基础。同时它在培养学生形象思维、科学研究和创新能力等综合素质的过程中起着重要的作用。

为了帮助同学们学好工程制图，掌握绘制和阅读机械工程图样的能力，同时为了培养学生实现从平面图样（两维）与空间实体（三维）的相互转换的空间思维能力，以及自觉遵守国家标准的习惯和能力，华东理工大学工程图学与 CAD 技术研究室从教学实际和基本要求出发，结合近年来教学研究和教学改革的实践经验，编写了本书。本书针对学习工程制图中碰到的疑难问题，通过大量解题实例，帮助学生尽快培养空间思维能力，总结解题方法。本书既可作为工科类各专业学生学习工程制图课程的辅助教材，也可帮助教师归纳课程教学重点和思路，也是教师的教学参考书。

本书由郭慧、赵菊娣、刘晶、张明忠主编。全书共分 10 章，每章分为内容提要、解题要领、解题指导、自测题四个部分。参加编写的老师有郭慧（第 4 章、第 9 章、第 10 章）、赵菊娣（第 7 章）、刘晶（第 3 章）、张明忠（第 5 章、第 8 章）、马惠仙（第 2 章）、张纯楠（第 6 章）、傅琴（第 1 章）。

华东理工大学林大钧教授认真审阅了本书，提出了许多宝贵的意见和建议，在此表示衷心的感谢。

本书在编写过程中，参考了一些同类书籍，在此向作者表示感谢。由于编者水平有限，书中难免存在缺点和错误，敬请广大读者批评指正。

编　者

2018.8

目　　录

1　基本几何元素的投影

1.1　内容提要

本章要求学生根据正投影的原理，掌握正投影的投影特性和投影规律，为绘制工程图样提供基础理论知识。通过实例论述了空间几何元素点、直线、平面的投影及有关投影的几个重要性质、定理；讨论了点、直线、平面之间的相对位置及其投影规律。

要求熟练掌握以下基本概念：

投影特性：
- 正投影的平行性、真实性、积聚性和类似性；
- 点、直线、平面的投影特点；
- 直角三角形法求直线实长和倾角；
- 直角三角形法求平面实形和倾角。

相对位置（平行、相交、垂直）：
- 两点间的相对位置、重影点概念；
- 点在直线上的从属性、定比性；
- 两直线平行、相交、交叉的投影特点及判别；
- 两直线垂直的投影特点及判别（直角投影定理）；
- 平面上取点和直线的方法（从属性）；
- 直线与平面平行、相交、垂直的投影作图；
- 平面与平面平行、相交、垂直的投影作图。

本章主要通过作图方法，解决以下问题：

(1) 求空间点 $A(x, y, z)$在三面投影体系的投影 $A(a, a', a'')$；

(2) 求一般位置直线的实长和倾角；

(3) 根据直线上点的从属性和定比性，在直线上取点；

(4) 在已知平面上取点和直线；

(5) 求直线与平面相交的交点、两平面相交的交线；

(6) 求解直线与平面平行、平面与平面平行的基本作图问题；

(7) 求解直线与平面垂直、平面与平面垂直的基本作图问题。

1.2　解题要领

首先必须掌握正确的思维方法——空间思维（包含逻辑思维和形象思维）。基本概念和基本原理要理解透彻，灵活应用。应从题给条件及要求出发，根据投影的基本理论、性质、定理，充分运用平面几何、立体几何知识，分析题给条件的几何要素在空间的位置，几何要素之间的相对位置关系以及它们在投影图上的反映，确定解题方法及步骤。解题时要求题目理解准确，理论运用熟练，解题思路清晰，作图步骤清楚。

要注重训练和提高自己的空间想象、空间分析和空间构思能力，要多做题，多画图，多读图，多想象，通过由物到图、由图到物、图物对照等方法，逐步培养空间想象能力，能从二维图形想象出三维形状，将物体的三维形状正确表达出二维图形。

1.3 解题指导

1.3.1 点的投影

【问题一】 已知点的空间位置(三维坐标)，怎样绘制(二维)投影图？

1-1 已知点的空间位置，试作投影图(以 mm 为单位)。

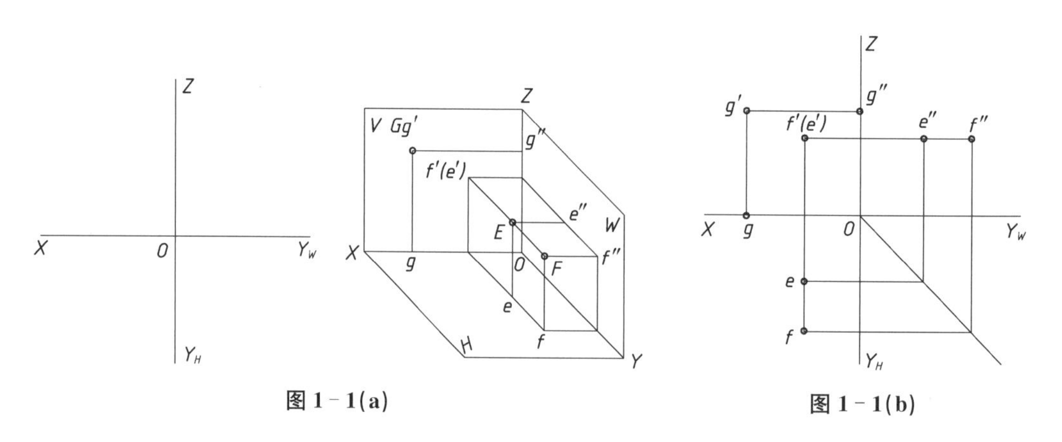

图 1-1(a)　　图 1-1(b)

【解题分析】

图 1-1(a)已知点的空间位置，点 E、点 F 为一般位置点，沿着 X、Y、Z 轴的方向量取各点的坐标值，即可作出各点的投影。点 E、点 F 为 V 面的重影点，重影点还需判别可见性，$F_y > E_y$，e' 不可见。点 G 的 y 坐标为 O，因此该点在 V 面上。

【作图步骤】

(1) 沿着 X，Y，Z 轴的方向，分别量取各点的坐标值，即可作出各点的投影。

(2) $F_y > E_y$，e' 不可见，应加括号，即(e')。

(3) 作图时，可先做 45°辅助作图线。

答案如图 1-1(b)所示。

【问题二】 已知点的相对坐标，怎样绘出点的投影图？

1-2 已知点 B 在点 A 左方 5 mm、下方 15 mm、前方 10 mm，点 C 在点 A 正前方 15 mm，试作点 B、点 C 的三面投影。

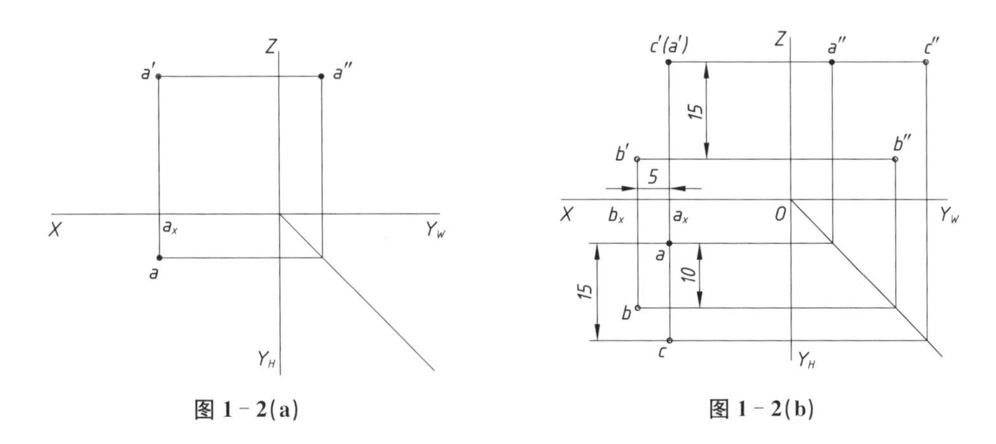

图 1-2(a)　　图 1-2(b)

【解题分析】

图 1-2(a) 已知点 A 的三面投影，根据题意可知，点 A、点 B、点 C 均为一般位置点，空间位置点 B 在点 A 左、下、前方。点 C 在点 A 正前方，其与点 A 的 x、z 坐标重合，$C_y>A_y$，C、A 两点在 V 面上形成重影点。

【作图步骤】

(1) 从 a_x 沿 X 轴的方向向左量取 5 mm，得 b_x，过 b_x 作 X 轴垂线；

(2) 过 a 在 aa'的向下延长线上量取 10 mm，作 aa'垂线，与过 b_x 所作的垂线相交，得 b；

(3) 同理，过 a'向下量取 15 mm 作 aa'的垂线，与过 b_x 所作的垂线相交，得 b'；

(4) 过 b 和 b'，分别向侧面(W 面)作投影连线，其相交的交点，就是所求的 b''；

(5) 过 a 沿 $a'a$ 的延长线量取 15 mm，得 c，过 a'作 Z 轴的垂线，得 c''。c'与 a'是重影点，对重影点还需判别可见性。至于 a'、c'可见性的判别，由于 $y_c>y_a$，故 a'不可见，应加括号，即(a')。

答案如图 1-2(b)所示。

【问题三】 已知各点的两面投影怎样求第三面投影？

1-3 已知图 1-3(a)各点的两面投影，试画出第三投影。

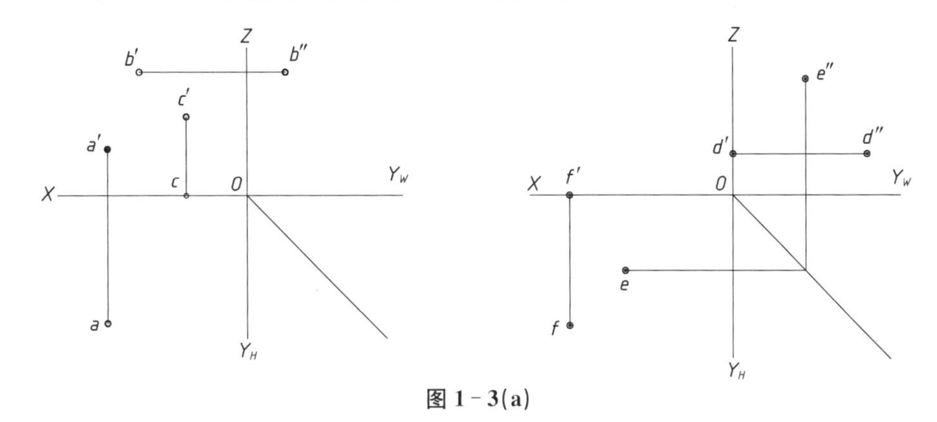

图 1-3(a)

【解题分析】

图 1-3(a)已知点的两面投影，可分析出点的空间位置，点 A、B、E 为一般位置点；点 C、D、F 为特殊位置点。点 C 在 V 面上，它的 Y 坐标为 0，c''在 Z 轴上；点 D 在 W 面上，它的 X 坐标为 0，d'在 Z 轴上；点 F 在 H 面上，它的 Z 坐标为 0，f''在 Y_W轴上。

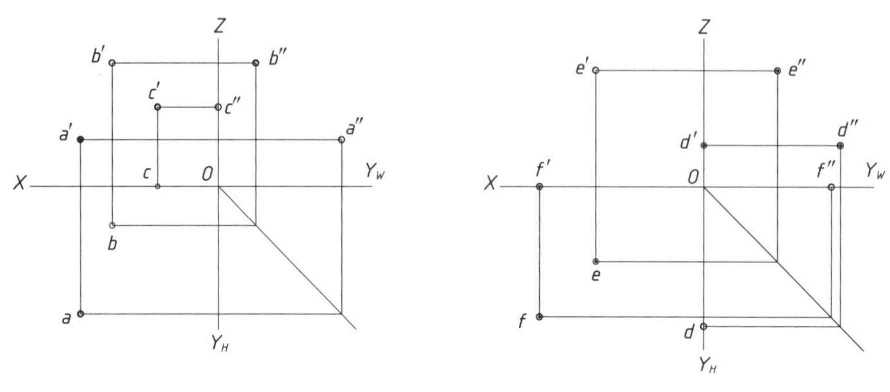

图 1-3(b)

【作图步骤】

(1) 按点的投影规律，知二求三，作出一般位置点 A、B、E 的另一投影；

(2) 对于特殊点 C、D、F 的求法：过 c'作 Z 轴的垂线，垂线与 Z 轴的交点既为 c''；过 d''作 Y_W轴的垂线并延伸至 45°斜线，再从交点处作平行于 Y_W轴的直线，与 Y_H轴的交点即 d；过 d''作 Z 轴的垂线，与 Z 轴的交点即为 d'；同理，再分别求得 f'和 f''。答案如图 1-3(b)所示。

【问题四】 已知点的三个坐标，怎样求点的三面投影？

1-4 已知点 A 的坐标为(30, 15, 20)，点 B 的坐标为(30, 0, 10)，试在图 1-4(a)上作它们的投影图。

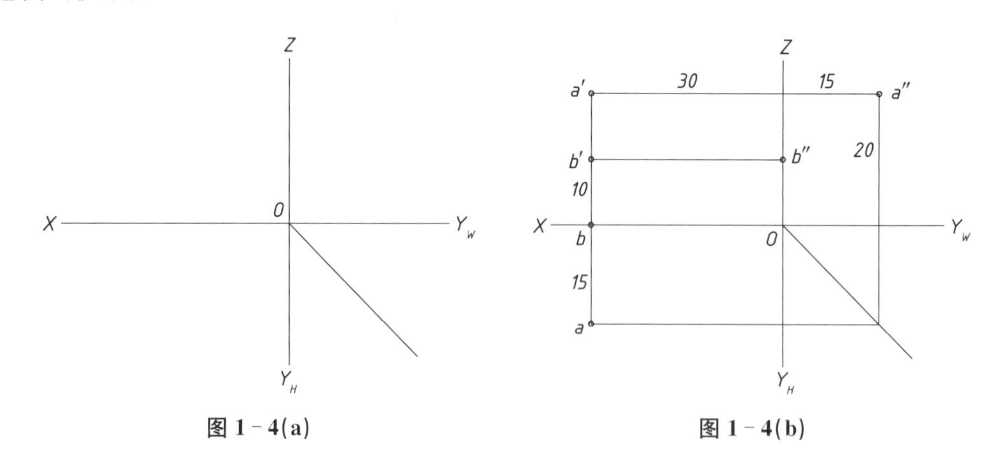

图 1-4(a) **图 1-4(b)**

【解题分析】

空间点及投影与点的坐标的关系为：$A(x, y, z)$，$a(x, y, 0)$，$a'(x, 0, z)$，$a''(0,$

y，z)。所以，已知空间点的三个坐标可以得到三投影面体系的唯一一组投影，由已知点的一组投影即可确定该点在空间的坐标值以及该点的空间位置。

【作图步骤】

(1) 过点 O 作 45°辅助作图线。

(2) 分别在 X、Z 轴上量取(30，15，20)，根据投影规律，可得到 $A(a, a', a'')$。

(3) 点 B 的坐标 Y 为 0，点 B 在 V 面上，b 在 X 轴上，b''在 Z 轴上，b'在 V 面上。

答案如图 1-4(b)所示。

1.3.2 直线的投影

1-5 已知图 1-5(a)点 A(15，10，25)的三面投影，点 B 的坐标为(40，25，25)，点 C 在点 B 下方 25 mm、后方 25 mm、右方 10 mm，作出 B、C 两点的三面投影，并连接 AB、BC、AC，判别其空间位置。

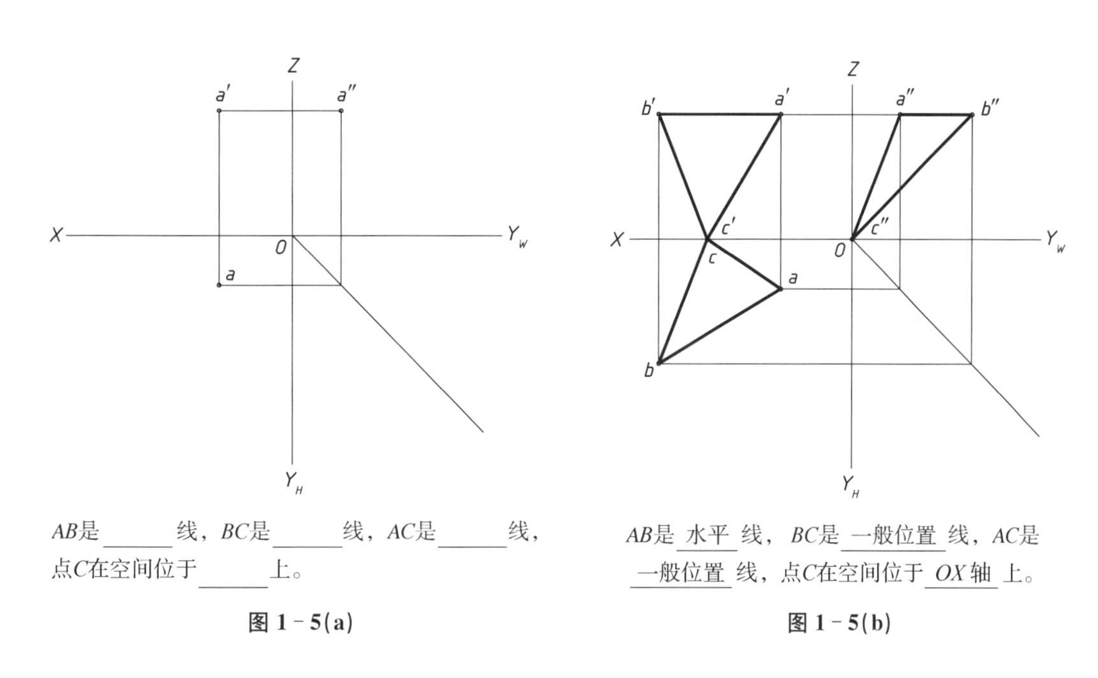

图 1-5(a) 图 1-5(b)

【解题分析】

两点即可确定一条直线，解题前必须弄清各种位置直线的投影特性，并画出直线的三面投影图。即可确定该直线的空间位置。

【作图步骤】

(1) 根据点 B 的坐标(40，25，25)，作出点 B 的三面投影图。

(2) 根据点的相对位置的投影规律，作出点 C 的三面投影图。

(3) 分别将上述三点的同面投影相连，得出直线的三面投影图。

(4) 判别三条直线的空间位置。答案如图 1-5(b)所示。

【问题五】　怎样根据定比定理，求直线上的点？

1-6　在已知线段 AB 上求一点 C，使 $AC:CB=1:2$，并作出点 C 的投影。

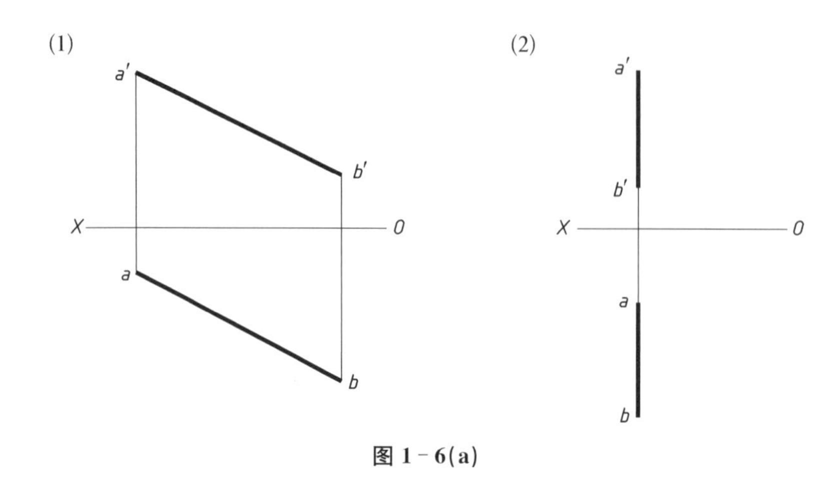

图 1-6(a)

【解题分析】

该题应根据点的从属性和点分割线段成比例的定比定理作图，(1) AB 为一般位置直线，可以用射线法在一面投影上求点 C 的投影，用点在直线上的从属性求另一投影；(2) AB 为特殊位置直线，是侧平线，因此，两面投影图上都要用射线法作图。

【作图步骤】

(1) 利用分割线段成比例的定比分割法作图(射线法)，过 a 作一射线 B_1，将其分为 3 段，连接 B_1b，过点 C_1 作 B_1b 的平行线得 c，过 c 作 OX 轴垂线，与 $a'b'$ 的交点 c' 即为所求。

(2) 两投影均可由定比分割法作图，作图方法同上。

答案如图 1-6(b)所示。

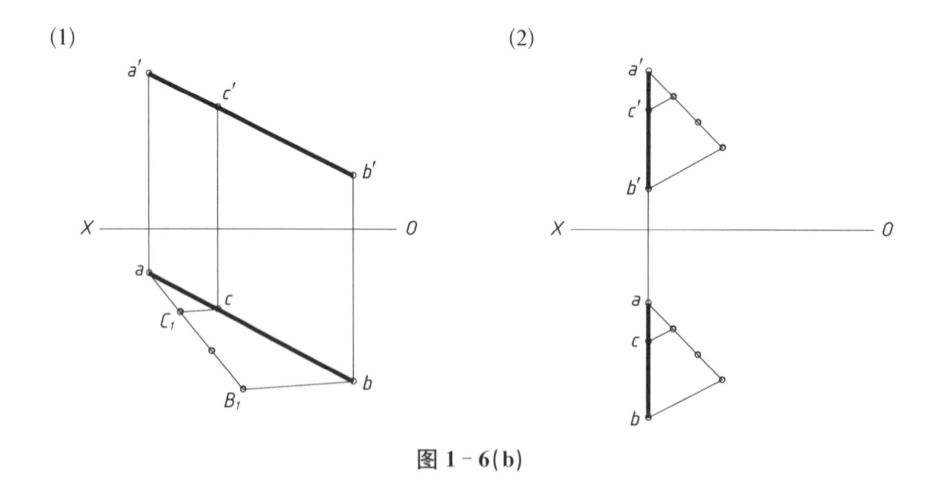

图 1-6(b)

【问题六】　如何判断空间点是否在直线上？

1-7　(1) 求一属于直线 AB 的点 K 的其他两投影,(2) 判断点 Q 是否属于直线 CD。

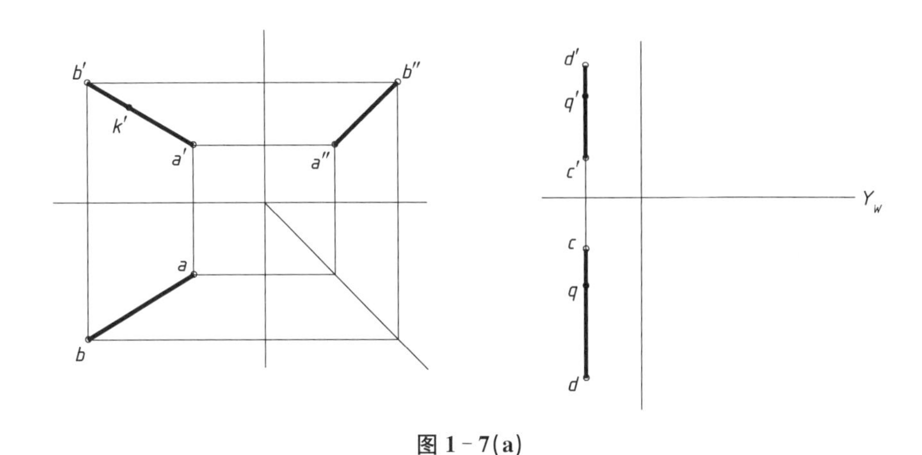

图 1-7(a)

【解题分析】

根据点的从属性,点 K 在直线上,则点 K 的各个投影必定在该直线的同面投影上;反之,若该点的各个投影均在直线的同面投影上,则该点一定在直线上。根据投影规律,作点 K 在直线 AB 的投影即可。

由于 CD 为特殊位置直线,是侧平线,则需要作出第三面投影来判断点 Q 是否属于直线 CD(另一种方法,用定比定理也可以进行判断)。

【作图步骤】

(1) 过已知 k'分别作 X 轴、Z 轴的垂线,交 ab 上得 k,交 $a''b''$上得 k''。

(2) 作直线 CD 的第三面投影 $c''d''$,假定点 Q 在已知直线 AB 上,故在 $c''d''$上求得 q'',据 q、q'与 q''的投影,判别点 Q 是否符合直线上点的投影规律。根据作图结果,可判别出点 Q 不属于直线 CD。答案如图 1-7(b)所示。

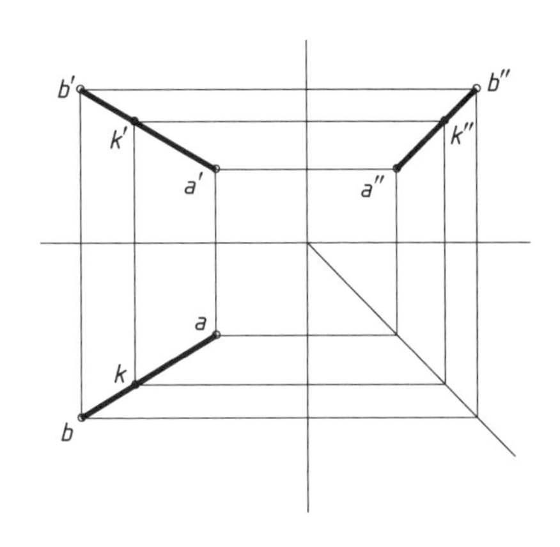

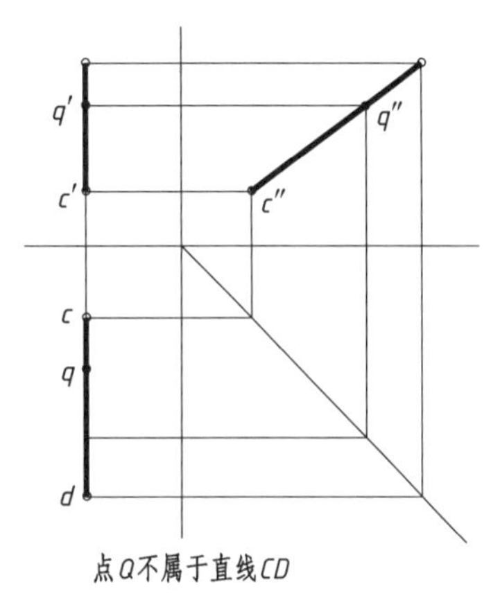

点Q不属于直线CD

图 1-7(b)

【问题七】 怎样运用直角三角形法求直线的实长以及对投影面的倾角？

1-8 求图 1-8(a)中线段 GH 的实长及对投影面 W 面的倾角。

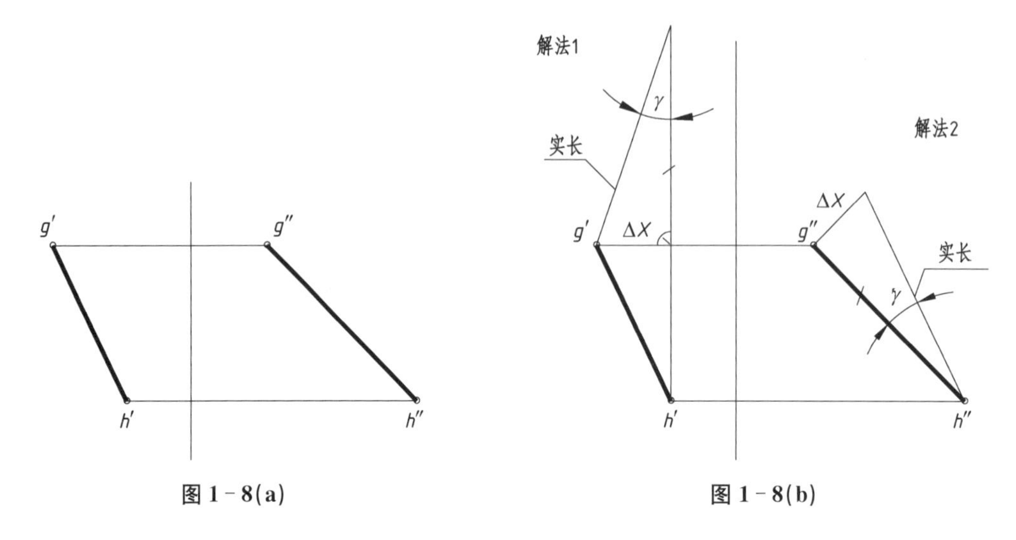

图 1-8(a)　　图 1-8(b)

【解题分析】

求线段的实长及求对投影面的夹角可用直角三角形法解题。求线段 GH 的实长及对投影面 W 面的倾角 γ 角，需用 GH 的侧面投影和 G、H 两点的 X 坐标差，组成一个直角三角形，该三角形的斜边即为 GH 的实长，其与 GH 的侧面投影的夹角即为所求的 γ 角。

【作图步骤】

解法 1：

(1) 直接利用 $g'h'$ 的 X 坐标差 ΔX 为一直角边，量取 $g''h''$ 长度为另一直角边，组成一直角三角形。

(2) 该三角形的斜边即为实长，斜边与另一直角边的夹角即为 γ 角。

解法 2：

直接利用侧面 $g''h''$ 投影作为一直角边，以正面取的 ΔX 为另一直角边，连接直角边的另外两个端点，组成的直角三角形的斜边即为实长，斜边与侧面投影 $g''h''$ 间的夹角即为 γ 角。

答案如图 1-8(b)所示。

【问题八】 怎样利用已知条件，根据直角三角形法求其他未知投影？

1-9 已知图 1-9(a)线段 RS 的长度 L，求 S。

【解题分析】

根据已知条件，已知实长求投影，需用 RS 的正面投影 $r's'$ 两点的 Z 坐标差，与 RS 组成一个直角三角形。该三角形的斜边即为 RS 的实长，另一直角边则为 RS 的水平投影 rs。另外，本题有两种解法。

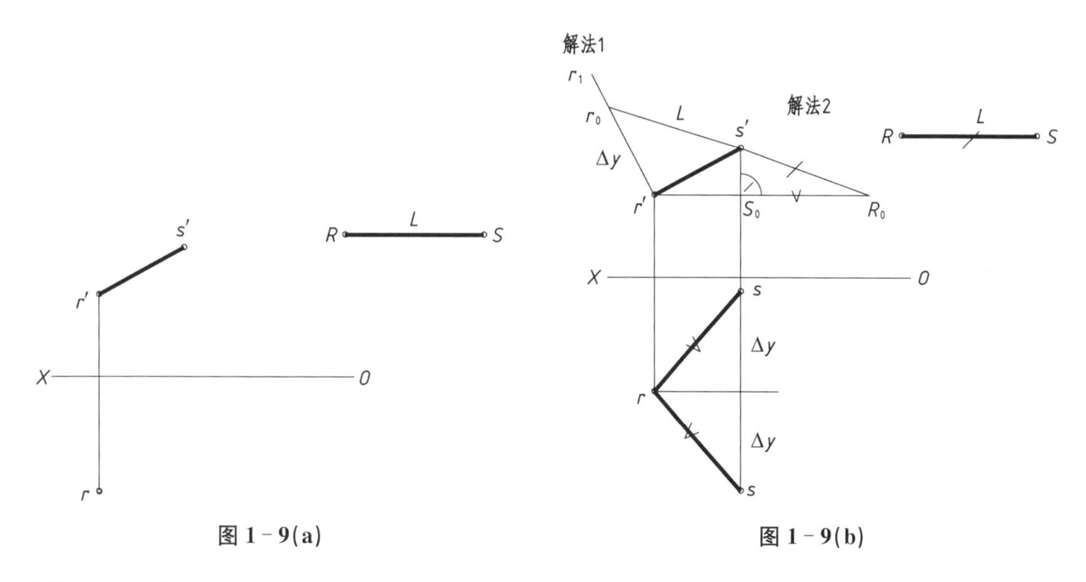

图 1－9(a)　　　　　　图 1－9(b)

【作图步骤】

方法一：作 $r'r_1 \perp r's'$，以 s'为圆心。L 为半径，得 r_0，则 $r'r_0 = \Delta y$。

方法二：过 r'作 OX 平行线，以 s'为圆心，L 为半径，得 R_0，则 $S_0R_0 = rs$。

答案如图 1－9(b)所示。

1－10　如图 1－10(a)，已知直线 CD 对水平投影面的倾角为 30°，且与直线 AB 相交于点 K，请完成其水平投影。

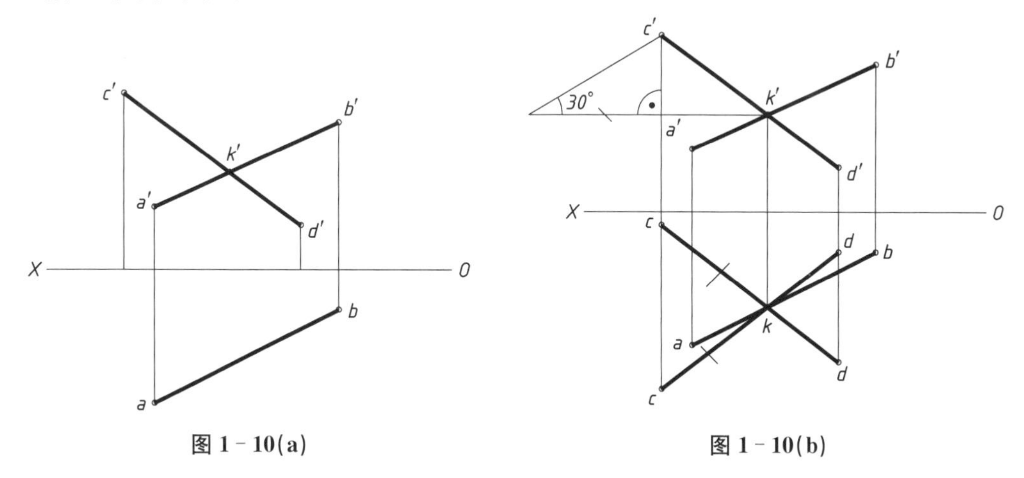

图 1－10(a)　　　　　　图 1－10(b)

【解题分析】

根据已知条件用直角三角形法解题。已知直线 CD 对水平投影面的倾角为 30°，且与直线 AB 相交于点 K，利用 $c'k'$两点的 Z 坐标差，组成一个直角三角形。该三角形的斜边即为直线 CK 的实长，该三角形的另一直角边侧为其水平投影 ck。另外，本题有两种解法。

【作图步骤】

(1) 先求交点 k。

(2) 用直角三角形法解题。答案如图 1－10(b)所示。

1-11 过已知点 K 引一正平线 KC，使与已知直线 AB 相交。

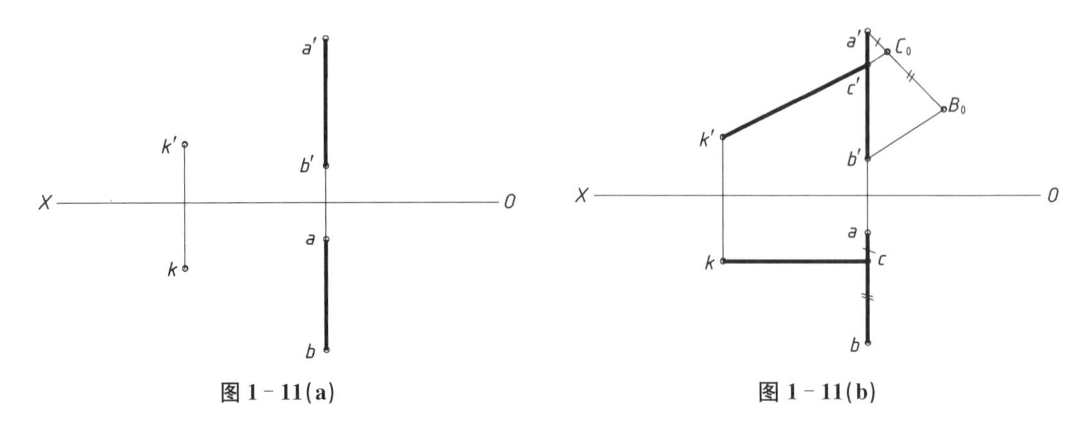

图 1-11(a)　　图 1-11(b)

【解题分析】

根据正平线的投影特性，水平投影平行于 X 轴，先过 k 作一水平线，与 ab 交于 C，求出 c 的正面投影 c'，连接 $k'c'$，即为所求直线。

【作图步骤】

(1) 作 $kc /\!/ OX$，交 ab 得 c。

(2) 由定比分割法求得 c'。

(3) 连接 $k'c'$，既为所求直线。答案如图 1-11(b)所示。

【问题九】 根据两直线平行条件，且已知某坐标的求解。

1-12 过点 A 作直线 AB，平行于直线 DE，作直线 AC 与直线 DE 相交，其交点距 H 面 20 mm。

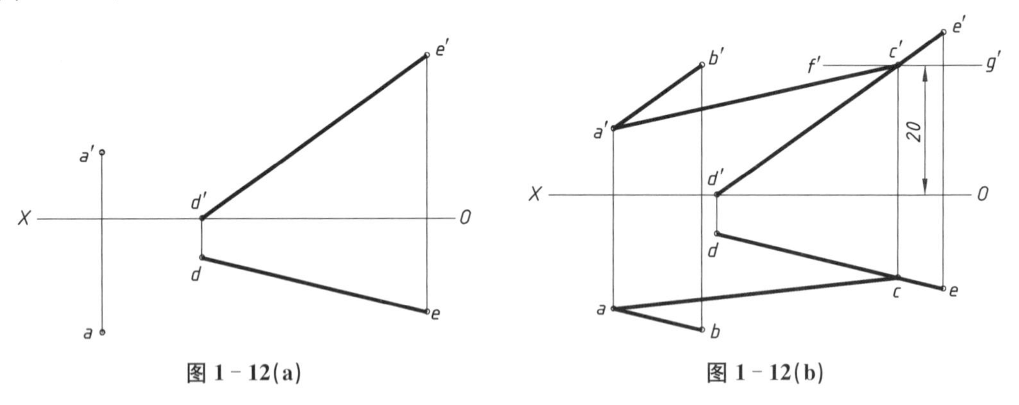

图 1-12(a)　　图 1-12(b)

【解题分析】

根据空间两平行两直线的投影必定相互平行的投影特性，过点 a 作 de 的平行线，过 a' 作 $d'e'$ 水平线即可。作一 Z 坐标为 20 的 X 轴平行线，求出 c'，求出水平投影 c，连接 $a'c'$ 和 ac，既为所求。

【作图步骤】

(1) 过 a 作 de 的平行线，过 a' 作 $d'e'$ 平行线即可，ab、$a'b'$ 即为所求。

(2) 距 X 轴 20 mm,作 $f'g' // OX$,与 $d'e'$ 相交得 c';求出 c,连接 $a'c'$ 和 ac,既为所求。

答案如图 1-12(b)所示。

【问题十】 怎样应用直角投影定理来解题?

1-13 过点 K 作直线 KF,使其与直线 CD 垂直相交。

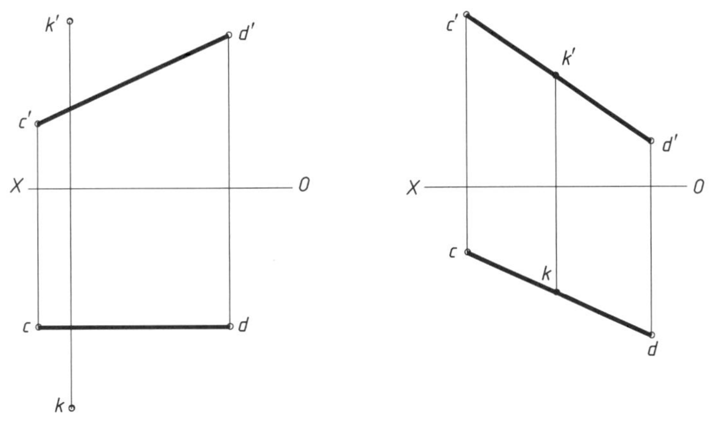

图 1-13(a)

【解题分析】

应用直角投影定理解题。当相交两直线互相垂直,且其中一条直线为投影面平行线,则两直线在该投影面上的投影必定相互垂直。图 1-13(a)中左图 CD 为一正平线,正面投影反映实形,过 k' 作 cd 的垂线即可得 f',再求出 f。图 1-13(a)中右图 CD 为一般位置直线,KF 可以是正平线,即 $k'f' \perp c'd'$,$kf // OX$。也可以是水平线,$kf \perp cd$, $k'f' // OX$。

【作图步骤】

(1) 图 1-13(b)中左图 CD 为正平线,作 $k'f' \perp c'd'$,根据点的投影规律作出 f,连接 kf 即为所求。

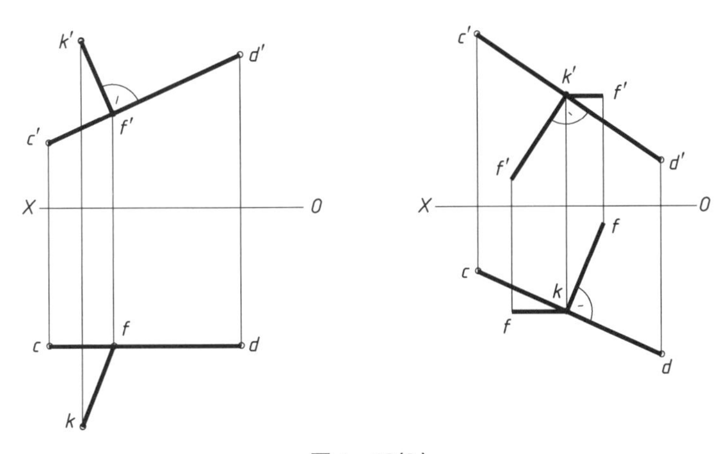

图 1-13(b)

(2) 图 1－13(b)中右图 CD 为一般位置直线，KF 可以是正平线，作出 $k'f' \perp c'd'$，$kf /\!/ OX$。也可以是水平线 $kf \perp cd$，$k'f' /\!/ OX$。

答案如图 1－13(b)所示。

1.3.3　平面的投影

【问题十一】　怎样根据菱形条件和垂直投影定理解题?

1－14　已知菱形 $ABCD$ 的对角线 BD 的投影和另一对角线端点的水平投影 a，试完成菱形的投影图。

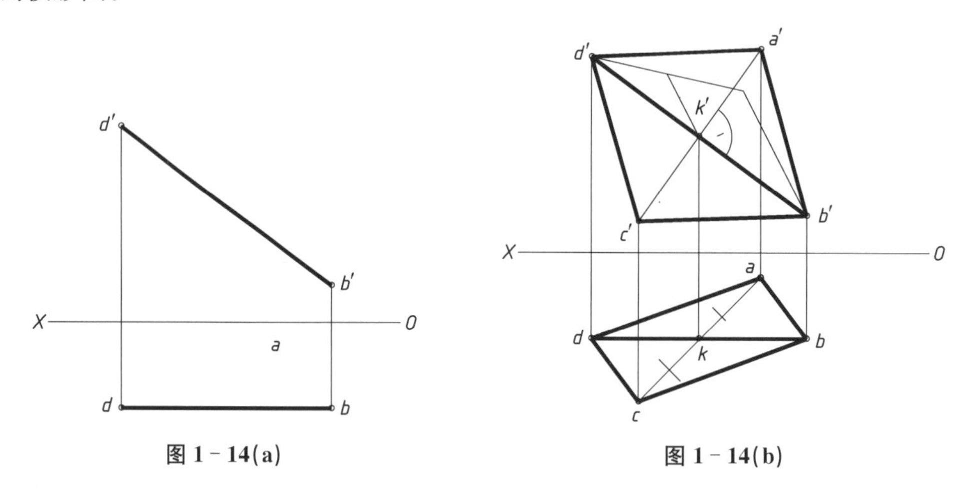

图 1－14(a)　　**图 1－14(b)**

【解题分析】

菱形的两对角线相互垂直，且其交点平分对角线的线段长度。已知菱形 $ABCD$ 的对角线 BD 为正平线，投影 $d'b'$ 为实长，过其中点作垂线，确定另一条对角线的方向，再根据 a 确定 a' 即得所求。

【作图步骤】

(1) 用定比法求出 $d'b'$ 的中点 k'，过 k' 作垂线 $\perp d'b'$，根据点的投影规律作出 a'，$k'c'=k'a'$，即得 c。

(2) 依次连接 $abcd$，$a'b'c'd'$ 即为所求。

答案如图 1－14(b)所示。

1－15　求平面五边形的水平投影。

【解题分析】

根据点的从属性解题。先确定 C、D 两点从属的直线的方向，由于两点可确定一条直线，求出 1、2 两点，即可确定 ac、ad 两直线的两方向。再根据投影规律作图即可。

【作图步骤】

(1) 连接 $a'c'$、$a'd'$，再连接 $b'e'$ 得交点 $1'$、$2'$。

(2) 连接 be，根据投影得 1、2 两点。

(3) 连接 $a1$，$a2$ 并延长，根据投影规律确定 c、d 点，即为所求。

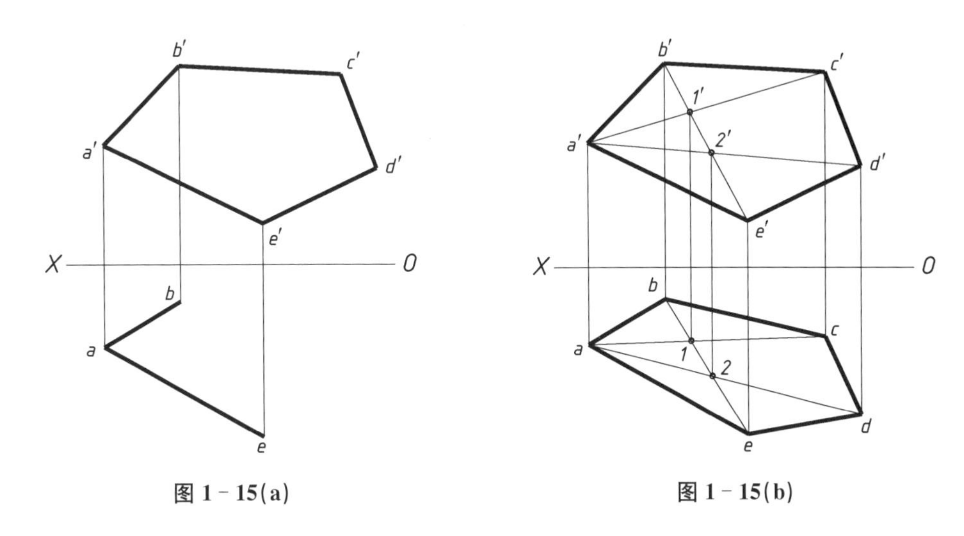

图 1 - 15(a)　　　　　　图 1 - 15(b)

答案如图 1 - 15(b)所示。

【问题十二】 怎样根据直线与平面平行条件解题?

1 - 16　已知平行两直线 AB 和 CD 给定一平面,直线 MN 和平面 EFG 均与它平行,试画全它们的另一投影。

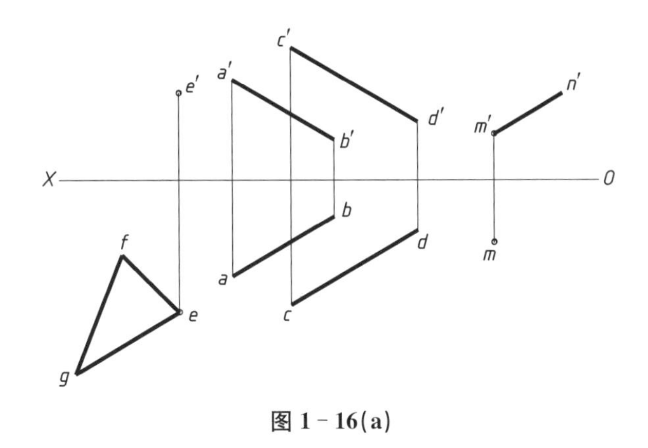

图 1 - 16(a)

【解题分析】

根据直线与平面平行,两平面平行的几何条件求解。

如一直线与平面上任一直线平行,则此直线必定与该平面平行。在 $ABCD$ 平面上取任一平行 MN 的直线,即可确定 mn 的方向。

在 $abcd$ 上作出 fe 的平行线,即可确定 f',再根据 $GE /\!/ AB$ 求出 g',然后作图即可。

【作图步骤】

(1) 在 $a'b'c'd'$ 上作任一直线 KL 的正面投影 $k'l'$ 平行于 $m'n'$,求出该直线的水平投影 kl,过 m 作 kl 的平行线,得到 mn。

(2) 在 $abcd$ 上作任一直线 pq 平行于 fe,求出对应直线的正面投影 $p'q'$,过 e' 作 $p'q'$

的平行线，确定 f'，可得到 $e'f'$，根据 $g'e' /\!/ a'b'$ 求出 g'，连接 $e'f'g'$，即为所求。

答案如图 1－16(b)所示。

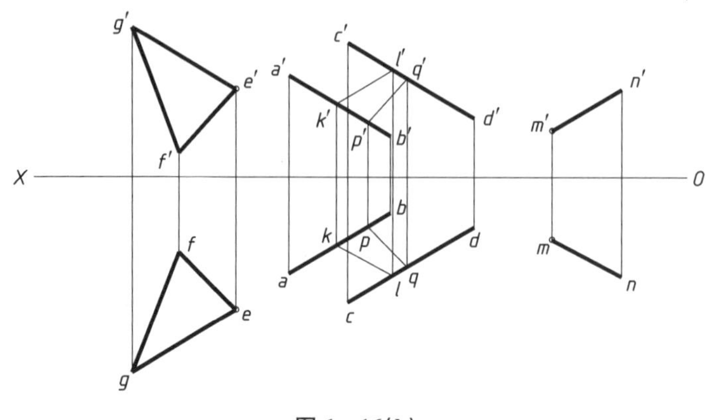

图 1－16(b)

【问题十三】 怎样根据重影点判别可见性？

1－17　求图 1－17(a)中直线与平面的交点 K，并判别可见性。

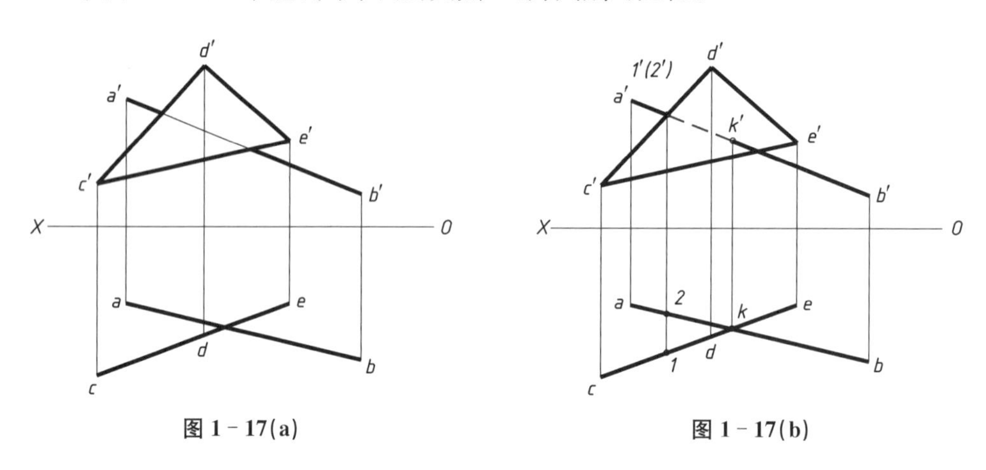

图 1－17(a)　　**图 1－17(b)**

【解题分析】

根据直线与平面的交点 K，既在平面上，又在直线上的共有性，而其平面为铅垂面，利用重影点法求交点，可直接作出交点 k，根据点在直线上求出 k'，再判别可见性。判别可见性的方法有两种：(1) 利用重影点；(2) 利用投影直接判别。

【作图步骤】

(1) 利用重影点法，在水平投影面上直线与平面只有一个公共点，即为交点 K 的水平投影 k。

(2) 利用 K 属于直线 AB，求得 k'。

(3) 利用重影点 $1'(2')$ 判别可见性。

答案如图 1－17(b)所示。

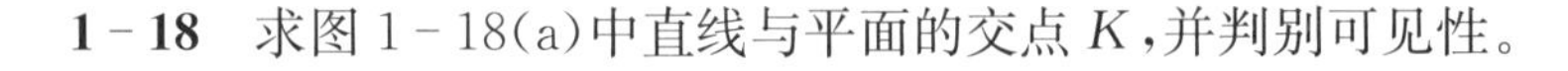

1-18 求图 1-18(a)中直线与平面的交点 K，并判别可见性。

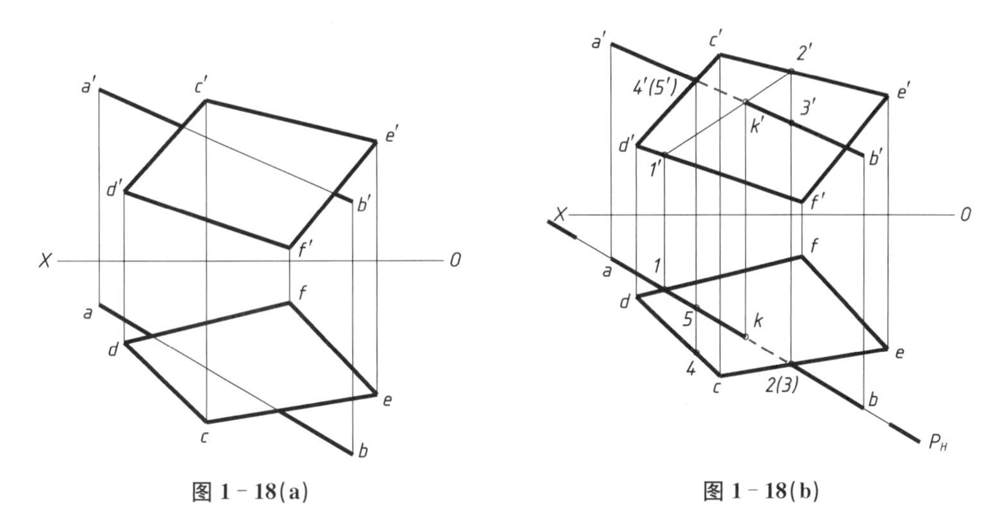

图 1-18(a)　　图 1-18(b)

【解题分析】

AB 为一般位置直线，求其与平面的交点，应用辅助平面法。本题采用辅助平面为铅垂面，再用重影点法判别可见性。

【作图步骤】

(1) 过 AB 作辅助平面 P。

(2) 求平面与已知平面的交线Ⅰ、Ⅱ。

(3) 求交线Ⅰ、Ⅱ与 AB 的交点 K。

(4) 判别可见性，K 是可见与不可见的分界线。4′(5′)，2(3)为两对重影点，可见部分用实线表示，不可见部分用虚线表示。

答案如图 1-18(b)所示。

【问题十四】 怎样利用辅助平面法求一般位置直线与平面的交点、交线？

1-19 求两平面 ABC 和 DEF 交线 MN 的两面投影，并判别可见性。

【解题分析】

利用辅助平面法求交点，选取 DEF 的两条边 DE、DF，分别作出它们与 ABC 的交点，连接两交点即为所求。再利用重影点判别可见性，可见部分的投影线用实线绘制，不可见的部分用虚线绘制。

【作图步骤】

(1) 利用辅助平面法 P_v、R_v(此处为正垂面)分别求出直线 DE、DF 与 ABC 的交点：$M(m, m')$，$N(n, n')$。

(2) 连接 mn，$m'n'$即为所求交线 MN 的两投影。

(3) 判别可见性，完成作图。

答案如图 1-19(b)所示。

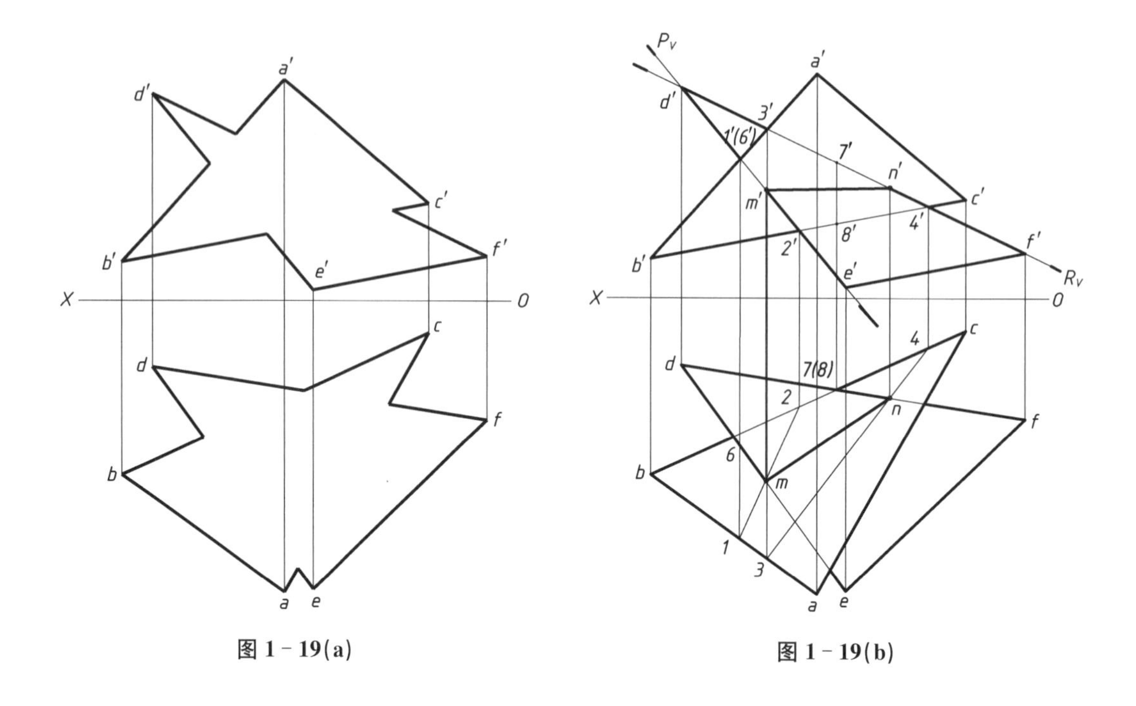

图 1－19(a)　　　　图 1－19(b)

【问题十五】 怎样根据直角投影定理，运用直角三角形法，求线段的实长？

1－20 作等边三角形 ABC，已知顶点 A，且顶点 B 和 C 属于直线 EF。

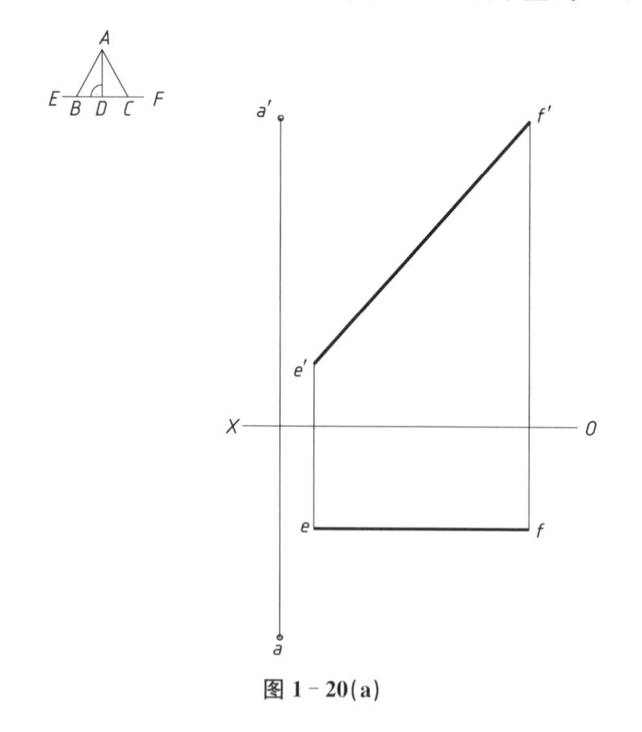

图 1－20(a)

【解题分析】

等边三角形的高垂直且平分底边。图中 EF 为正平线，BC 又在 EF 上，则 ABC 的高

AD 在 V 面的投影 $a'd'$ 垂直于 $e'f'$。因此先作出高 AD，并求出其实长，再由 AD 的实长作出该等边三角形的实形，得实长 BC。

【作图步骤】

(1) 由 a' 引 $e'f'$ 垂线并交 $e'f'$ 于 d'，根据点 D 的正面投影 d'，可以确定水平投影 d。分别以 a、d 的 y 坐标差和 $a'd'$ 线段长度为直角边作直角三角形，求出 AD 的实长。

(2) 以 AD 实长为直角边作一角为 60°的直角三角形，斜边为等边三角形的边长，另一直角边为边长 BD 的长，如图 1-20(b)所示。

(3) 取 $b'd'=BD$ 得 b'，对称得 c'。

(4) 连接 $a'b'$，$a'c'$，ab，ac，完成作图。

答案如图 1-20(b)所示。

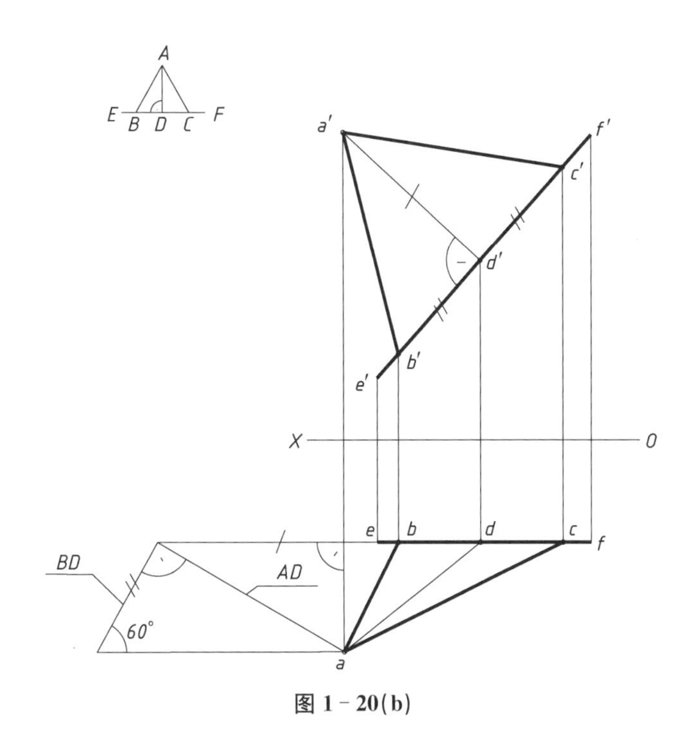

图 1-20(b)

【问题十六】 怎样作直线的垂直面?

1-21 求图 1-21(a)中 A 及 B 两点等距离的点的轨迹。

【解题分析】

与 A、B 两点等距离点的轨迹是 A、B 两点连线的中垂面。定理：直线垂直于一平面，则该直线的正面投影必定垂直于该平面上正平线的正面投影；直线的水平投影必定垂直于该平面上水平线的水平投影。

【作图步骤】

(1) 用定比法作出中点 C。

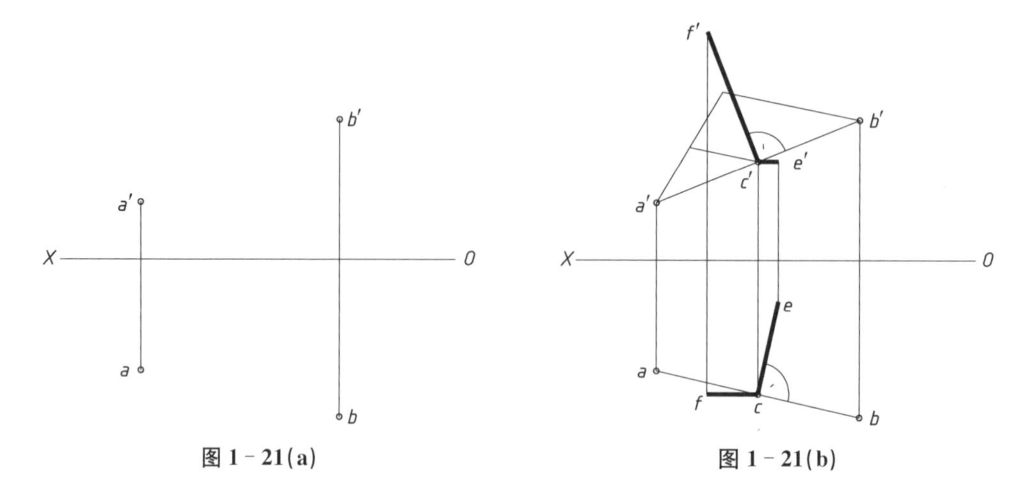

图 1-21(a)　图 1-21(b)

(2) 过 c' 作 $f'c'$ 垂直于 $a'b'$，过 c 作 fc 平行于 X 轴；过 c 作 ec 垂直于 ab，$e'c'$ 平行于 X 轴。

(3) 平面 FCE 的投影即为所求。

答案如图 1-21(b)所示。

1-22　已知矩形 $ABCD$ 一边的两个投影和其邻边的一个投影，试画全该矩形的投影图。

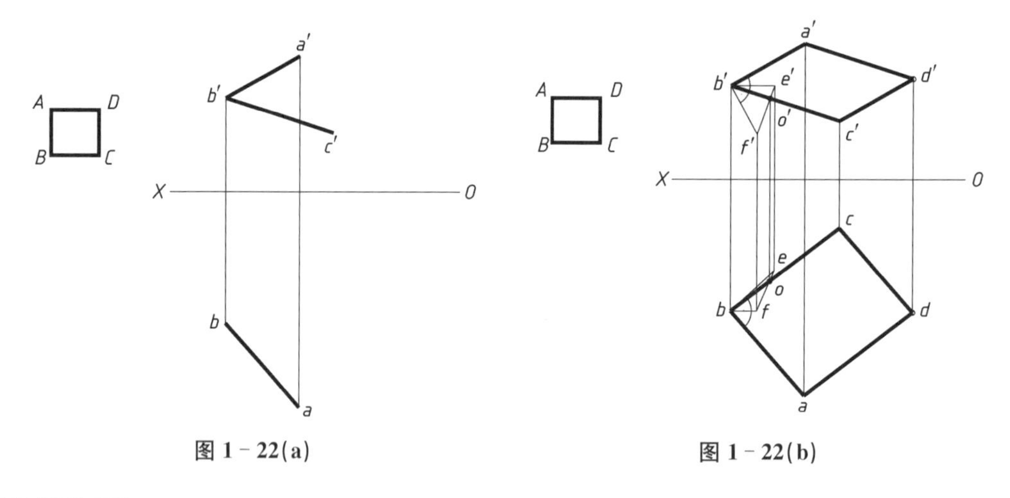

图 1-22(a)　图 1-22(b)

【解题分析】

矩形 $ABCD$ 是一个平面，且有 $AB \perp BC$。过点 B 作一平面与 AB 垂直，BC 必定在所作的平面内。因此，本题的作图方法是首先确定已知直线的垂直面，再在已知平面上确定点，最后补全矩形投影。

【作图步骤】

(1) 过点 B 作一平面 $BEF \perp AB$，方法同上题。

(2) 点 O 在直线 EF 上，已知 o'，即可求出 o，连接 bo 延长得 c。

(3) 作 $CD \,/\!/\, AB$、$AD \,/\!/\, BC$，完成作图。

答案如图 1-22(b)所示。

【问题十七】 怎样根据已知条件，进行综合解题思路训练？

1－23 过点 K 作直线与交叉两直线 AB 和 CD 相交。

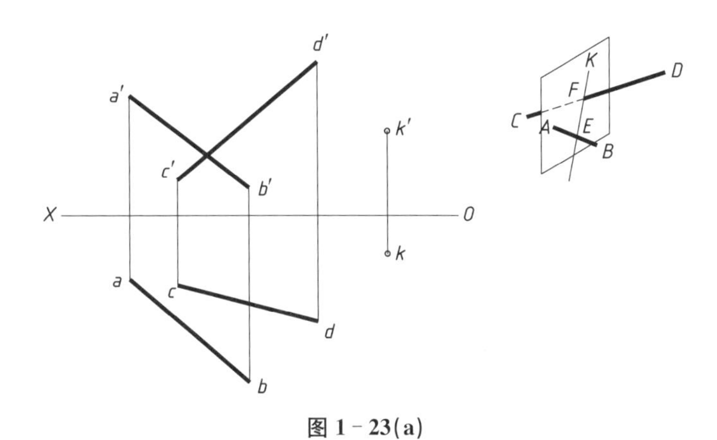

图 1－23(a)

【解题分析】

对点 K，让其与任一直线共面，求另一直线与该面的交点，交点与点 K 的连线即为所求直线。本题，点 K 与直线 AB 组成一平面 KAB，求出直线与平面 KAB 的交点 F，连接 FK 并延长交 AB 于点 E，即为所求。

【作图步骤】

(1) 连接 ABK 作一平面。

(2) 用辅助平面法求出直线 CD 与平面 ABK 的交点 F。

(3) 连接 KF，并延长且与 AB 相交于点 E。

(4) 连接 KE，即为所求。

答案如图 1－23(b)所示。

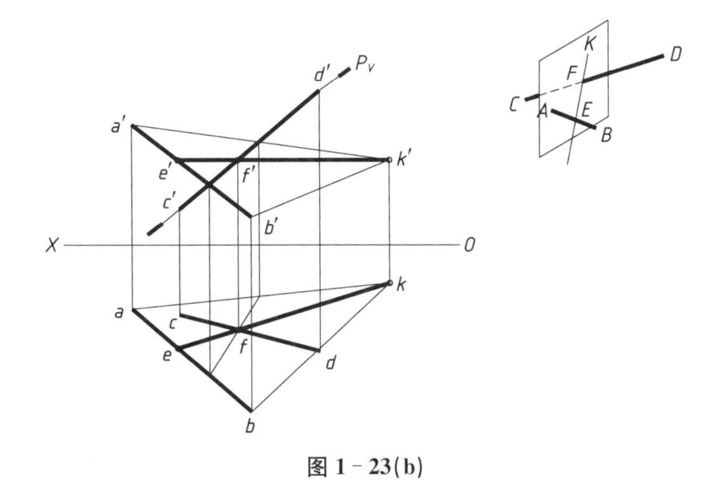

图 1－23(b)

1－24 作直线 MN 与直线 AB 和 CD 都相交且平行于直线 EF。

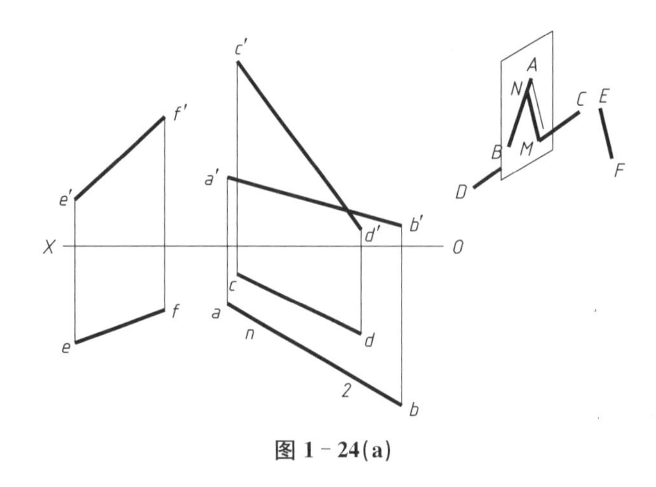

图 1-24(a)

【解题分析】

该题直线 MN 需满足两个条件，一是与直线 AB 和 CD 都相交，二是还要平行于直线 EF。可以包含 AB 作一平面，使其平行直线 EF。求出直线 CD 与平面 GAB 的交点 M，过点 M 作直线 MN 平行 EF 交 AB 于 N，EF 即为所求。

【作图步骤】

(1) 过点 A 作 $AG /\!/ EF$ 得平面 AGB 平行直线 EF，即作 $a'g'$ 平行于 $e'f'$，ag 平行于 ef。

(2) 用辅助平面法求出直线 CD 与平面 AGB 的交点 $M(m, m')$。

(3) 过 m' 作 $e'f'$ 的平行线交 $a'b'$ 于 n'，连接 $m'n'$。

(4) 作出水平投影 mn，并连接之，即为所求。

答案如图 1-24(b)所示。

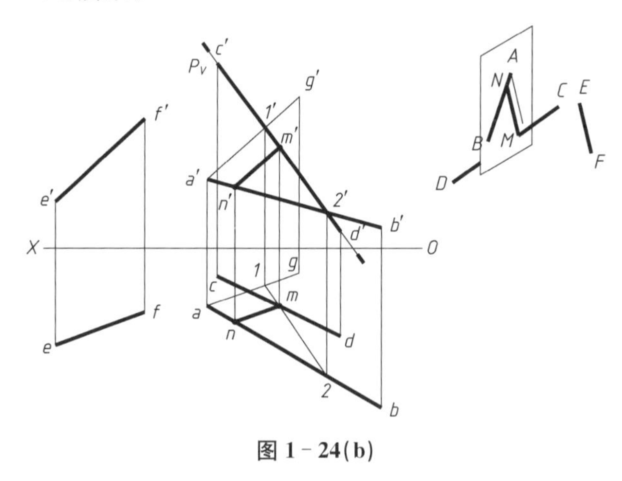

图 1-24(b)

1-25　求点 K 到平面△ABC 的距离。

【解题分析】

点到平面的距离，是该点到平面垂足之间的长度。根据垂直定理，直线与平面垂直，则直线垂直平面上的任意直线(过垂足或不过垂足)。同理，当一直线垂直平面上的任意两条相交直线，则该直线垂直于给定的平面。

由此可知，一直线垂直于一平面，则该直线的正面投影必定垂直于该平面上正平线的正面投影；直线的水平投影必定垂直于该平面上水平线的水平投影。

据此可在平面 ABC 上，作一条正平线和一条水平线，过点 K 作它们的垂线，再利用直角三角形法求出实长。

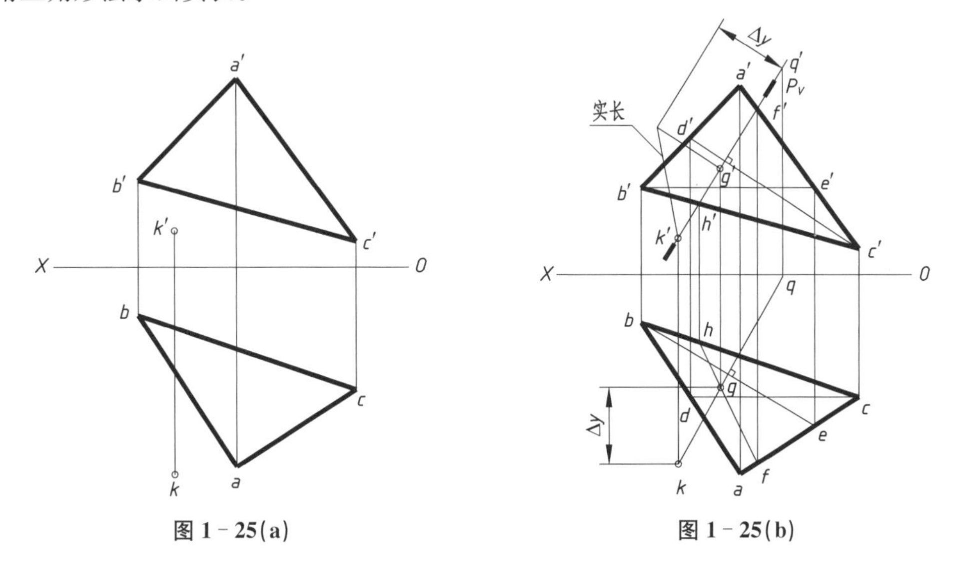

图 1－25(a)　　图 1－25(b)

【作图步骤】

(1) 在 ABC 平面上作一正平线 CD 和一水平线 BE，使 $k'q'$ 垂直 $d'c'$。

(2) 用辅助平面法求出直线 KQ 与平面 ABC 的交点 G，过 $k'q'$ 作正垂面 P，平面 P 与△ABC 交线 HF 的正面投影为 $h'f'$，求作 HF 的水平投影 hf。过 k 点作 be 垂线 kq。直线 kq 与 hf 的交点即为 g。

(3) 作出 Δy。

(4) 用直角三角形法求出实长，即为所求。

答案如图 1－25(b)所示。

1.3.4　换面法

换面法是保持原先几何元素不动的情况下，通过改变投影面的位置，使新的投影面与几何元素处于有利于解题位置。新投影面的选择应符合以下两个条件：(1) 新投影面必须处于有利于解题。(2) 新投影面必须垂直于原来投影体系中那个保留的投影面，组成一个新的两面投影体系。熟练掌握变换投影面的基本规律，掌握变换投影面法中解决的六个基本问题。通过投影变换，可以求解直线、平面图形的实长和实形；解决一些角度、距离的度量问题。换面时，要注意每次只能变换一个投影面；对于多次换面时，要注意对不同的投影面(如 V 面或 H 面)交替进行换面。换面法的关键是选择新的投影面使其处于有利于解题的位置，新投影面与保留投影面必须垂直。

【问题十八】 怎样利用换面法求直线实长与夹角?

1-26 用换面法求图 1-26(a)线段 CD 的实长及对 V 面的倾角。

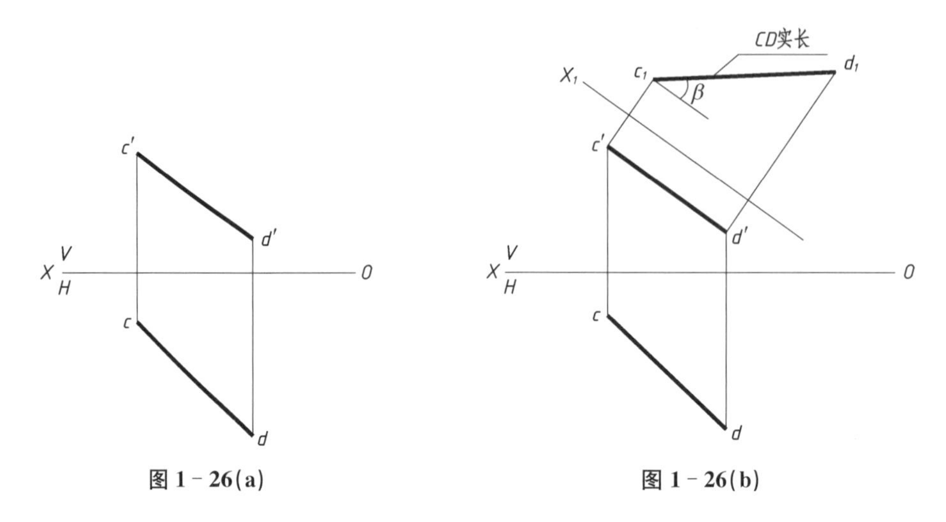

图 1-26(a)　　图 1-26(b)

【解题分析】

要求一般位置直线的实长及对投影面的夹角需将直线通过一次换面变为投影面的平行线,如果是 β 角,则要保留 V 面,换掉 H 面。

【作图步骤】

(1) 作新投影轴 $X_1 \parallel c'd'$。

(2) 按照点的变换规律,求出 c_1, d_1。

(3) 连接 c_1d_1,则 c_1d_1 等于 CD 实长;c_1d_1 与新投影轴 X_1 的夹角就是 CD 直线与 V 面的夹角 β 角。

答案如图 1-26(b)所示。

【问题十九】 怎样利用换面法求平面实形?

1-27 用换面法求四边形 $ABCD$ 的实形。

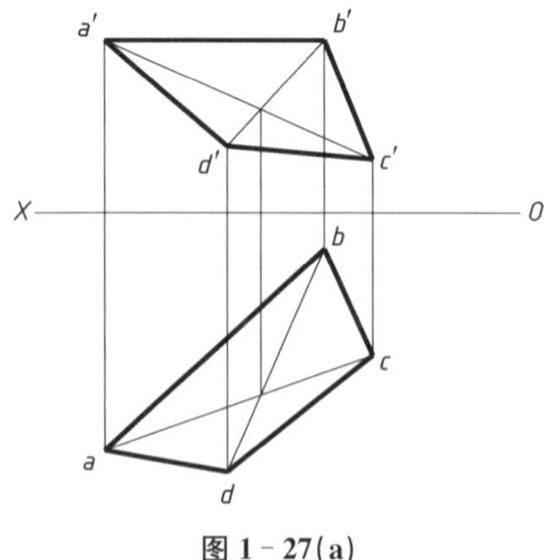

图 1-27(a)

【解题分析】

将一般位置平面变换成投影面的平行面，需要进行两次变换。先将投影面的倾斜面变换成投影面的垂直面，再将其变换成投影面的平行面，即可求出平面的实形。

【作图步骤】

(1) AB 为平面 $ABCD$ 上的一条水平直线，作新投影轴 $X_1 \perp ab$。

(2) 按照点的变换规律，求出 $ABCD$ 的垂直面 $a_1'b_1'c_1'd_1'$。

(3) 再作新投影轴 $X_2 /\!/ a_1'b_1'c_1'd_1'$。

(4) 按照点的变换规律，求出 a_2、b_2、c_2、d_2 各点并连接之，即为所求。

答案如图 1－27(b)所示。

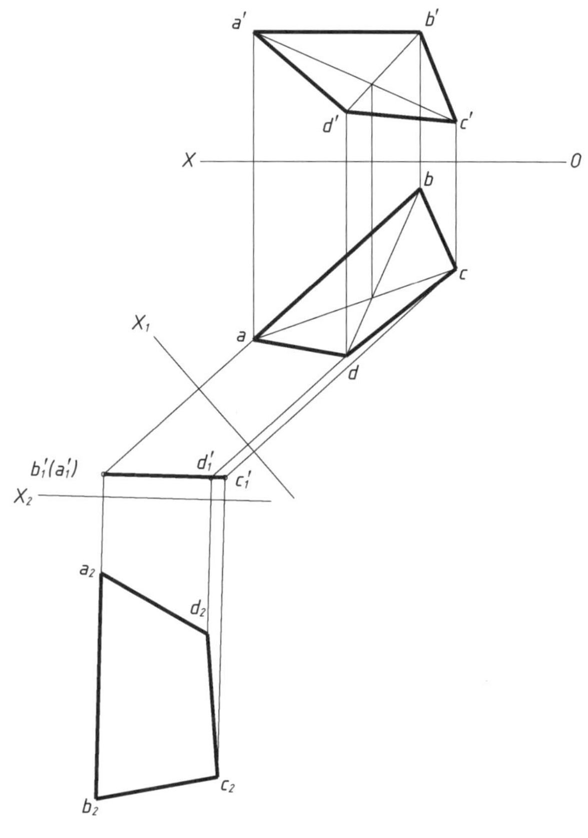

图 1－27(b)

1－28　已知线段 AB 的实长，用换面法求其水平投影，本题有几个解答？请画出来。

【解题分析】

将一般位置直线变换成要投影面的平行线，需一次换面。此题有两种解法。

【作图步骤】

(1) 作新投影轴 $X_1 /\!/ a'b'$，求出 a_1。

(2) 以 a_1 为圆心，以 AB 实长为半径交投影线得 b_1。

(3) 按照点的变换规律，求出 b，即为所求。

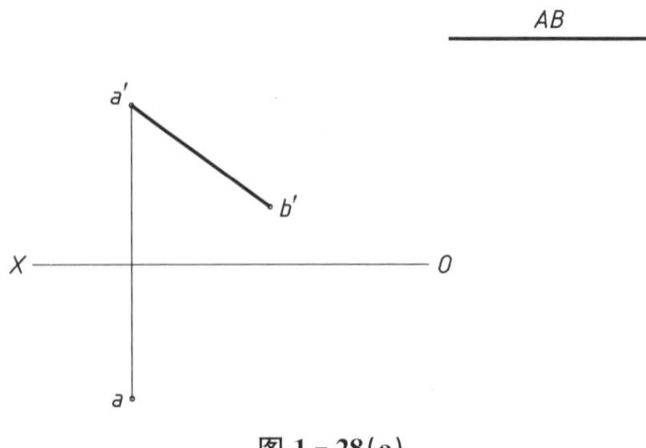

图 1-28(a)

答案如图 1-28(b)所示。

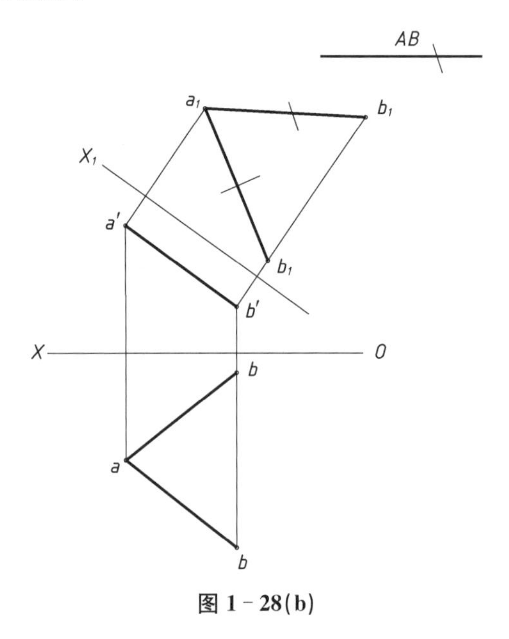

图 1-28(b)

【问题二十】 怎样利用换面法求空间两直线的距离?

1-29 用换面法求平行两直线 AB 和 CD 之间的距离。

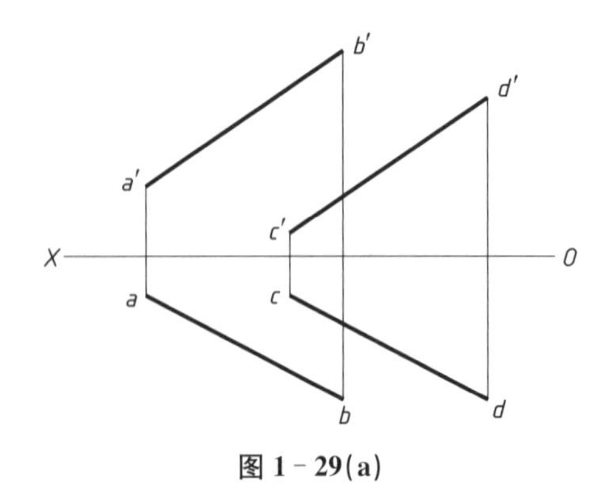

图 1-29(a)

【解题分析】

当两平行线处于投影面垂直线位置时，可反映两平行线之间的距离实长，通过换面把 AB 和 CD 换成投影面垂直线，即可求解。

【作图步骤】

(1) 确定 X_1 轴，作新投影轴 $X_1 /\!/ ab$，把 AB、CD 换成投影面平行线，得到 $a_1'b_1'$ 和 $c_1'd_1'$。

(2) 确定 X_2 轴，作新投影轴 $X_2 \perp ab$；把 AB、CD 换成投影面垂直线，得到 a_2b_2 和 c_2d_2。

(3) 连接点 $a_2(b_2)$ 和点 $c_2(d_2)$ 即为距离实长。

(4) 求 $b_1'e_1'$，$b'e' /\!/ O_2X_2$ 轴。

(5) 求 be，最后求出 $b'e'$。

答案如图 1-29(b)所示。

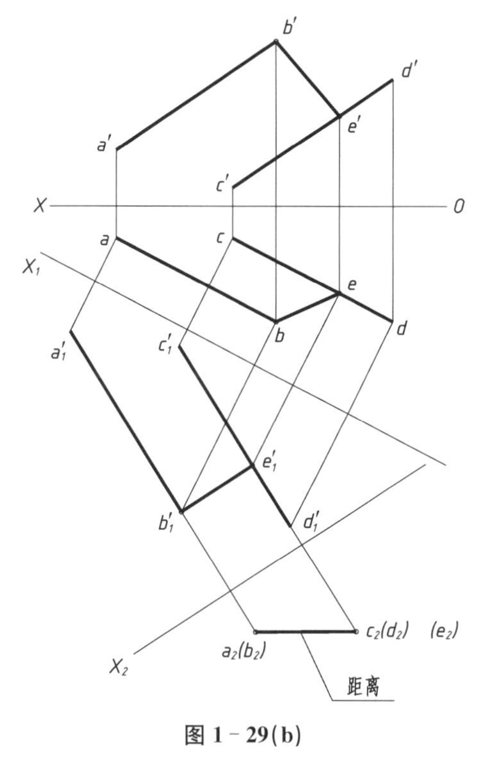

图 1-29(b)

1-30 已知直线 $AB /\!/ CD$，且相距为 L，用换面法求 $c'd'$。本题有几种解法？请画出来。

【解题分析】

必须把 AB、CD 两平行线都变换成投影面垂直线，再根据两平行线之间的距离实长，求出积聚性的投影(此为解题关键)。根据投影变换规律，最后求出 H 面和 V 面的投影，即可求解。

【作图步骤】

(1) 确定 X_1 轴，作新投影轴 $X_1 /\!/ ab$，把 AB 换成投影面平行线，得到 $a_1'b_1'$。

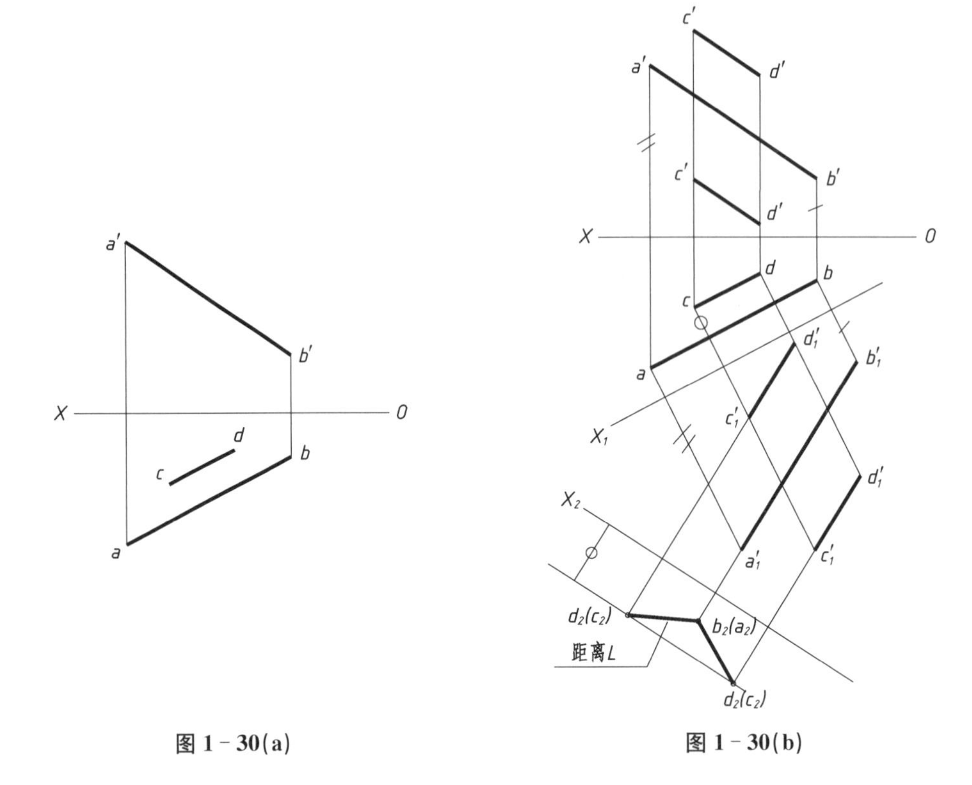

图 1－30(a)　　　　**图 1－30(b)**

(2) 确定 X_2 轴，作新投影轴 $X_2 \perp a_1'b_1'$；把 AB 变换成投影面垂直线，得 $b_2(a_2)$。

(3) 以 $b_2(a_2)$为圆心，距离 L 为半径画圆。

(4) 作一平行于 X_2 轴的直线，它们间的距离等于 cd 与 X_1 轴间距离。交圆得 $b_2(c_2)$，有两种解法。

(5) 最后求 $c'd'$。

故此题有两种解法。

答案如图 1－30(b)所示。

1－31　用换面法补全以 AB 为底边的等腰三角形 ABC 的水平投影。

【解题分析】

等腰三角形的高线具有垂直并等分底边的几何性质。根据直角投影定理，当相交两直线互相垂直，且其中一条直线为投影面平行线时，则两直线在该投影面上的投影必定相互垂直。因此，先把 AB 直线变换成投影面平行线，再作出其垂直平分线即三角形的高线，在高线上定出三角形点 C 在新投影面上的投影 c_1'，最后求出点 C 在 H 面 V 面的投影，即可求解。

【作图步骤】

(1) 确定 X_1 轴，作新投影轴 $X_1 /\!/ ab$，把 AB 换成投影面平行线，得到 $a_1'b_1'$。

(2) 作 $a_1'b_1'$的中垂线，作 X_1 轴平行线，平行线与 X_1 轴的距离等于 c'到 X 轴的距离，交中垂线得 c_1'；

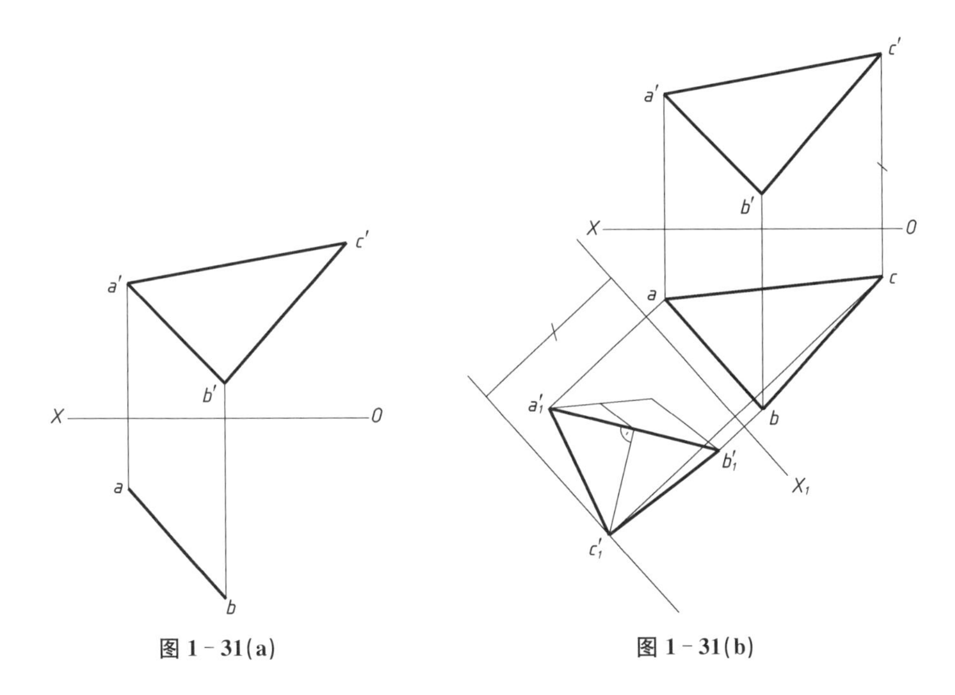

图 1-31(a)　　图 1-31(b)

(3) 最后求出点 C 在 H 面和 V 面的投影即可。答案如图 1-31(b)所示。

【问题二十一】 怎样利用换面法求两平面之间夹角?

1-32 用换面法求两平面 ABC 和 BCD 之间的夹角。

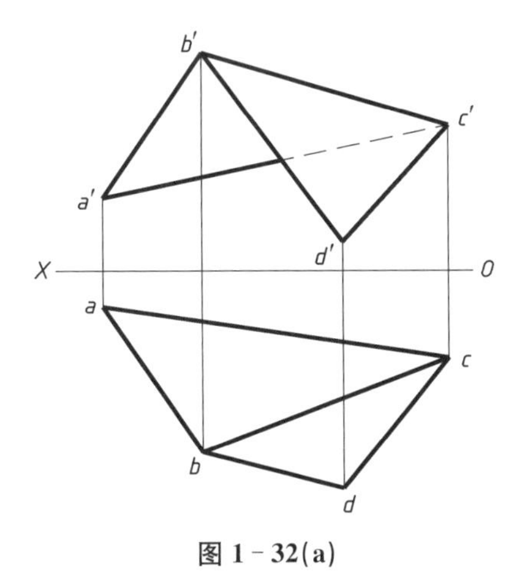

图 1-32(a)

【解题分析】

当两平面同时与某一投影面垂直时,则两平面在该投影面上的投影均积聚为一直线,这两条直线之间的夹角就是两平面之间的夹角。对于相交的两平面,把两平面的交线变换成投影面垂直线,使两平面同时与投影面垂直,可以求得两平面间的夹角。

本题中 BC 为两平面的交线,如果将 BC 变换成投影面的垂直线,则两平面同时变换为同一投影面的垂直面，即可求得两平面 ABC 与 BDC 的夹角。

【作图步骤】

(1) 确定 X_1 轴，使新投影轴 $X_1 /\!/ bc$，把 BC 换成投影面平行线，得到 $c_1'b_1'$。

(2) 确定 X_2 轴，使新投影轴 $X_2 \perp c_1'b_1'$；把 BC 变换成投影面垂直线，得到 $b_2(c_2)$，则角 $a_2c_2b_2$ 即为所求。答案如图 1-32(b)所示。

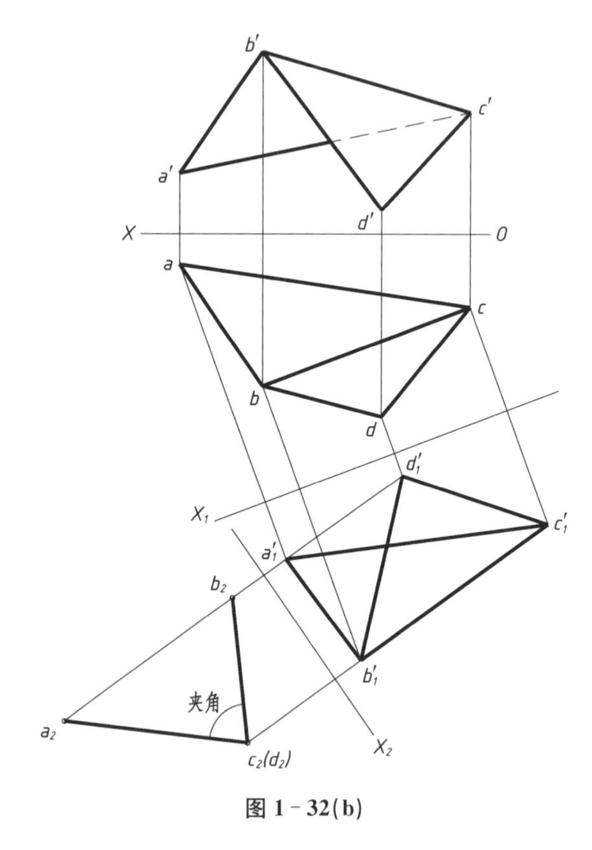

图 1-32(b)

1-33　用一段管路 KL 将 EF 及 GH 两段管路连接起来，且 KL 为最短距离，求 KL 的投影。

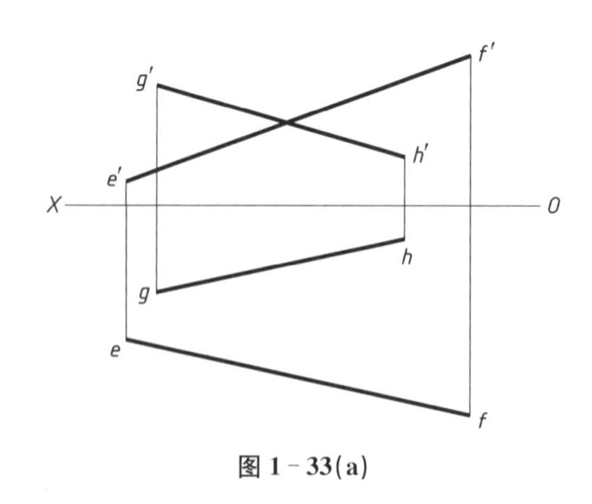

图 1-33(a)

【解题分析】

当将其中一条直线变换为两条交叉直线之间的最短距离 KL，并为其共垂线与它们交点的连线投影面垂直线时，则 KL 为该平面的平行线。

【作图步骤】

(1) 将直线 EF 经过两次变换成为投影面垂直线时，直线 GH 也随之一起变换，EF、GH 经两次变换后在 H_2 面上的投影分别为 e_2f_2、g_2h_2。

(2) 假设 K 为共垂线与 EF 的交点，L 为共垂线与 GH 的交点，则 $e_2(f_2)$ 点即为 k_2 点，过 k_2 作直线垂直 g_2k_2 交点即为 l_2，k_2l_2 反映 EF、EH 两直线间的距离。

(3) 因 L 属于 GH 得 l_1'，过 l_1' 作平行于 O_2X_2 直线交 $e_1'f_1'$ 得 k_1'(关键点)。

(4) 返回求出 k_1，k_1'。

答案如图 1－33(b)所示。

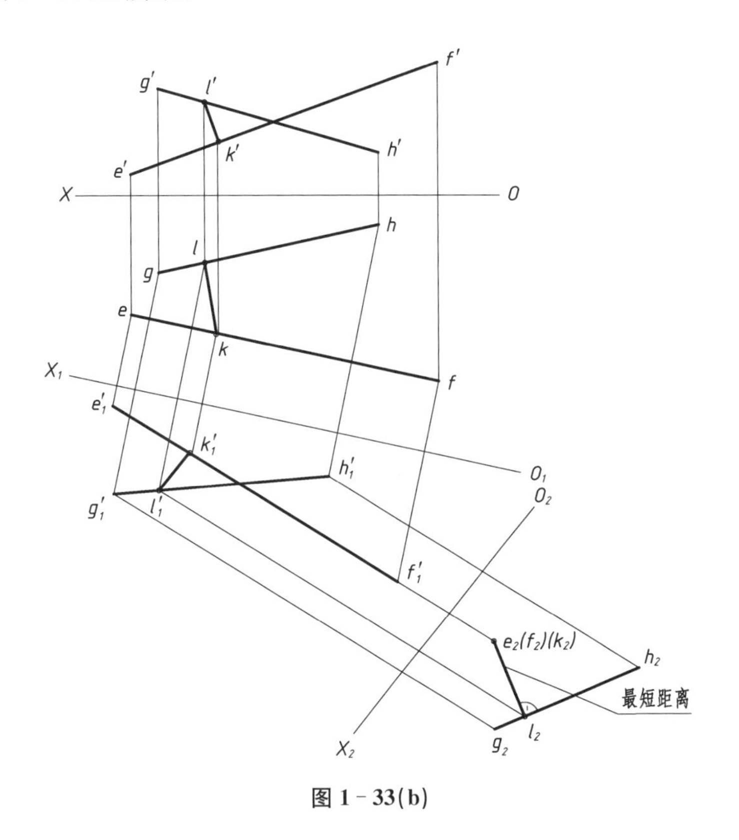

图 1－33(b)

1.4　自测题

1. 已知 B(20，15，5)、C(8，10，20)两点，

(1) 试画出两点的三面投影；

(2) 填写有关两点的相对位置问题；

B 点在 C 点之________(左、右),相距 ________mm;

B 点在 C 点之________(前、后),相距 ________mm;

B 点在 C 点之________(上、下),相距 ________mm。

2. 已知一物体的立体图和两面投影(见题2图),求它的第三投影,并说明其上所指线、面对投影面的位置。

直线 AB 是________线;

直线 CD 是________线;

平面 P 是________面;

平面 Q 是________面。

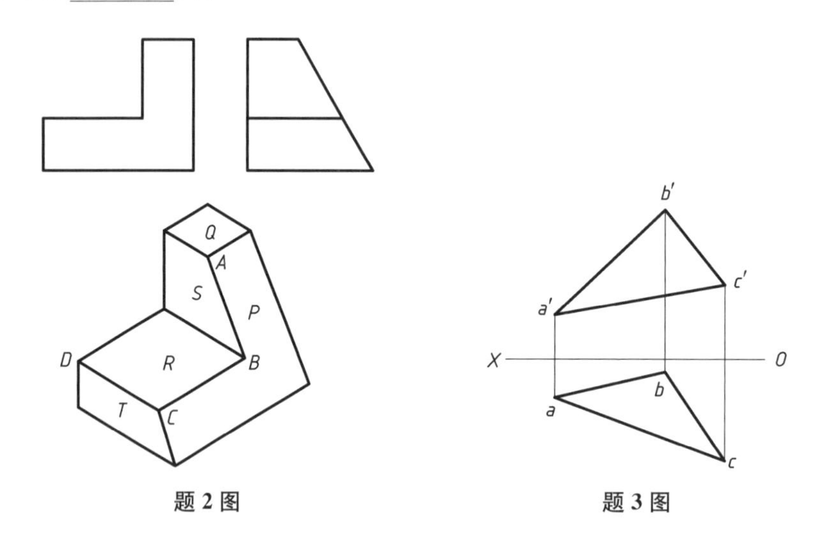

题2图　　**题3图**

3. 如题3图所示,已知平面 ABC 的两面投影,

(1) 试在该平面上作一正平线,距 V 面 15 mm;

(2) 试在该平面上作一点,使它距 H 面 10 mm,距 V 面 15 mm。

2 平面与立体、立体与立体相交交线的投影

2.1 内容提要

由若干个表面所围成的空间实体称为立体。基本立体按围成立体的表面不同可分为平面立体和曲面立体。本章重点介绍各种基本立体的表达；立体表面点线的求解方法和作图；利用积聚性投影、辅助线和面等常用作图方法，求出截交线和相贯线的投影，并进行有关可见性的判断。本章所述立体主要指工程上常用的棱柱、棱锥等平面立体，以及圆柱、圆锥、圆球等回转体。

2.2 解题要领

1. 平面立体的投影

绘制平面立体的投影，实质上就是绘制组成平面立体各表面的投影及交线的投影。

只要作出属于平面立体的各棱面、棱线和顶点的投影，并判别可见性，就能绘制其投影图。画图时，可先画出平面中具有积聚性或反映实形的那些投影，然后再画出其余投影，并判别可见性。各投影间应保持“长对正、高平齐、宽相等”的投影规律和立体的上下、左右、前后六个方位在投影中的对应关系。

在平面立体上取点、线时，应把属于平面立体的棱面作为单独的平面来考虑。可以利用平面投影的积聚性或在平面上作辅助线来作图。

2. 平面立体的截切

平面与平面立体表面相交，可看成是立体被平面截切，截切立体的平面称为截平面，截平面与立体表面的交线称为截交线。

平面立体的截交线是截平面与平面立体表面的共有线，截交线上的点是截平面与立体表面上的共有点。

平面立体的表面具有一定的范围，所以截交线通常是封闭的平面多边形。多边形的各顶点是平面立体的各棱线或边与截平面的交点，多边形的各边是平面立体的棱面与截平面的交线，或是截平面与截平面的交线。

求截交线的方法是找共有点：

(1) 如果切到棱线，则找出平面立体上被截断的棱线和截平面的交点，然后顺次连成直线。

(2) 如果切到立体平面中间,则利用平面的性质(积聚性等)求出截平面和被截切平面的交线。然后,依次连接各点。

因此求平面立体的截交线实质是求这些交点和交线的问题。注意:截平面切到了立体的几个面就产生几条交线;当立体被多个截平面截切时,注意求解截平面与截平面之间产生的交线。

3. 曲面立体的投影

曲面立体是由曲面或曲面和平面所围成的。曲面立体中的圆柱、圆锥、圆球、圆环等又称为回转体。

绘制回转体的投影,可归结为绘制组成该回转体的平面和回转面的投影。关于回转面应注意其转向轮廓线的绘制,回转面的转向轮廓线是回转面可见与不可见部分的分界线。转向轮廓线是对某一个投影面而言,只需画出其在该投影面上的投影,其余投影不应画出。绘制回转体的投影时,一般先用点画线画出确定圆心位置的中心线和回转轴线的投影,再画出反映为圆的投影,最后画出其余投影。

在回转体上取点、线时,可以利用回转面投影的积聚性或回转面上作辅助线(直素线或纬圆)作图。

4. 曲面立体的截切

曲面立体的截交线通常是封闭的平面曲线,或是由曲线和直线所围成的平面图形。

对于圆柱,截交线可能是圆、椭圆或平行两直线;对于圆锥,截交线可能是圆、椭圆、双曲线、抛物线或相交两直线;对于球,截交线都是圆。

如果是多个截平面,则截交线是各截平面的截交线的组合。

求截交线的方法是找共有点:

(1) 如果切到轮廓转向线,则找出曲面立体上被截断的轮廓转向线和截平面的交点,然后顺次连线。

(2) 如果切到曲面中间,则利用曲面的性质(积聚性等)或辅助线法(纬圆法)求出截平面和被截切曲面的交线。

(3) 组合回转体的截切,组合回转体是指具有共同轴线的几个基本回转体组合而成的形体。组合回转体的截交线是由截平面与构成组合回转体的各段回转面或平面的交线组合而成。

5. 相贯线

两立体表面相交所得交线称为相贯线。

根据立体的几何性质,两立体相交可分为两曲面立体相交,两平面立体相交,平面立体与曲面立体相交。其中以两曲面立体相交为主。

相贯线是两立体表面的共有线,所以求相贯线的实质就是求两立体表面的共有点。

相贯线的性质

(1) 相贯线是两立体表面的共有线,相贯线上的点是两立体表面的共有点。

(2) 两曲面立体相贯线的形状,取决于两曲面立体的几何性质、相对大小和相对位置，一般情况下是空间曲线，特殊情况下可能是平面曲线或直线。

立体相贯的三种形式

(1) 两外表面相交。

(2) 外表面与内表面相交。

(3) 两内表面相交。

相贯分类

(1) 按相贯程度分　全贯："大的吃掉小的"，一个立体完全穿越另一个立体；
互贯："你中有我，我中有你"。

(2) 按轴线关系分　正交：轴线垂直，相交；
偏交：轴线垂直，交叉；
斜交：轴线倾斜，相交；
斜偏交：轴线倾斜，交叉。

(3) 按虚实分　实实相贯：柱和柱；
虚实相贯：柱和孔；
虚虚相贯：孔和孔。

相贯线的求法

(1) 利用积聚性：立体表面的投影具有积聚性时，可以利用积聚性作图。

(2) 辅助平面法：利用辅助平面与两立体相交，各得一交线，而这两交线之间的交点，即相贯线上的点。

(3) 辅助球面法：利用辅助球面与两立体相交，交线均为圆，投影图中反映为两条直线，其交点即为相贯线上的点。

辅助面的选用条件

(1) 辅助平面

常用的辅助平面为投影面平行面或垂直面，通常通过回转体的轴线或垂直回转体的轴线，使得辅助面与两曲面立体的截交线的投影都是直线或圆。

(2) 辅助球面

辅助球面的使用原则：① 相交两曲面都是回转面；② 两回转体的轴线相交；③ 回转体的轴线平行于投影面。

复合相贯

三个或三个以上的立体相交，称为复合相贯。复合相贯线由若干条相贯线组合而成，结合处的点称为结合点。求复合相贯线时，应找出有几个两两立体相交，从而确定其有几段相贯线结合在一起。

相贯线的特殊情况

(1) 两回转体同轴，其相贯线为垂直于轴线的圆。

(2) 两圆柱或圆柱与圆锥公切于球，其相贯线是两个椭圆。

2.3　解题指导

2.3.1　立体的投影及表面上取点、取线

【问题一】 如何求棱柱体表面点的投影？

2－1　已知五棱柱表面上点 F 和 G 的正面投影，求作水平投影和侧面投影。

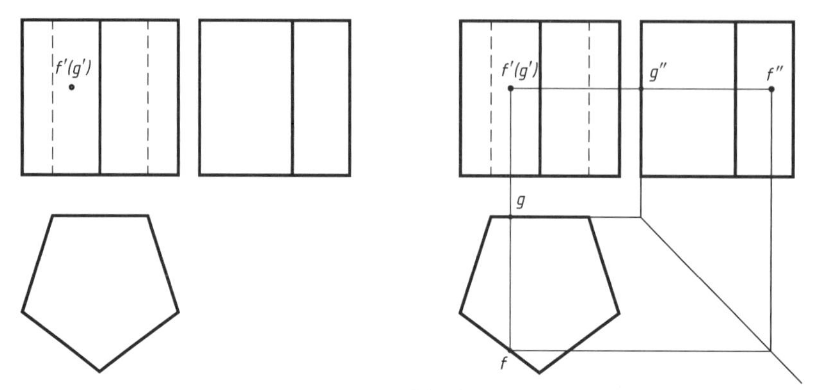

图 2－1　五棱柱表面取点

【解题分析】

点 F 位于左前棱面上，点 G 位于后棱面上且与点 F 正面投影重合。先根据五棱柱面各棱面的水平投影具有积聚性求出点的水平投影，后棱面为正平面，再根据侧面投影具有积聚性求出 g''，点 F 的侧面投影，最后根据点的投影规律作图。

【解题步骤】

见图 2－1。

【问题二】 怎么求棱锥体表面点、线的投影？

2－2　已知三棱锥 $SLMN$ 的三面投影，以及表面上直线 AB 和点 C 的正面投影，求作水平投影和侧面投影。

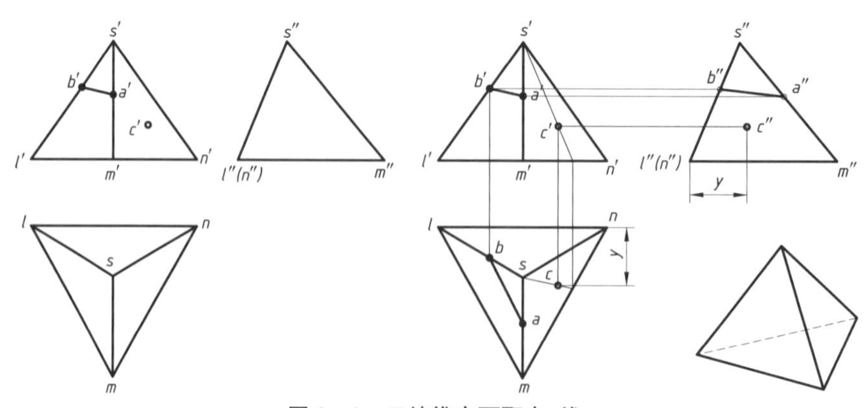

图 2－2　三棱锥表面取点、线

【解题分析】

在三棱锥中，SLM 和 SMN 为一般位置平面，SLN 为侧垂面，LMN 为水平面。

点 A 和点 B 分别在棱线上，所以点的投影利用点在直线上的投影规律就能求得。点 C 在 SMN 平面上，可以利用辅助线法：利用棱面两点作辅助直线求表面上点的投影，过点 C 作 SC 直线，利用点在线上线在面上的方法求棱面上点 C 的投影。

【解题步骤】

见图 2-2。

【问题三】 怎样求曲面立体投影及表面点、线的投影？

2-3 求作圆柱的正面投影，并画出其上 M、N、K 三点的其他投影。

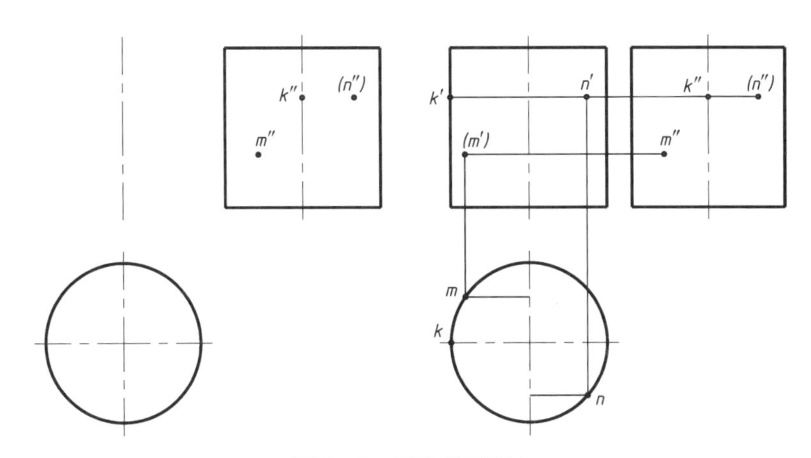

图 2-3 圆柱表面取点

【解题分析】

这是一个轴线垂直于水平位置的圆柱，其正面投影和侧面投影相同，都是一个矩形，根据投影关系即可作出圆柱的正面投影。点 K 在左视图的轴线上可见，在主视图上为最左轮廓线上；点 M 位于圆柱后面上；点 N 位于圆柱前面上。

【解题步骤】

见图 2-3。

2-4 求作圆锥的侧面投影，并画出其上 A、B、C 三点的其他投影。

【解题分析】

这是一个轴线垂直于水平位置的圆锥，其正面投影和侧面投影相同，都是一个三角形，根据投影关系即可作出圆锥的侧面投影。点 A 在主视图的最左轮廓线上；点 B 位于圆锥轴线上即圆锥的最前轮廓线上；点 C 在圆锥面上。

【解题步骤】

点 A 位于轮廓线上，所以其水平和侧面投影就在相应轴线上；b' 在轴线上且可见，即为圆锥最前轮廓线上；点 C 在圆锥面上，可利用其与锥顶的连线，作出直线的投影，再利用点在直线的条件求得 c'，利用投影规律求得 c''，见图 2-4。

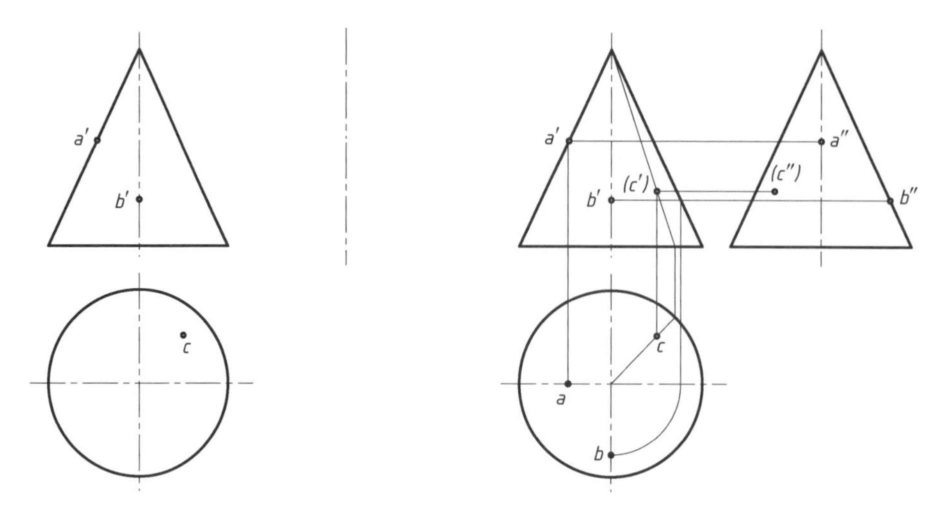

图 2-4　圆锥表面取点

2-5　求球面上 A、B、C 三点的其他投影，并连线 AB。

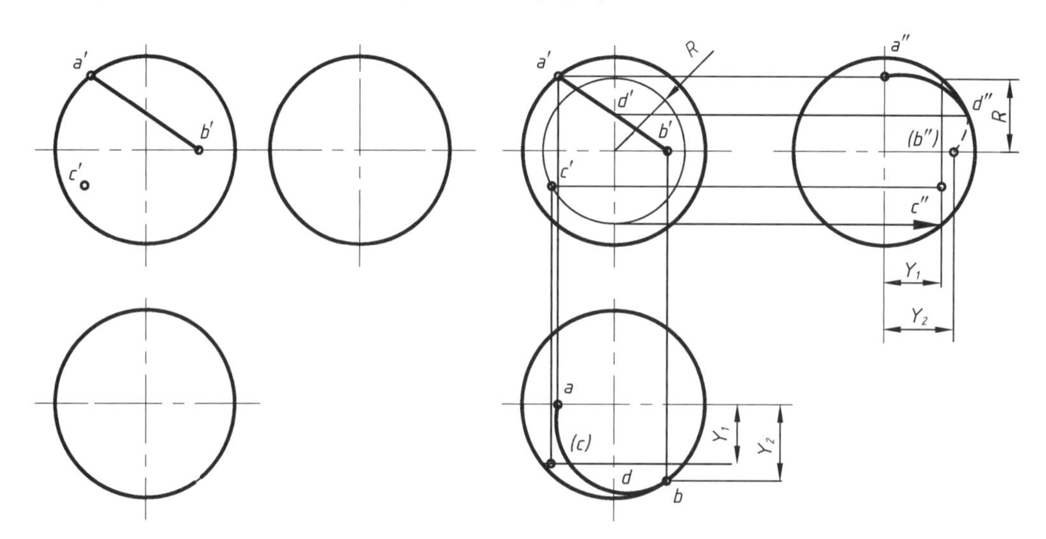

图 2-5　圆球表面取点、线

【解题分析】

圆球面在三投影面体系中的投影是三个直径相等的圆，但它们分别代表了圆球面在三个不同投影方向上的最大轮廓素线的投影。如水平投影，它的投影轮廓圆是空间上下两半球面的分界圆，它的正面投影和侧面投影分别为过球心的水平线。

圆球面的任何投影均没有积聚性，所以一般利用平行于投影面的纬圆作辅助线来求球面上点的投影。如图 2-5 所示，过球面上点 C 作一平行于正面的纬圆，该圆在左视图和俯视图上的投影均为一直线，主视图上为圆的实形。由于球的特殊性，也可以用平行于侧面或水平面的纬圆作辅助线来求点的投影，两种求解方法的结果完全一致。

【解题步骤】

a'位于轮廓线上，所以其水平和侧面投影就在相应轴线上；b'在轴线上且可见，即为圆球平行于水平面的最大轮廓素线圆上；点 C 可利用平行于正面的纬圆求作，求线 AB 投影时，找关键点，即转向点 D，连线时注意判别可见性。

2.3.2 平面与立体表面相交，求截交线的投影

【问题四】 什么是截交线，怎样求平面立体被截切后的截交线？

2-6 补画六棱柱被截切后的侧面投影。

【解题分析】

六棱柱被一个正垂面和一个侧平面截切，水平投影中正垂面与六棱柱的截交线的投影都落在棱面的积聚性投影中，而侧平面的水平投影积聚为一条直线，因此，水平投影已知，不需要补线；根据正面投影和水平投影，求出交点的侧面投影，然后依次连接成截交线。

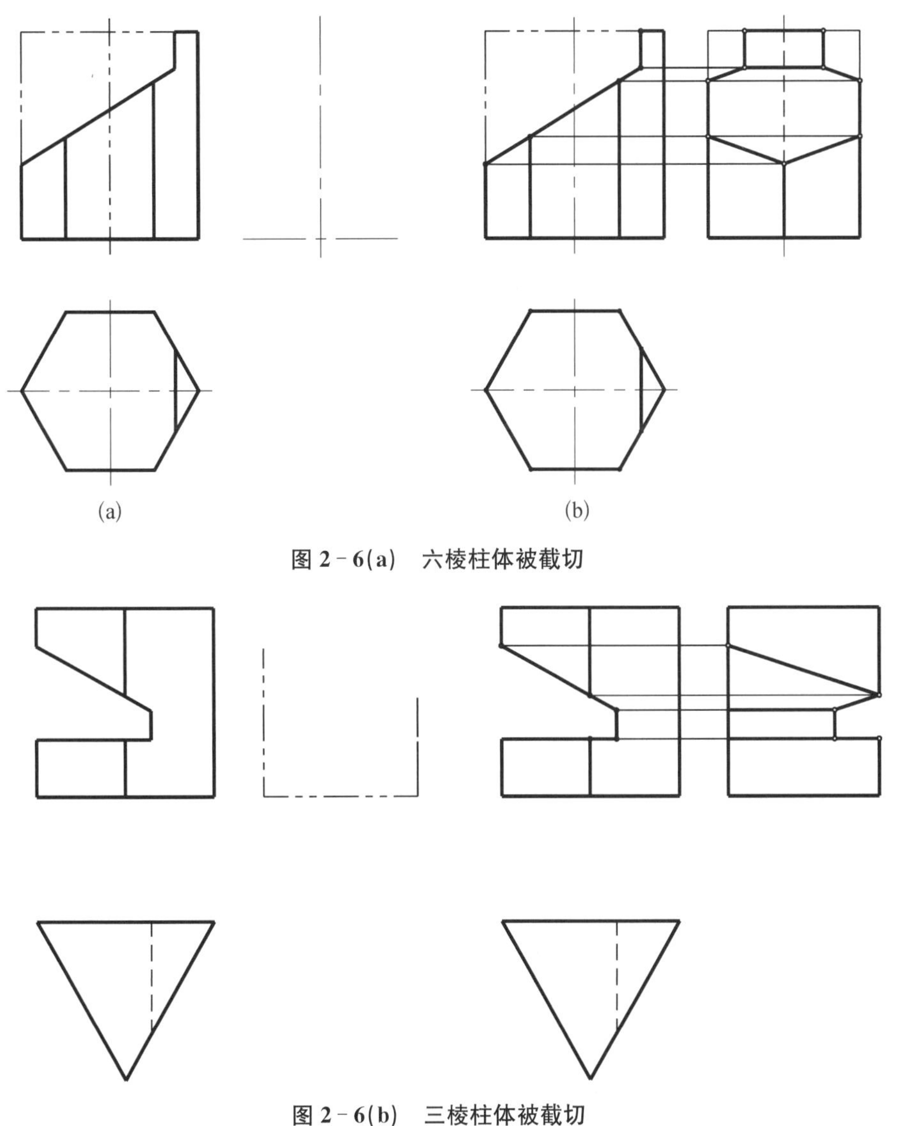

图 2-6(a) 六棱柱体被截切

图 2-6(b) 三棱柱体被截切

【解题步骤】

略。结果见图 2-6(b)。

棱柱被截切的例子有很多,如图 2-6(b)是三棱柱被切割的情况,大家可以举一反三进行练习。

2-7　试补全图 2-7 中缺口三棱锥的俯视图和左视图。

【解题分析】

三棱锥上的缺口可看成由一个水平面与一个正垂面切割三棱锥而形成。其中水平截平面平行于底面;另一个截平面为正垂面。两截平面的交线是正垂线,正垂线的两端点就是两条截交线的分界点。

【解题步骤】

因为两个截平面都垂直于正面,所以截交线的正面投影都分别重合在它们有积聚性的正面投影上,$f'(g')$则位于两截平面相交处,故在主视图中直接标上这些交线的投影。

根据直线上点的投影特性,由 d'求出水平投影 d 和侧面投影 d'';根据空间两平行直线的投影特性,由 d 分别作 ca 和 cb 底边的平行线为辅助线,由 g'、f'在辅助线上求出 e、f、g,再根据投影规律求出侧面投影。利用同样的方法再求出正垂面与三棱锥交线的水平投影和侧面投影,如图 2-7 所示。

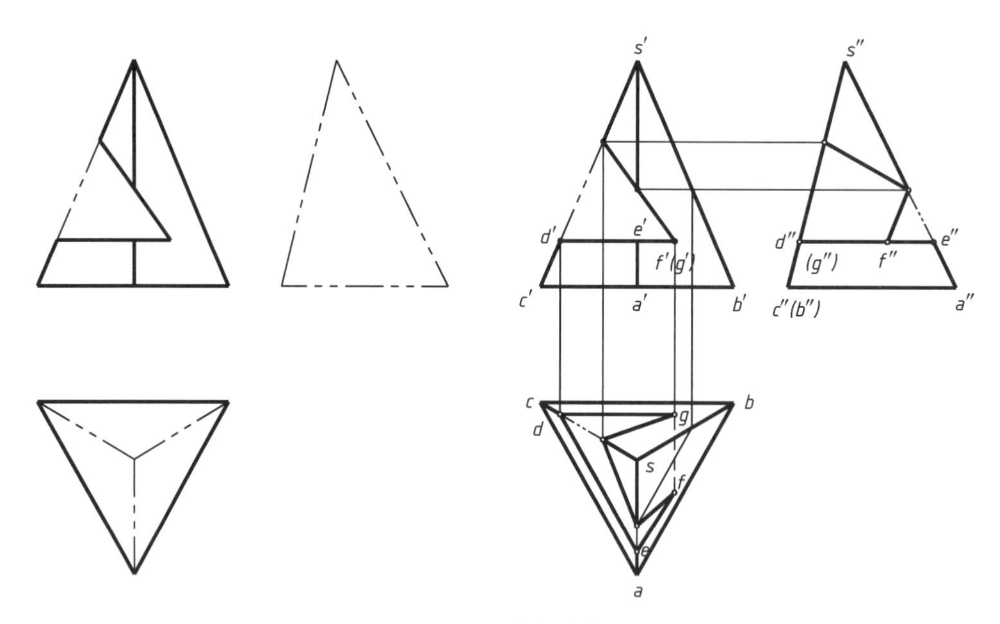

图 2-7　三棱锥被截切

【问题五】　圆柱被切割可分几种形式,交线形状是什么,怎样求截交线?

2-8　试补全圆柱被切割后的正面投影和侧面投影。

【解题分析】

如图 2-8 所示,圆柱的上面部分完成了左右对称的切割,分别是平行于轴线的侧平

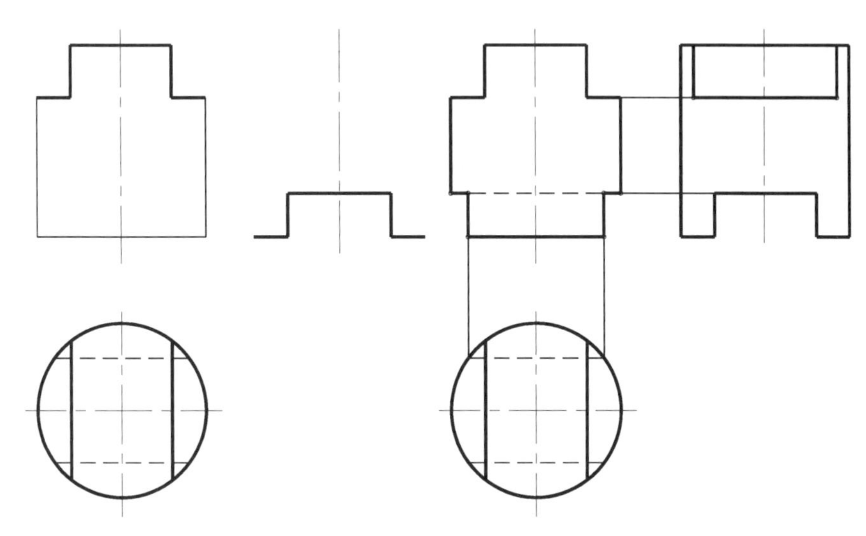

图 2-8　圆柱被截切(一)

面和垂直于轴线的水平面，侧平面与圆柱的截交线是直线，分别是矩形截断面的前、后两边，水平面与圆柱面的截交线分别是底平面的左右两段圆弧。由于左右对称，所以两者的侧面投影重影，而且反映实形。

圆柱下部的开槽部分是由两个平行于轴线的正平面和一个垂直于轴线的水平面截切而成的。平行于轴线的正平面，其侧面投影有积聚性，正面投影反映截断面的实形，为水平投影虚线对应的矩形。

【解题步骤】

(1) 先画出完整圆柱的三面投影。

(2) 根据截切的正面投影和水平投影，求出上部的侧面投影。

(3) 根据槽的水平投影和侧面投影求出其正面投影。

2-9　试补全圆柱被切割后的水平投影。

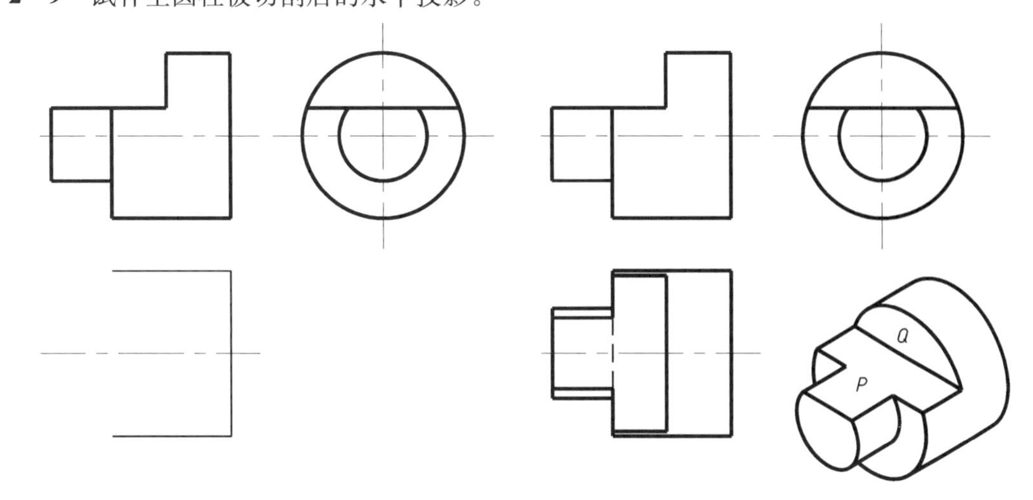

图 2-9　圆柱被截切(二)

【解题分析】

如图 2－9 所示，有两个不同直径的圆柱组合在一起，轴线水平放置，分别被平行于轴线的水平面 P 和垂直于轴线的侧平面 Q 切割在圆柱体表面产生截交线，水平面 P 与圆柱的截交线是直线，截断面是不同大小的矩形框，在水平投影上反映实形。侧平面 Q 截交线是与圆筒大径相同的部分圆周。

【解题步骤】

(1) 先画出完整阶梯圆柱的水平投影。

(2) 根据截切的正面投影和侧面投影，分别测量侧面投影矩形的宽度。

(3) 根据正面投影和侧面投影求出水平投影。

2－10　已知立体的正面投影和水平投影，作出其侧面投影。

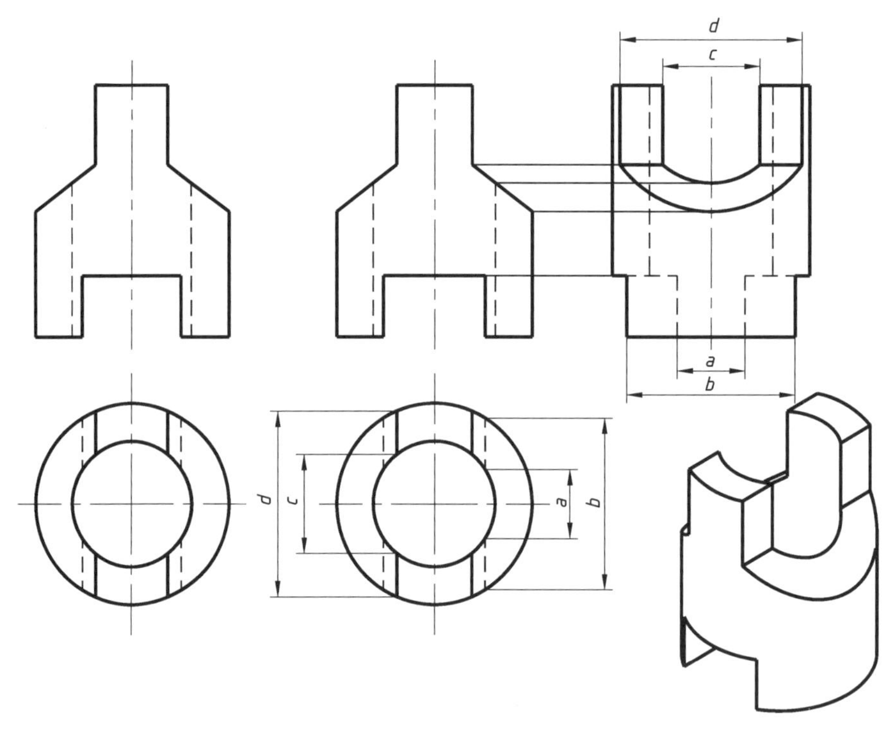

图 2－10　圆柱被截切(三)

【解题分析】

如图 2－10 所示，所给立体的基本形体是轴为铅垂线的空心圆柱，上方左、右两侧对称地各被一个侧平面和一个正垂面切去一块，下方中部由一个水平面和两个侧平面截切形成一个缺口。

【解题步骤】

(1) 作出完整空心圆柱的侧面投影。

(2) 分别求出空心圆柱上方、下方中部两个侧平面的水平投影。

(3) 作出上方侧平面与空心圆柱外表面和内表面的截交线——铅垂线。

(4) 作出上方正垂面与空心圆柱外表面和内表面的截交线——椭圆弧。

(5) 求出下方水平面、侧平面与空心圆柱外表面和内表面的截交线。

(6) 判别可见性，整理轮廓线。

2-11　已知在圆柱中间部分从前向后开了一个三角形通槽，试完成水平投影和侧面投影。

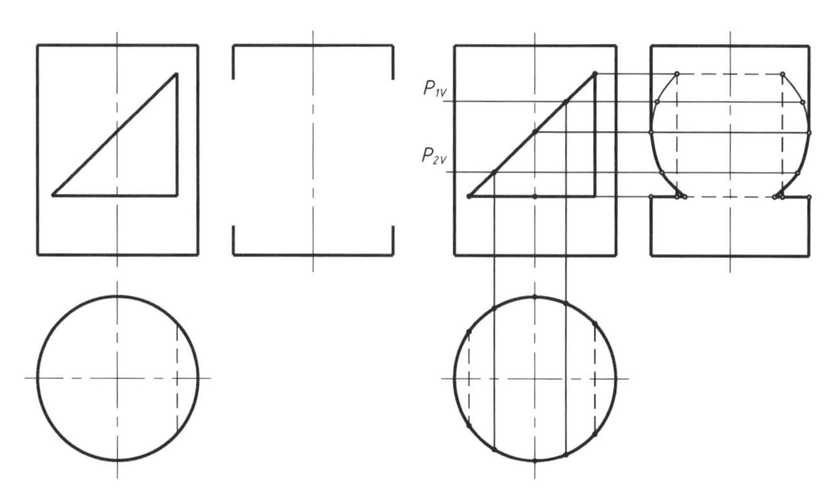

图 2-11　圆柱开槽

【解题分析】

如图 2-11 所示，此回转体圆柱中间的三角形通槽由一个水平面和一个侧平面和一个正垂面组成。水平面与圆柱面的交线均为水平圆弧，水平投影反映实形；侧平面与圆柱面相交，交线为直线；正垂面交线为椭圆弧。三个平面两两相交，交线都为正垂线，交线的端点在圆柱的表面上。

【解题步骤】

(1) 作出完整回转体的水平投影。

(2) 作出水平面与圆柱交线的侧面投影。

(3) 作出侧平面与圆柱交线的侧面投影。

(4) 判别可见性，整理轮廓线。

【问题六】　圆锥被切割可分几种形式，截交线形状分别是什么，怎么求截交线？

2-12　已知圆锥切割后的正面投影，补全水平投影和侧面投影。

【解题分析】

如图 2-12 所示，立体由三个平面截切圆锥而形成，其中平面 P_1 过锥顶，所得截交线是三角形；平面 P_2 是倾斜于轴线的正垂面，所得交线是椭圆的一部分；平面 P_3 是垂直于圆锥的轴线的水平面，所得截交线是水平圆的一部分。

【解题步骤】

如图 2-12 所示，画出圆锥的侧面投影。先求过锥顶的截平面与圆锥面的截交线，

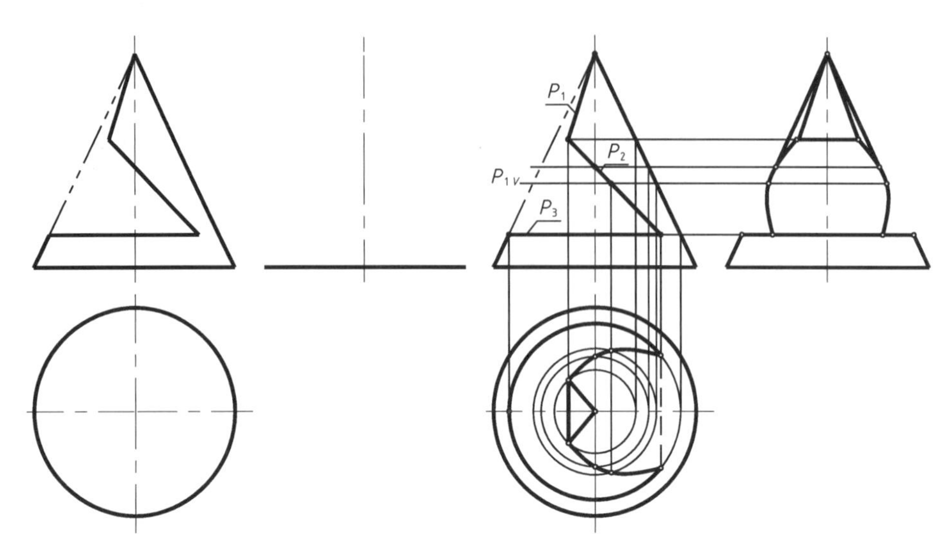

图 2-12　圆锥被截切

作水平面与圆锥面的交线圆，根据正面投影和水平投影，得到截交线的分界点，同时在侧面投影中画出来。椭圆线上的点可以用辅助纬圆法求出。光滑连接相应各点，即得截交线。在完成投影后，应注意物体表面截交线前后是对称的，物体因开槽被切去的轮廓线不应画出。

2-13　如图 2-13 所示，已知由一圆锥和两圆柱组成的组合立体被平面切割后的正面投影和侧面投影，补画水平投影。

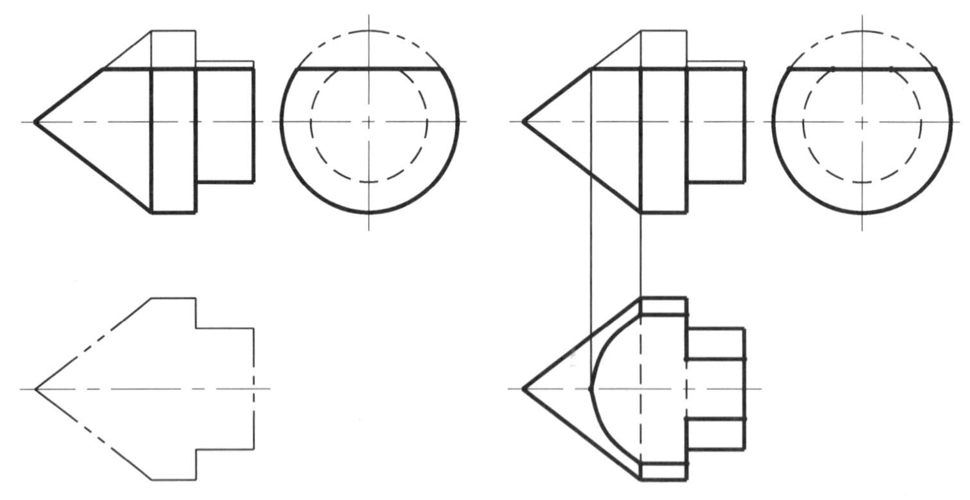

图 2-13　组合体被截切

【解题分析】

该立体由同轴圆柱体和圆锥体组合而成，用一个与轴线平行的水平面截切而成，所得截交线为双曲线和两组平行于轴线的直线。

【解题步骤】

(1) 先画出完整立体的水平投影。

(2) 根据截切的正面投影和侧面投影,找点作双曲线。

(3) 根据正面投影和侧面投影求出水平投影。

2-14 如图 2-14(a)所示,已知四棱台中部开一垂直于 V 面的三棱柱形通孔,试完成水平投影,作出侧面投影。

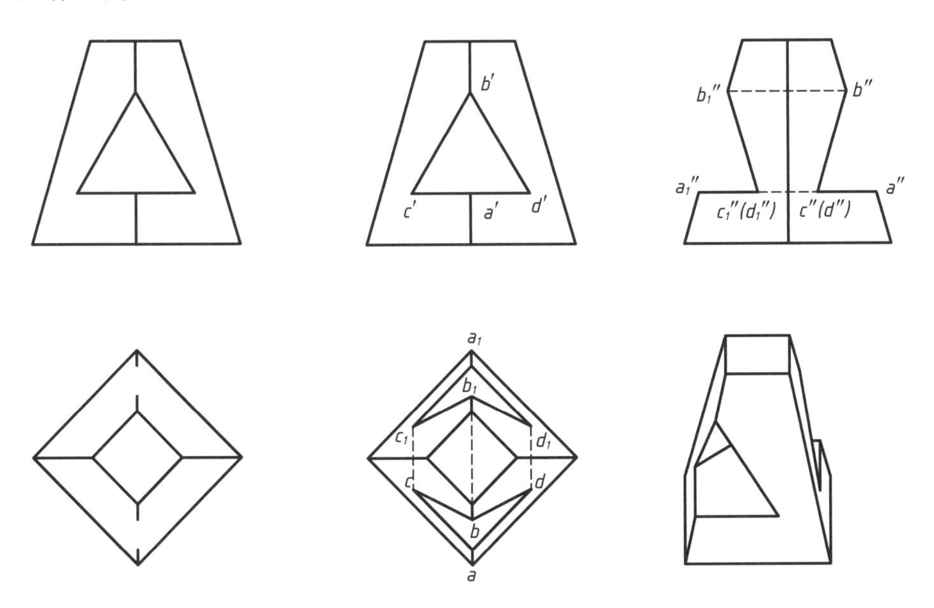

图 2-14(a) 三棱锥台被挖孔

【解题分析】

三棱柱形通孔由一个水平面和两个正垂面组成。水平面的截交线为一个六边形,每一个正垂面的截交线为四边形。三个截平面彼此相交形成三条正垂线。

【解题步骤】

(1) 利用辅助线作出水平面的截交线——六边形 $ACC_1A_1D_1D$,其中点 A 位于棱线上,可由正面投影直接求侧面投影,再求水平投影。

(2) 利用辅助线作出两个正垂面的截交线——四边形 BCC_1B_1 和 BDD_1B_1。

(3) 作出截平面间的交线 BB_1、CC_1、DD_1,并完成立体的投影。

平面切割平面立体例子很多,大家可以举一反三,具体见图 2-14(b)。

2-15 已知在圆锥中间部分从前往后开了一个由几个平面同时截圆锥体的通槽,试完成水平投影和侧面投影。

【解题分析】

此回转体圆锥中间的通槽由三个水平面和四个过锥顶的正垂面组成。水平面与圆锥面的交线均为水平圆弧,水平投影反映实形;正垂面与圆锥面相交过锥顶,交线为直线。

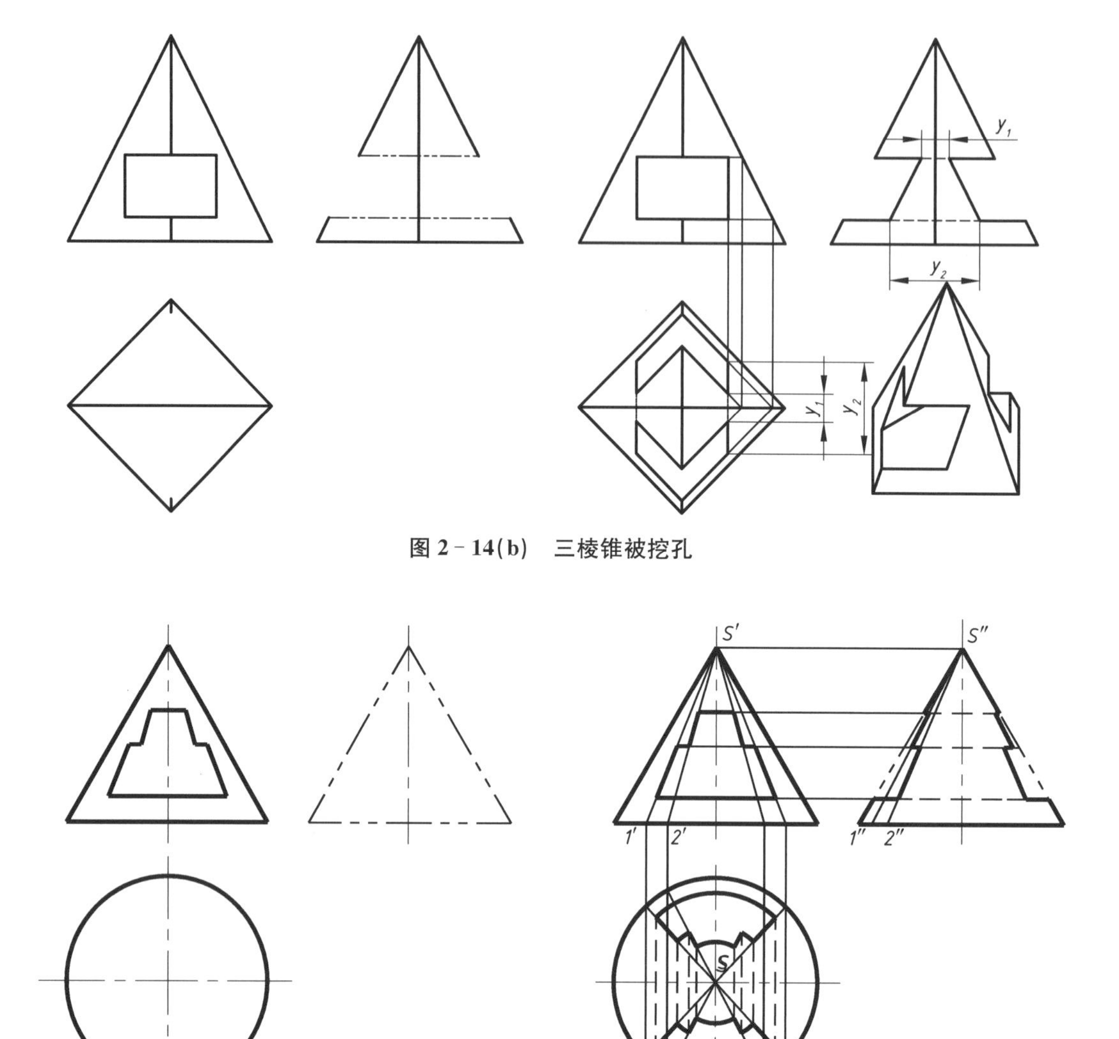

图 2－14(b)　三棱锥被挖孔

图 2－15　圆柱开槽

【解题步骤】

略。

【问题七】　圆球被切割的形式有几种，截交线形状分别是什么，怎样求截交线？

2－16　求作正垂面切球的截交线。

【解题分析】

无论截平面在什么位置截切球体，截交线均为圆，只是圆处于投影面的不同位置而已。可以是特殊位置圆，也可以是一般位置圆。截平面是正垂面，截交线为正垂圆；其水平投影和侧面投影均为椭圆。

【解题步骤】

利用球面上取点的办法：求特殊点，求一般点，连线判别可见性。

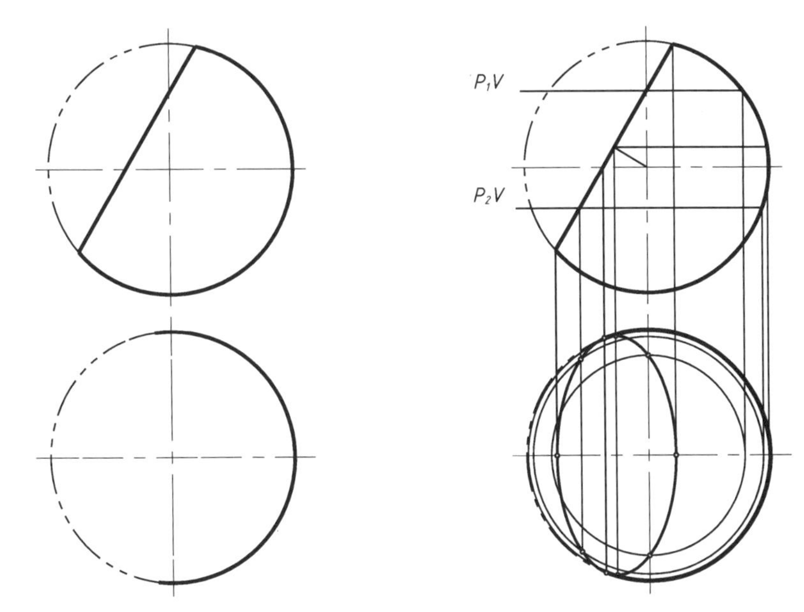

图 2-16　圆球切割(一)

2-17　已知立体切割后的正面投影，作出水平投影和侧面投影。

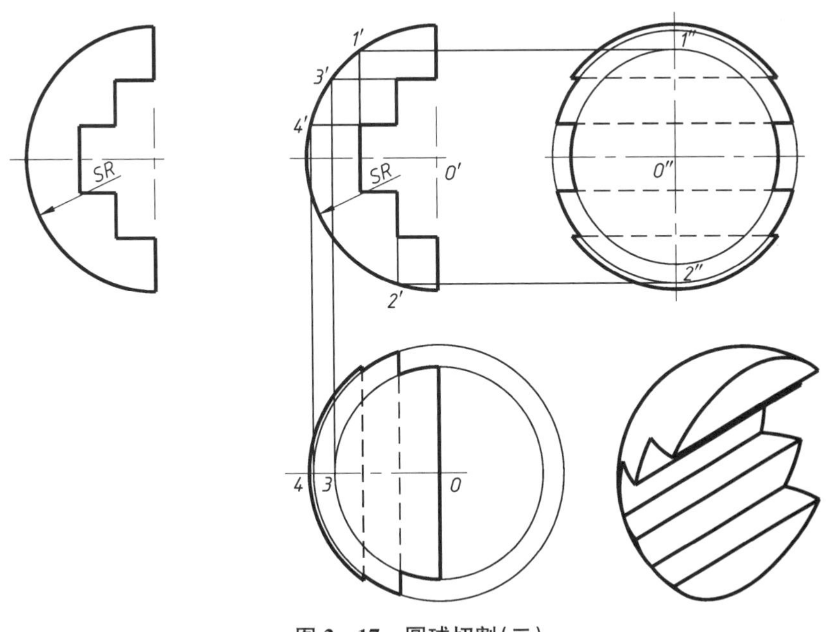

图 2-17　圆球切割(二)

【解题分析】

由已知投影和符号 SR 可判断立体是一半球体，其中右侧中部有一个阶梯形缺口，缺口由四个水平面和两个侧平面组成，与半圆球的截交线均为圆弧且分别平行于 H 面与 W 面。

【解题步骤】

（1）作出完整半球的水平投影和侧面投影。

（2）作出两个侧平面与半圆球的截交线，截交线的 W 面投影反映圆弧实形，圆心为 O''，半径分别为 $O''1''$、$O''2''$，截交线的 H 面投影积聚为直线。

（3）作出四个水平面与半圆球的截交线，截交线的 H 面投影反映圆弧实形，圆心为 O，半径分别为 $O3$、$O4$，截交线的 W 面投影积聚为直线。

（4）判别可见性，整理轮廓线。

2.3.3　立体与立体表面相交，求相贯线的投影

【问题八】　什么是相贯线，怎样求平面立体和平面立体、平面立体和曲面立体相交产生的交线？

2－18　求作三棱锥与三棱柱全贯后的相贯线的投影图。

【解题分析】

三棱锥与三棱柱全贯，根据正面投影，直立放置的三棱柱被左右放置的三棱锥穿过，与三棱柱的左右两个棱面相交产生截交线，相贯线由在贯穿点处的截交线组合而成，是两个平面的三角形。由于直立放置的三棱柱的三个棱面在水平投影上具有积聚性，而水平投影已知，故只要求交线的正面投影即可。

【解题步骤】

由六个贯穿点的水平投影求出它们的正面投影，再依次连线，不可见的交线用细虚线画出，如图 2－18 所示。

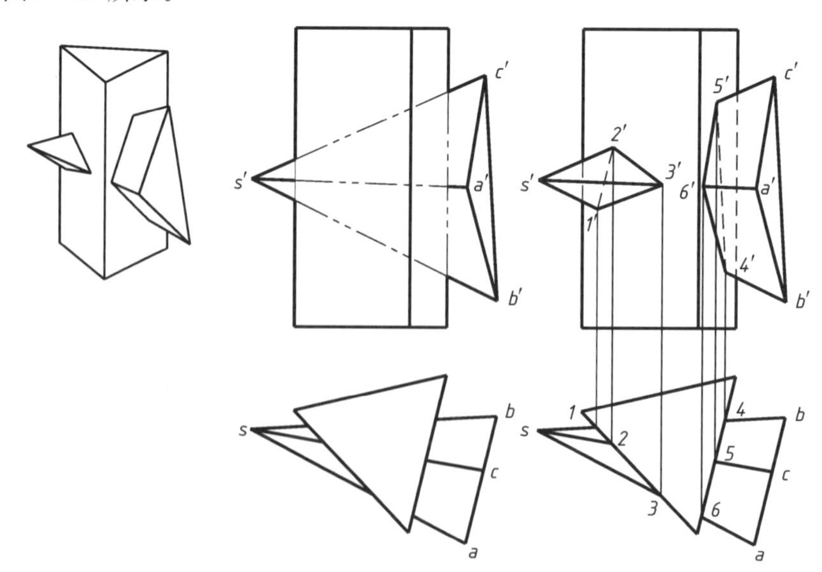

图 2－18　三棱锥与三棱柱全贯

2-19 画出三棱柱与圆柱全贯的投影图。

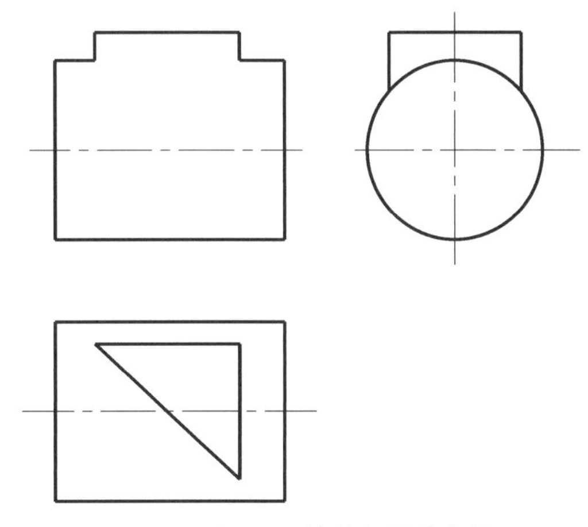

图 2-19(a) 三棱柱与圆柱全贯

【解题分析】

根据给定的水平投影和侧面投影图，可知是三棱柱与圆柱全贯，直立放置的三棱柱在水平投影上具有积聚性，三个侧面分别为正平面、侧平面和铅垂面。相贯线由在贯穿点处的截交线组合而成，而水平放置的圆柱在侧面具有积聚性，所以只要求交线的正面投影。

【解题步骤】

(1) 作出三棱柱与圆柱全贯的正面投影，求出正平面与圆柱交线。

(2) 利用积聚性的投影，取特殊点和一般点，从而求出铅垂面的投影为部分椭圆。

(3) 作出侧平面与圆柱交线的投影。

(4) 判别可见性，依次连线并整理轮廓线，如图 2-19(b)所示。

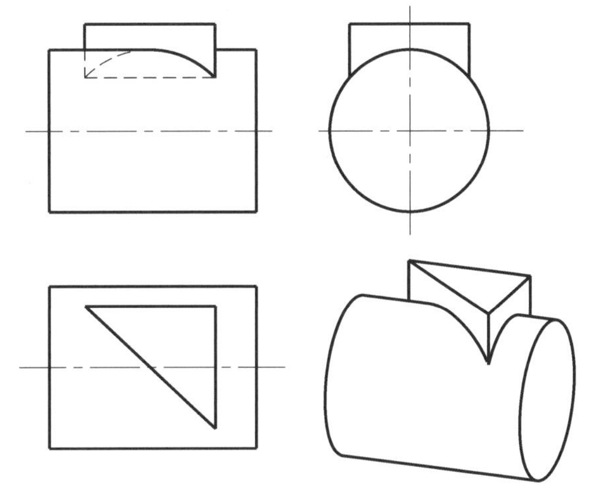

图 2-19(b) 三棱柱与圆柱全贯

【问题九】 圆柱和圆柱相交可分几种情况，怎样求它们之间相交产生的相贯线？

2-20　如图2-20所示，两圆柱轴线垂直相交，求其相贯线。

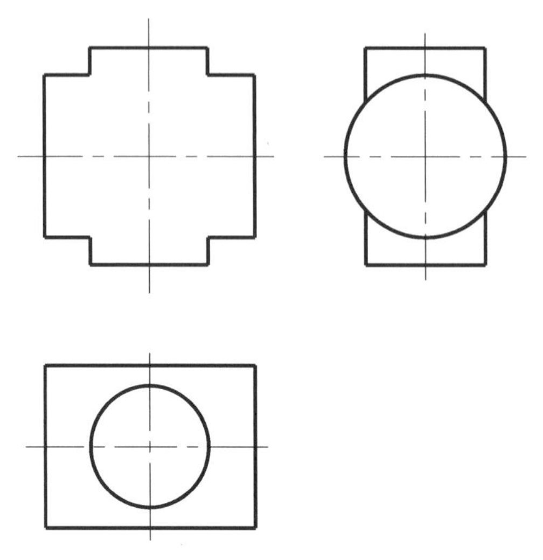

图2-20(a)　圆柱与圆柱相贯(一)

【解题分析】

两圆柱垂直相交，其相应投影有双积聚性；相贯线分上、下两组，为封闭空间曲线；已知相贯线水平侧面投影已知，再求正面投影。最后，由直接作图法求解。

【解题步骤】

求特殊点，*A*、*B* 两点为相贯线上的最左、最右点，并为其正面投影的可见性分界点。*C*、*D* 两点为相贯线上的最前、最后点，并为其侧面投影的可见性分界点。

求一般点，可先在水平投影上确定 $e \to e'' \to e'$，也可先确定 $e'' \to e \to e'$。再直接作图、连线，并判别可见性，如图2-20(b)所示。

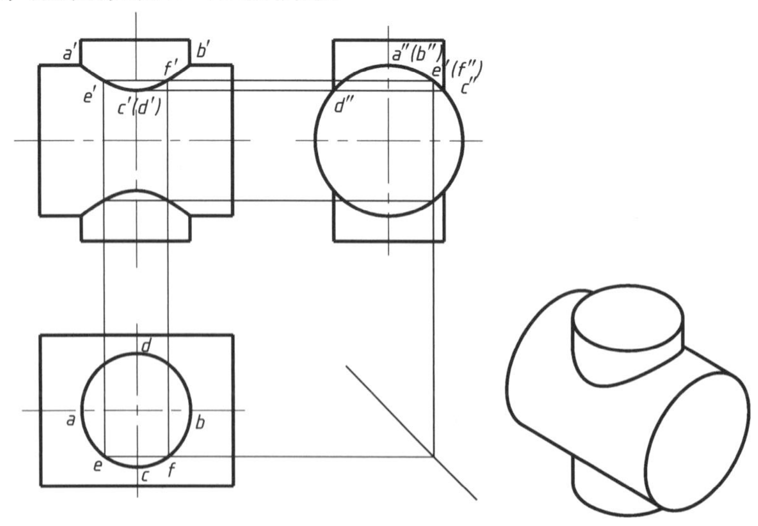

图2-20(b)　圆柱与圆柱相贯(一)

2－21　两圆柱轴线交叉垂直，求其相贯线。

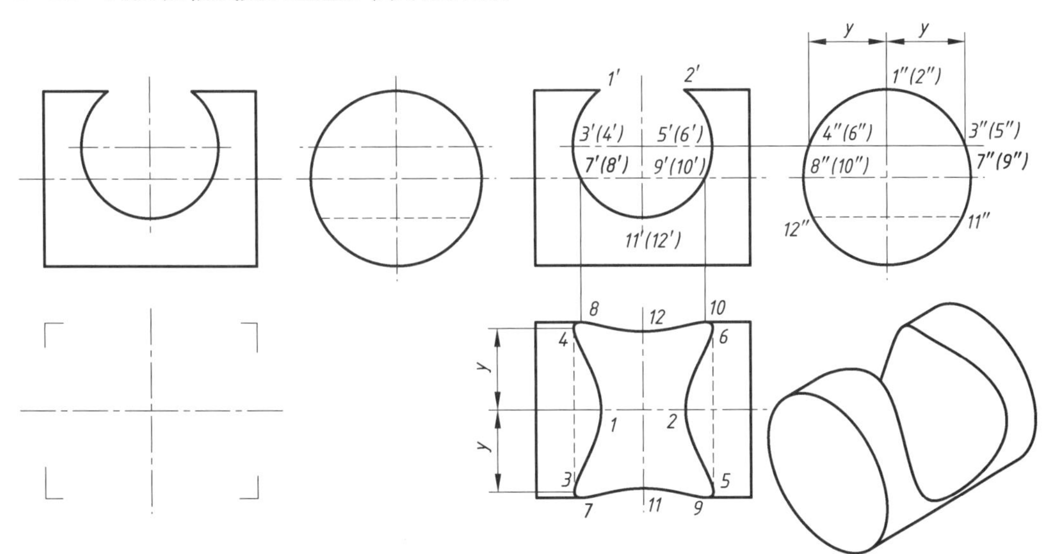

图 2－21　圆柱与圆柱相贯(二)

【解题分析】

如图 2－21 所示，为圆柱与圆柱孔相交，轴线彼此交叉，所以相贯线是一条封闭的空间曲线。圆柱与圆柱孔的轴线分别垂直 W 面和 V 面，水平圆柱的侧面投影和正立柱孔的正面投影均具有积聚性，所以相贯线的正面和侧面投影有积聚性为已知，相贯线为圆封闭空间曲线，然后求相贯线的水平投影。

【解题步骤】

(1) 作特殊点。正面投影图中 1、2 为水平圆柱转向轮廓线上的点，7、8、9、10 为水平圆柱轴线上的点，它们的水平投影可直接求出。垂直于 V 面圆柱孔轴线上的点 3、4、5、6、11、12，可以利用侧面投影的 y 坐标分别求到水平投影；

(2) 作一般点。利用找点法求水平投影；

(3) 依次连接各点，并分清虚实；

(4) 注意整理轮廓线。

2－22　求两空心圆柱轴线垂直相交后交线的正面投影。

【解题分析】

如图 2－22 所示，左边部分为两空心圆柱轴线垂直相交，根据积聚性，相贯线的水平投影和侧面投影均积聚在圆弧和圆上为已知，求相贯线正面投影。右边部分为直立圆柱被挖孔，相贯线的侧面投影为小圆，水平投影为对应的圆弧，求相贯线正面投影。

【解题步骤】

(1) 作直立的大圆柱和水平的小圆柱外表面的交线并连实线。

(2) 作直立的大圆柱和水平的小圆柱内表面的交线并连虚线。

(3) 作直立的大圆柱被挖孔后外表面的交线并连实线。

（4）作直立的大圆柱被挖孔后内表面的交线并连虚线。如图 2－22 所示。

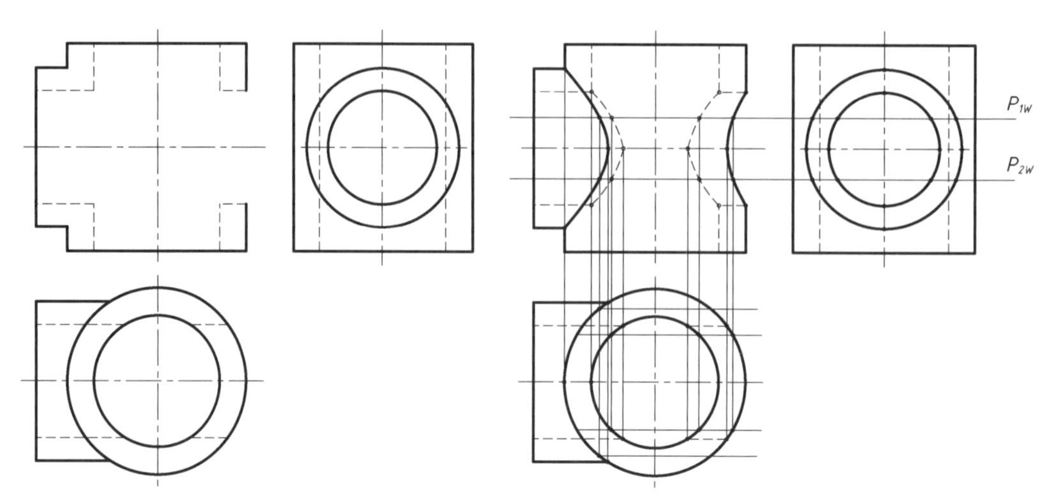

图 2－22　圆柱与圆柱相贯(三)

2－23　看懂相交的三立体，补画所缺的图线。

【解题分析】

如图 2－23(a)所示，三立体为水平放的大圆柱 1，直立的小圆柱 2 和直立放置的由平面和半圆弧组成的立体 3 相交而成，根据积聚性，相贯线的水平投影和侧面投影均积聚在圆弧上为已知，求相贯线正面投影，可以采用两两相交分别求解。

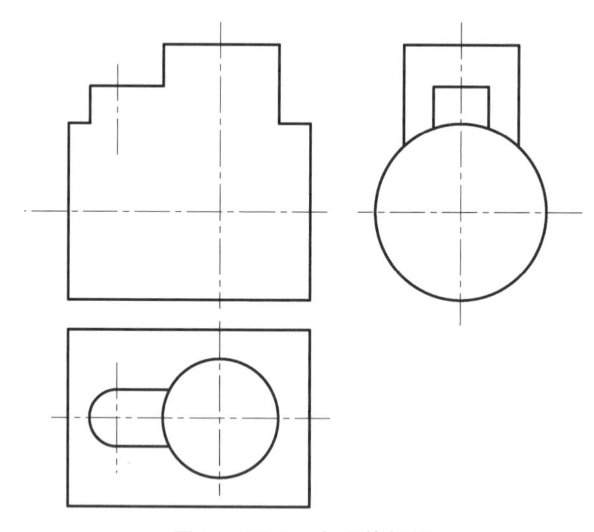

图 2－23(a)　多实体相贯

【解题步骤】

（1）作水平的大圆柱 1 和直立的小圆柱 2 外表面的交线，均为空间曲线，且前后对称，再连实线。

（2）作直立的小圆柱 2 和直立放置的由平面和半圆弧组成的立体 3 相交的交线，由于轴线平行，交线为截交线，再根据水平投影连直线。

（3）作水平的大圆柱 1 和立体 3 的交线，其分别由空间曲线和直线组成，再连实线。如图 2-23(b)所示。

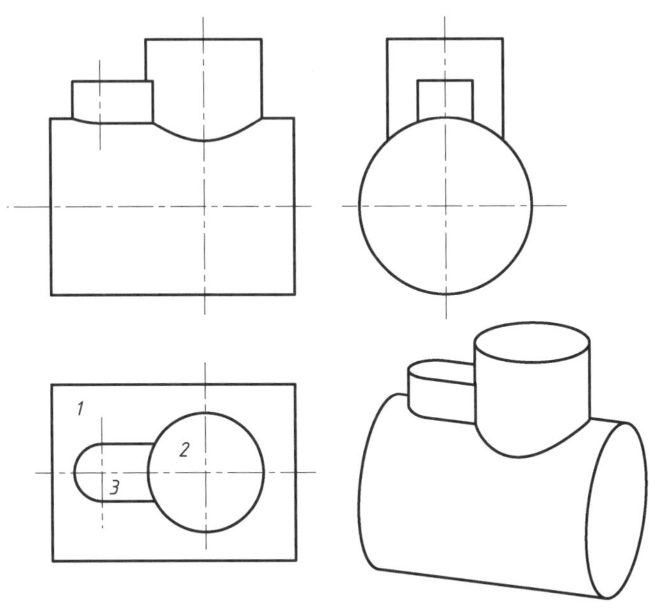

图 2-23(b)　多实体相贯

【问题十】　分析圆柱和圆锥、圆柱和圆球相交的情况，怎样求它们之间相交产生的相贯线？

2-24　求圆柱与圆锥相交的相贯线(一)。

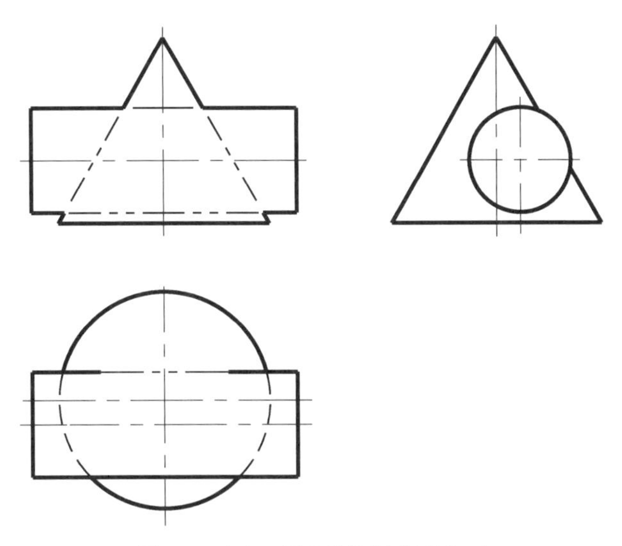

图 2-24(a)　圆柱和圆锥相贯(一)

【解题分析】

由侧面投影可知圆柱穿入圆锥为互贯，圆柱的侧面投影有积聚性(单积聚)，即相贯线侧面投影已知，可采用辅助线法求其正面投影和水平投影。

【解题步骤】

首先求特殊点，然后求一般点，最后依次连线，并判别可见性，整理轮廓线，具体见图 2-24(b)。

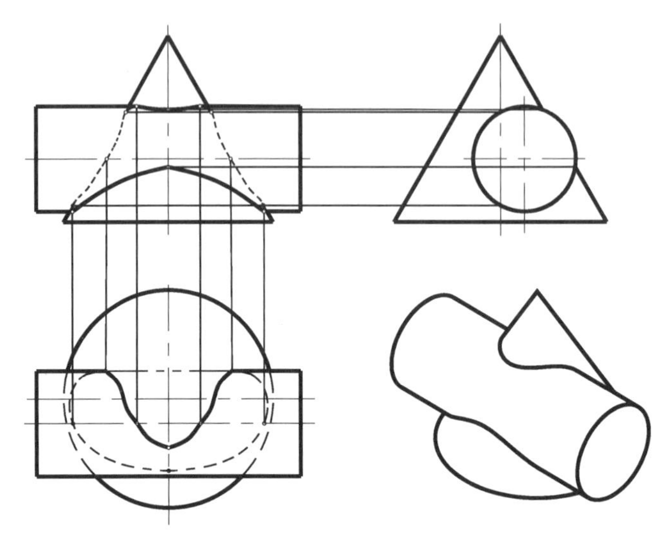

图 2-24(b)　圆柱和圆锥相贯(一)

2-25　求圆柱与圆锥相交的相贯线(二)。

【解题分析】

分析已知投影，可以看出直立安放的圆锥被一个直立放置的圆柱穿过，在圆锥的表面产生了相贯线且为全贯。圆柱的水平投影有积聚性(单积聚)，即已知相贯线水平投影，再采用辅助纬圆的方法求其正面投影。

【解题步骤】

先求特殊点，再求一般点，最后依次连线，并判别可见性，整理轮廓线，具体见图 2-25。

2-26　求作圆柱与半球的相贯线。

【解题分析】

如图 2-26 所示，轴线垂直于 H 面的圆柱与半圆球相交，相贯线是封闭的空间曲线，相贯线的水平投影重合在铅垂圆柱的水平投影上，需求正面和侧面投影。由于圆柱轴线与圆球轴线垂直相交并处于同一个正平面上，故相贯线相对于该正平面前后对称，其 V 面投影前后重合，W 面投影前后对称。因圆柱的轴线垂直于 H 面，故可选择水平面为辅助面，与圆柱面、圆球面的截交线均为水平圆，两者的交点即为相贯线上的点。

【解题步骤】

(1) 作特殊点。Ⅰ、Ⅱ、Ⅲ、Ⅳ点为圆柱转向轮廓线上的点，它们的投影可直接求出。

(2) 作一般点。在适当位置作辅助水平面 P、Q、R，这三个面与圆球、圆柱相交均为水平圆，在水平投影中可以求出交点Ⅴ、Ⅵ、Ⅶ、Ⅷ即为相贯线上的点，再求出各点的正面和侧面投影。

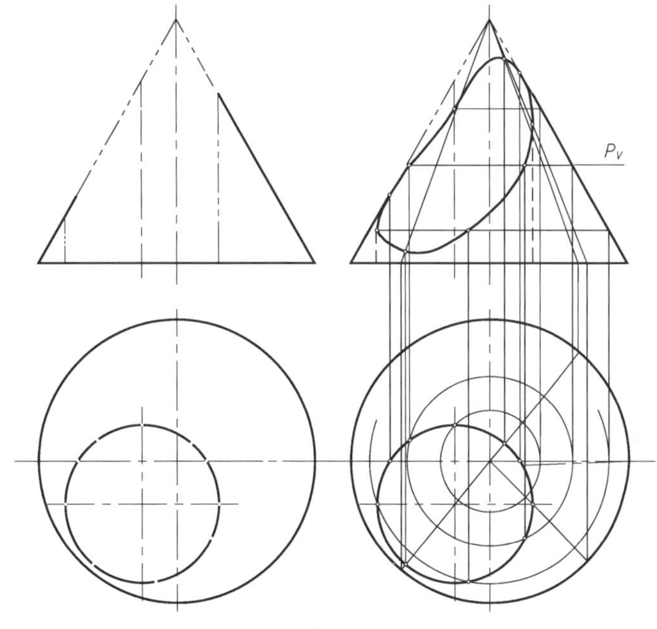

图 2-25 圆柱和圆锥相贯(二)

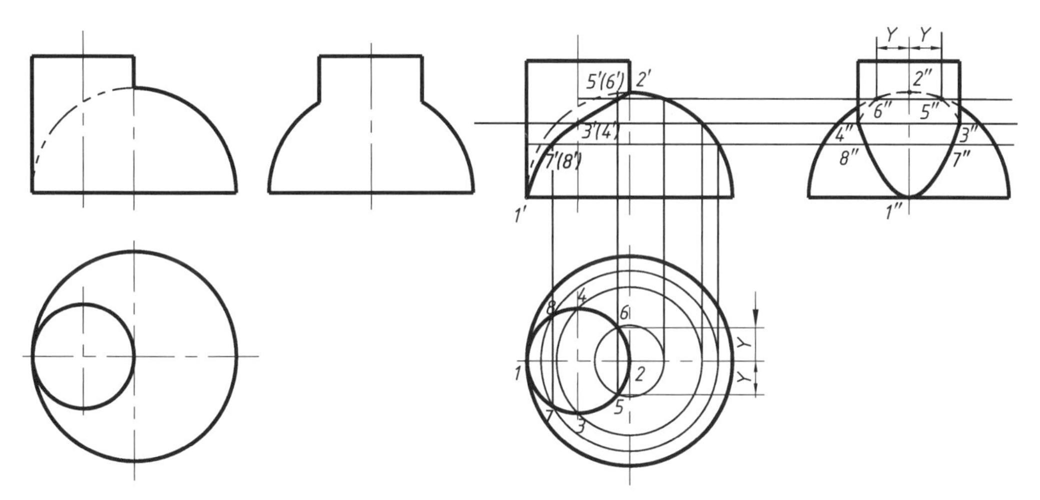

图 2-26 圆柱和圆球相交

(3) 依次连接各点,并分清虚实,作出相贯线。

(4) 整理轮廓线,完成立体的投影。

【问题十一】 立体相交时,如果没有相贯线的已知投影,怎样求相贯线?

2-27 求圆锥与球体相交的相贯线。

【解题分析】

如图 2-27 所示,两相贯立体的投影均无积聚性,需采用辅助平面法作图,圆锥的轴线垂直水平面,球体的轴线也可垂直于水平面,所以可选取水平面作为辅助平面截切圆锥和球体,其水平投影是圆。由于相贯线为一组空间曲线,故相贯线的三个投影均需求出。

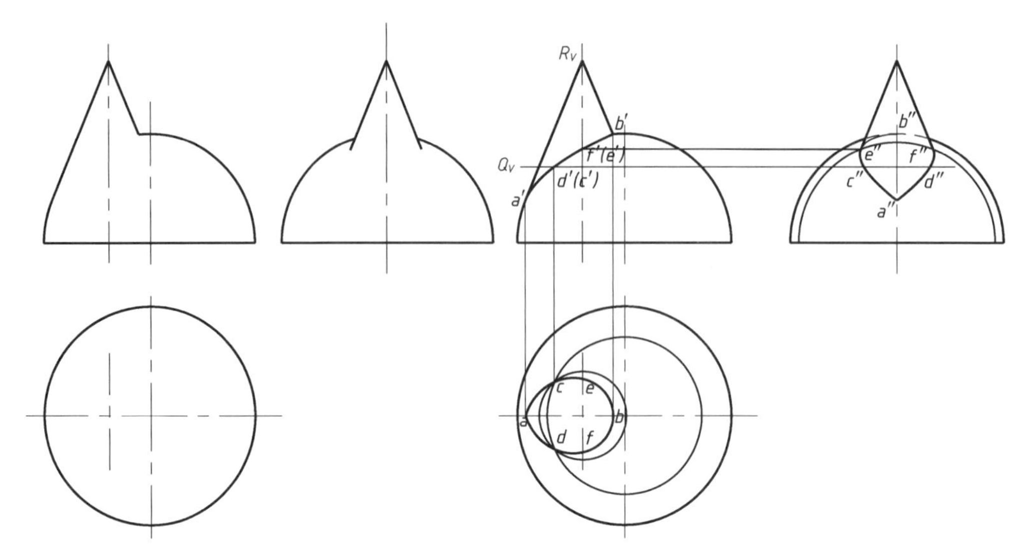

图 2-27　圆球和圆锥相交

【解题步骤】

(1) 求特殊点：A、B 两点是相贯线上的最左、最右点，也是最低、最高点，且可直接求出；E、F 两点为圆锥侧面轮廓素线上的点，用辅助平面法作图，包含 E、F 两点作侧平面 $R(R_v)$，求出 R 与球面交线的侧面投影，它与圆锥侧面轮廓素线交于 e''，$f''\to e'$，$f'\to e$，f。e''，f''是相贯线侧面投影可见性的分界点。

(2) 求一般点：用水平面作辅助平面可求出一般点，如作平面 Q，先作出 Q 与圆锥、球体两个交线圆的水平投影求得 c，$d\to c'$，$d'\to c''$，d''。作 S 面又得两点，如此可作出若干点。

(3) 依次连线并判别可见性。

2-28　分析立体投影，补全图中所缺的图线。

【解题分析】

根据图 2-28 所示的立体部分投影图，可知立体为半球被前后对称的两个正平面截

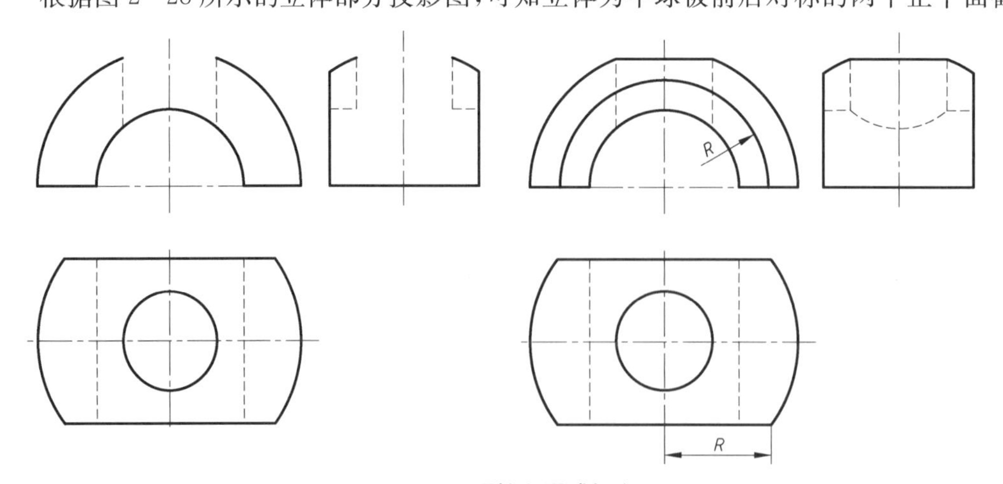

图 2-28　圆柱和圆球相交

切，截交线为圆弧；以及轴线通过球心的圆柱挖孔，在圆球外表面产生相贯线为特殊的平面曲线水平圆；以及直立圆柱和垂直于正面圆柱孔的相贯线需要补全。

【解题步骤】

略。

2.4　自测题

1. 分析比较下面两组图形，熟练掌握圆柱被切割后的交线的作图。

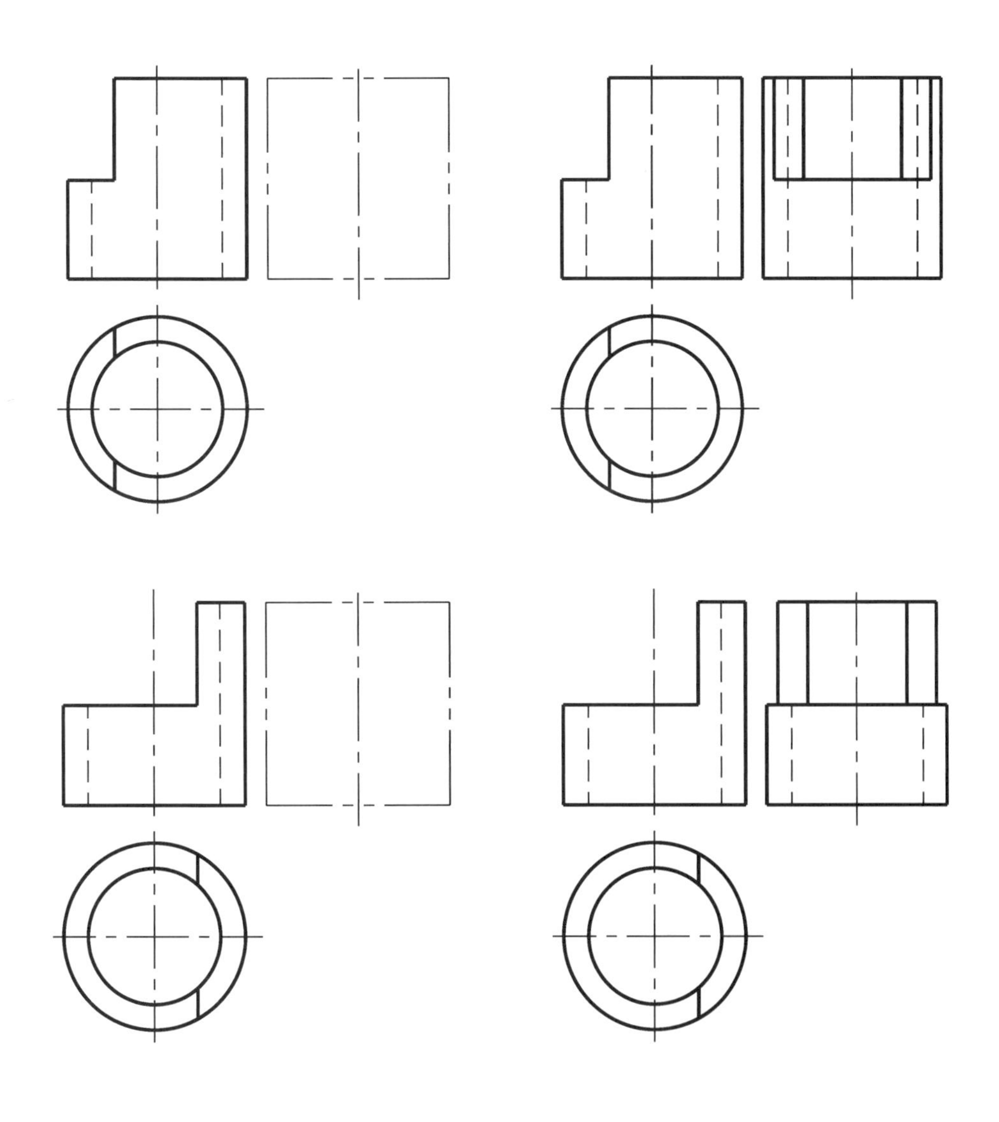

2. 求下面图中圆球被截切的截交线。

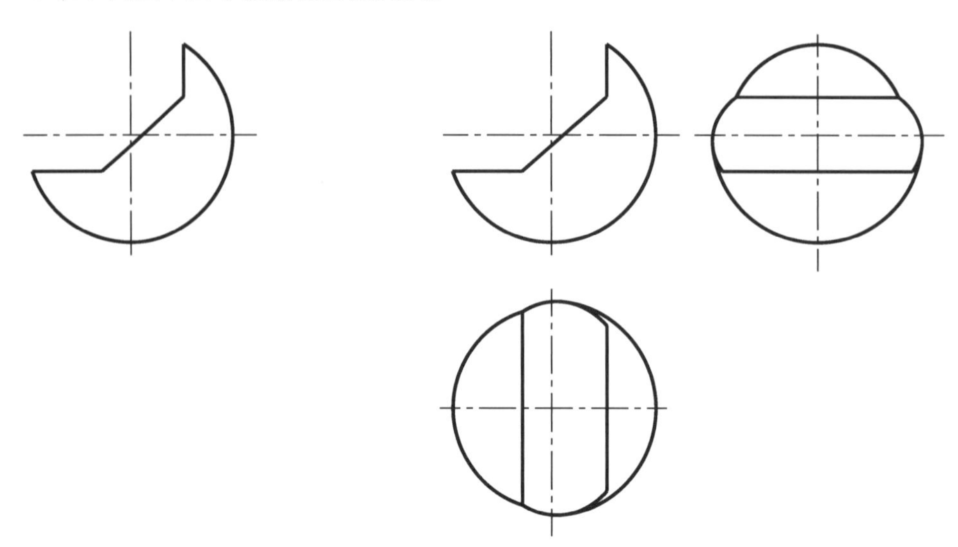

3. 分析下面图中等径圆柱相交时相贯线形状，补画出所缺的交线。

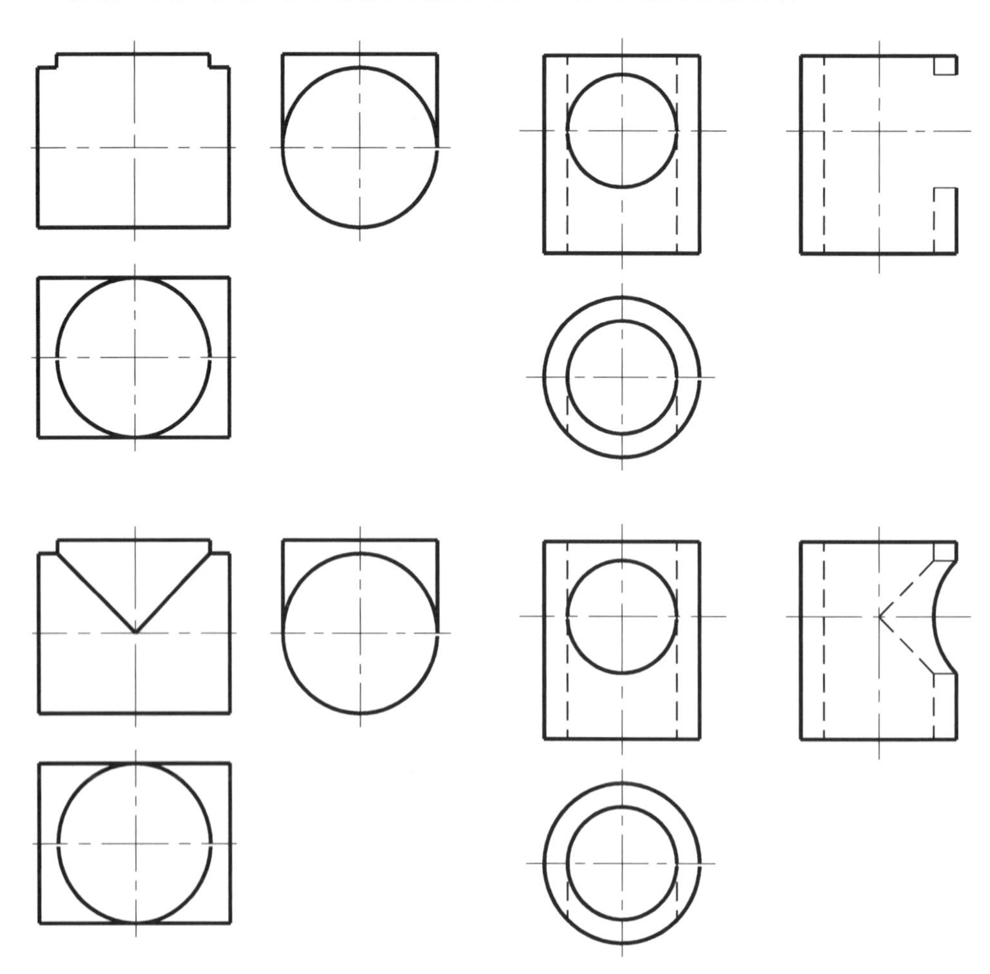

4. 下面图中立体由圆柱、圆柱和球组成，求相贯后的交线的投影。

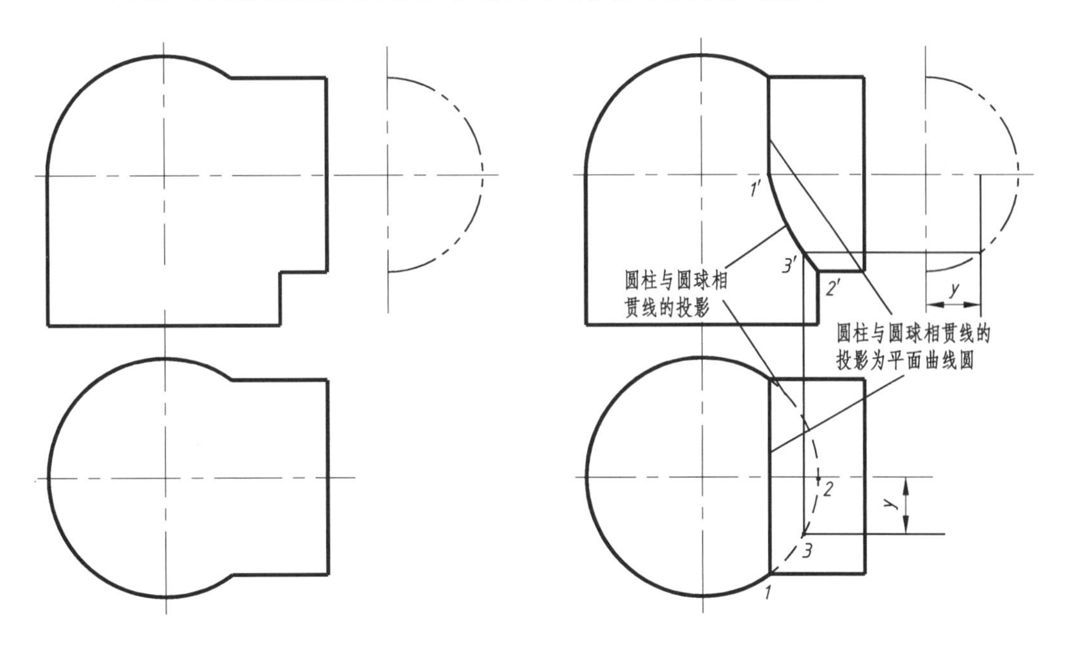

3 组 合 体

3.1 内容提要

由一些简单几何形体组合而成的形体称为组合形体，简称组合体。组合体的组合方式包括叠加(堆积、相切、相交)和切割两类，大部分组合体都是包含叠加和切割两种形式。组合体的分析方法包括归位拉伸法，形体分析法和线面分析法。

本章主要内容包括组合体三视图的绘制过程，组合体的尺寸标注，组合体读图的基础知识以及组合体读图的方法等。要求学生能正确地掌握组合体的绘图和读图，要求学生能正确地进行尺寸标注，便于提高空间分析以及空间想象能力。

3.2 解题要领

1. 组合体视图的绘制

组合体的绘图是应用正投影的方法将空间形体表示在平面图纸上。绘制组合体视图时应该首先对组合体进行形体分析，将组合体分解成若干简单形体，再绘制各部分简单形体的视图，最后综合考虑组合体整体，完善视图。此外还应熟悉一些常见的简单几何形体的视图以及视图中线条和线框的含义，尤其是具有积聚性的平面或曲面。

绘制组合体视图的主要步骤主要分为五步，第一步是分析组合体各部分结构空间形状以及各部分结构的相对位置关系；第二步是确定主视图的投影方向(选择能反映主要特征的方向作为主视图方向)以及表达方案；第三步是确定作图比例以及图幅；第四步是选好基准线，按照投影关系绘制图纸底稿；第五步是加粗轮廓线并检查完善。需要注意的是应该逐一形体绘制，而不要一个视图，一个视图来画。

2. 组合体的尺寸标注

图形仅仅表示出零件的形状，而不能准确地表达零件的真实尺寸，因此需要在作好的图形上标注出尺寸。尺寸包括长、宽、高三个方向的尺寸。在标注尺寸前需要确定长度方向尺寸基准，宽度方向尺寸基准以及高度方向尺寸基准。

尺寸标注的要求包括正确、完整、清晰、合理。正确是指尺寸数值正确，符合国标中有关尺寸标注的规定；完整是指尺寸齐全，不能遗漏，也不能重复，每一个尺寸在图中一般只注一次；清晰是指尺寸布置要整齐，同一部分的各个方向的尺寸注写要相对集中，以便于看图；合理是指要满足设计和制造工艺上的要求。

标注组合体的尺寸步骤主要分为五步。第一步首先进行形体分析，弄清楚各部分形体的空间形状；第二步需要确定长度方向尺寸基准、宽度方向尺寸基准以及高度方向尺寸基准；第三步是标注各部分形体的尺寸（定形尺寸）；第四步是标注各部分形体间的尺寸（定位尺寸），应注意尺寸标注时符合正确、完整、清晰、合理四个要求；第五步是标注总体尺寸，去掉多余重复尺寸。

3. 组合体视图的阅读

读图是根据正投影规律由平面上的视图想象出空间形体的三维实际形状，是绘图的逆过程。通过大量的读图练习，可以提高对形体的想象能力，可以正确并且迅速地读懂视图。掌握读图的基础知识和读图的方法，是有益于提高读图能力的。

读图的基础知识包括以下几部分，第一部分是需要深刻理解视图的投影规律即长对正、宽相等和高平齐；第二部分是需要弄清各视图间的投影关系，几个视图综合起来考虑想象出空间形状；第三部分是要熟悉几何形体的投影特征，对一些常见的简单几何形体的视图以及简单形体变换后的视图应该非常熟悉；第四部分是认清视图中线条和线框的含义。

读图的方法主要包括归位拉伸法、形体分析法和线面分析法。

归位拉伸法主要适用于拉伸形体，在读图时，根据空间投影面体系展开的过程，使其复位，然后根据拉伸体的投影规律在已知视图中确定其基面形状所在视图，依照该视图上的特征线框所表示的平面位置，沿着它的法线方向拉伸，想象特征线框在空间的运动轨迹，构思出物体的形状。

形体分析法是根据已知视图，将图形分解成若干组成部分，然后按照投影规律和各视图间的联系，分析出各组成部分所表达的空间形状及所在位置，最终想象出整体形状。在使用形体分析法读图时，首先需要分解视图，从主视图出发，将图形分成几个部分或几个封闭线框，然后根据投影规律分别找出线框在其他视图上对应的投影，逐个想象它们所表达的形状，最后分析各形体的相对位置关系，想象出物体的整体形状。

线面分析法是把组合体分解为若干面、线，并确定它们之间的相对位置，以及它们和投影面的相对位置的方法。当阅读形体被切割、形体不规则或投影关系相重合的视图时尤其需要这种方法。

3.3 解题指导

3.3.1 绘制组合体三视图

【问题一】 如何根据立体图绘制基本三视图？

3-1 根据如图 3-1 所示的立体模型，绘制该组合体的三视图，尺寸从图中直接量取（以 mm 为单位取整）。

【解题分析】

该题考查绘图过程。首先应了解该立体模型是由哪些简单形体构成，然后布置图面，选好作图比例，再绘制各个简单形体的三视图，最后综合考虑整体，完成组合体三视图的绘制。该组合体由六个部分构成。

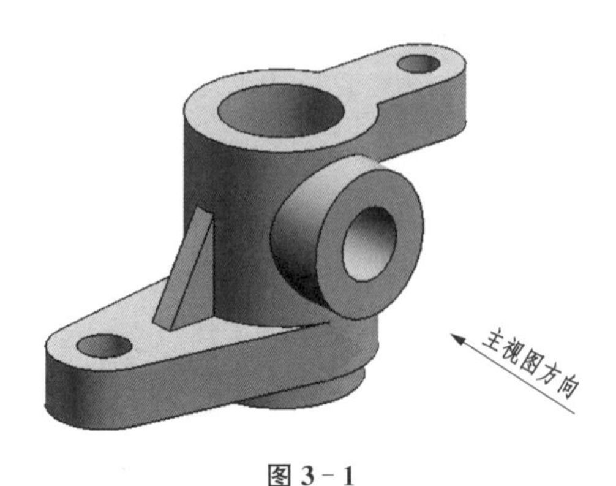

图 3-1

【作图步骤】

(1) 从如图 3-2 所示的三维立体模型可以分析出,该模型由直立圆柱、肋板、凸块、底板、接管、底部圆柱 6 个简单形体组成。

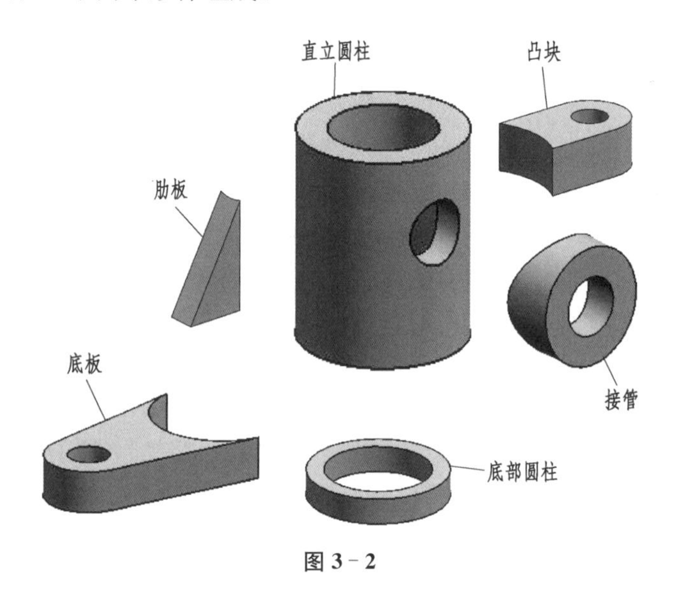

图 3-2

(2) 布置图面并选好绘图比例,先画中心线,再画轴线和图形的对称线,最后画长、宽、高三个方向作图的起始线,具体见图 3-3。

(3) 根据三维立体模型的尺寸绘制最主要的形体——直立圆柱和底部圆柱在三个基本视图中的投影,不可见部分用虚线表示,具体见图 3-4。

(4) 根据三维立体模型的尺寸绘制接管在三个基本视图中的投影,应注意圆柱与圆柱之间的相贯线,圆柱孔与圆柱孔之间的相贯线,具体见图 3-5。

(5) 根据三维立体模型的尺寸绘制底板在三个基本视图中的投影,具体见图 3-6。

(6) 根据三维立体模型的尺寸绘制凸块和肋板在三个基本视图中的投影,应注意相贯线。综合考虑整体视图后去除多余的线型,具体见图 3-7。

(7) 校核,线型加粗加深。

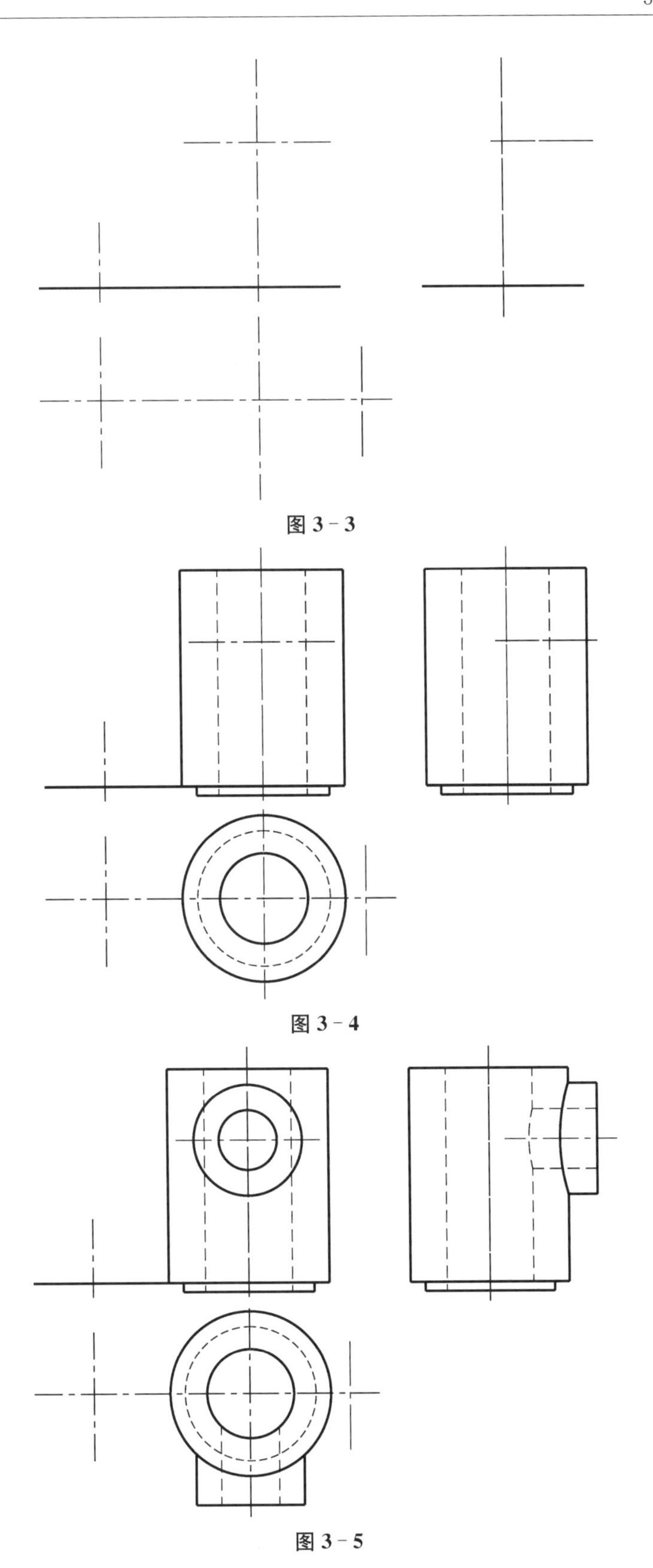

图 3-3

图 3-4

图 3-5

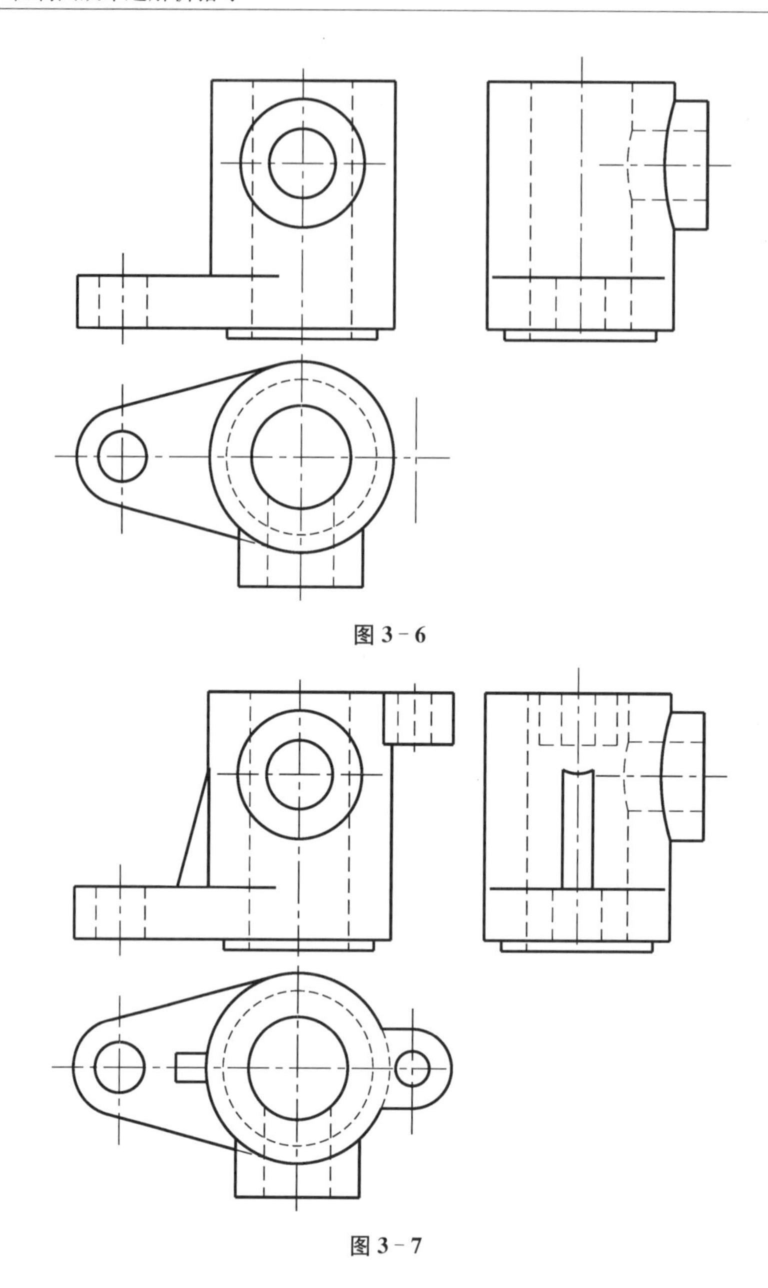

图 3-6

图 3-7

3.3.2　组合体的尺寸标注

【问题二】　已知两个基本视图，如何标注尺寸？

3-2　在图 3-8 上标注尺寸(尺寸数值取整，在图中量取)。

【解题分析】

首先进行形体分析，该组合体的主视图和俯视图反映出了形状特征，是通过叠加与切割形成的。根据已知视图可以分析该组合体由三个部分组成：第一部分是位于底部，轴线正垂的半个圆柱，内部有一个同轴线的半个圆柱孔；第二部分是底部圆柱左右两侧的凸块；第三部分是位于底部圆柱上方，轴线铅垂的直立圆柱，直立圆柱内部有键槽。经过分析可以想象出组合体的空间形状，如图 3-9 所示。然后标出简单形体的定型尺寸，再标注定位尺寸和总体尺寸。本题主要考察能否清晰完整地对视图进行尺寸标注，以及对称形体的标注方法。标注时应符合正确、完整、清晰、合理四个要求。

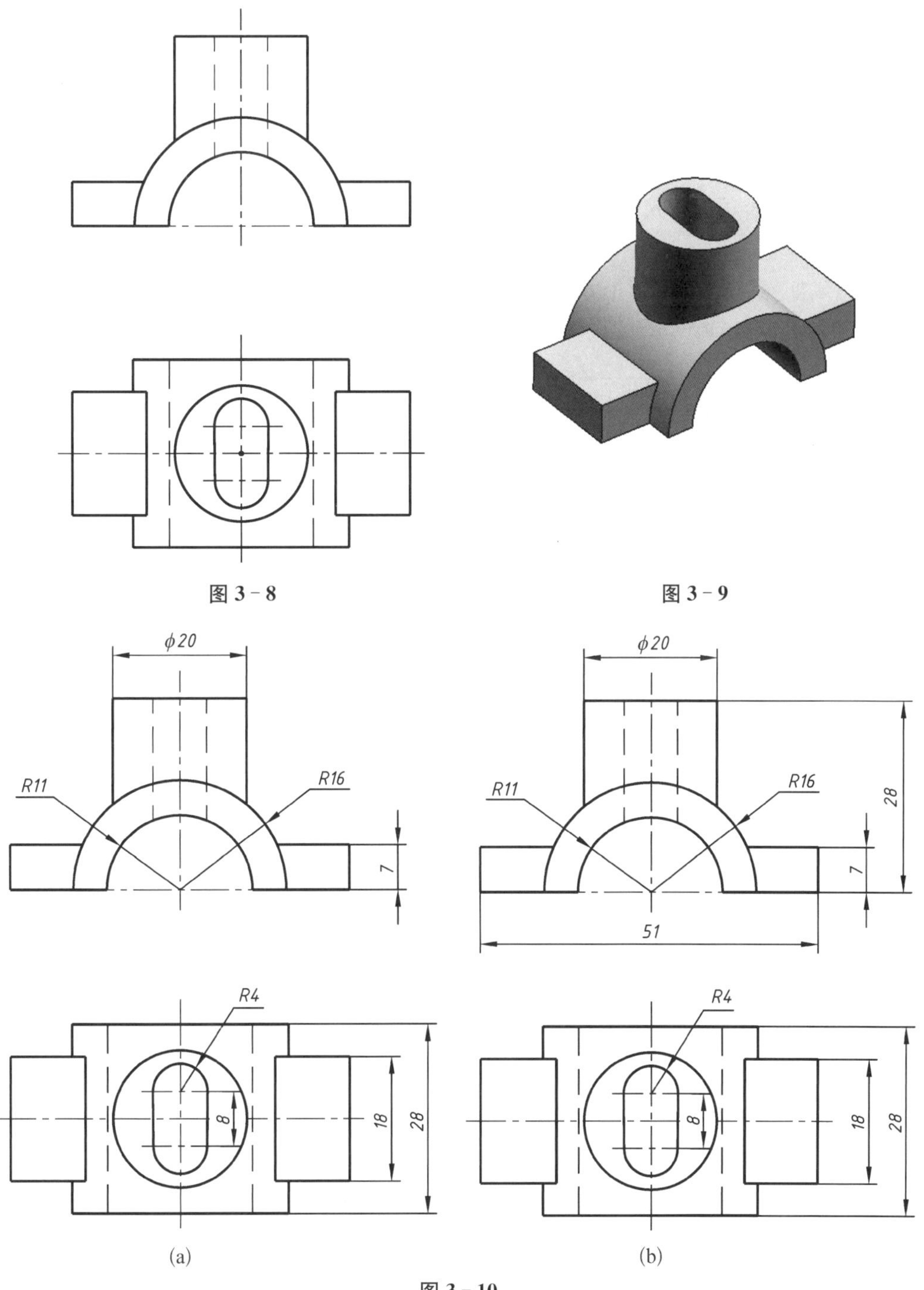

图 3-8

图 3-9

图 3-10

【作图步骤】

组合体尺寸标注的一般步骤是：① 形体分析；② 定长度方向基准，宽度方向基准，高度方向基准；③ 标注定形尺寸；④ 标注定位尺寸；⑤ 标注总体尺寸。

(1) 先标出底部半圆柱的定形尺寸，在主视图中标出半圆柱的半径 $R16$，标出半圆柱内部的半圆柱孔半径 $R11$。在俯视图中标出底部圆柱的定形尺寸 28。

(2) 标出底部圆柱左右两侧凸块的定形尺寸，由于两侧凸块对称，因此只标注一侧即可。在俯视图中标出宽度 18。在主视图中标出凸块高度 7。

(3) 标出底部圆柱上方直立圆柱的定形尺寸，在主视图中标出圆柱的直径 $\phi20$，在俯视图标出槽的尺寸 $R4$ 和 8，具体见图 3－10(a)。

(4) 标出组合体总体尺寸，总高 28，总长 51，具体见图 3－10(b)。

【问题三】 如何查找并更正错误的尺寸标注?

3－3 指出图 3－11 中错误的尺寸标注，并重新进行正确的尺寸标注。

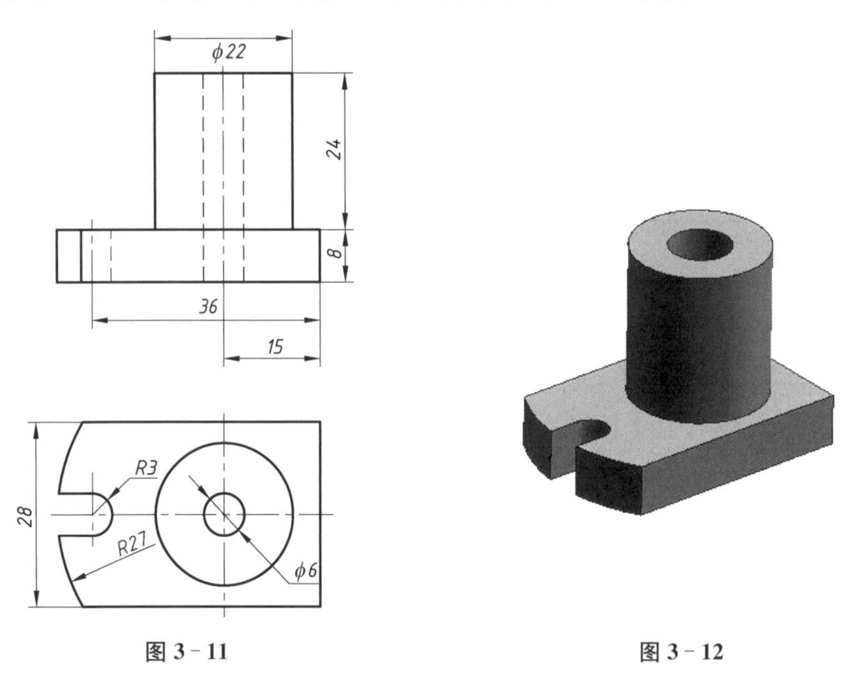

图 3－11　　图 3－12

【解题分析】

首先进行形体分析，该组合体的主视图和俯视图反映出了形状特征，是通过叠加与切割形成的。该组合体包含两部分，底板是第一部分，轴线铅垂的直立圆柱是第二部分。底板的主要形状体现在俯视图上，底板左边有开口槽。直立圆柱内部挖切了一个与直立圆柱同轴线的圆柱孔。由已知的两视图可以想象出组合体的空间形状，如图 3－12 所示。标注尺寸时应符合正确、完整、清晰、合理四个要求。水平尺寸线的尺寸数字要写在尺寸线的上方，铅垂尺寸线的数字要写在尺寸线的左方。同一方向的尺寸，大尺寸要注在外侧，小尺寸要注在内侧，以避免尺寸线与尺寸界线相交。

【作图步骤】

确定长度方向基准为底板右端面，宽度方向基准为组合体前后方向对称面，高度方向基准为底板下端面。

(1) 找出错误的尺寸标注，主视图中错误的尺寸为 $\phi22$、24、15、36。

(2) 重新进行正确的尺寸标注。$\phi22$ 为水平尺寸，尺寸数字应该标注在尺寸线的上方。原图中总体高度没有标注，应该标出总高 32。15 和 36 为同一方向的尺寸，小尺寸 15 应该标注在内侧，大尺寸 36 应该标注在外侧，以避免尺寸线与尺寸界线相交。如图 3-13 所示。

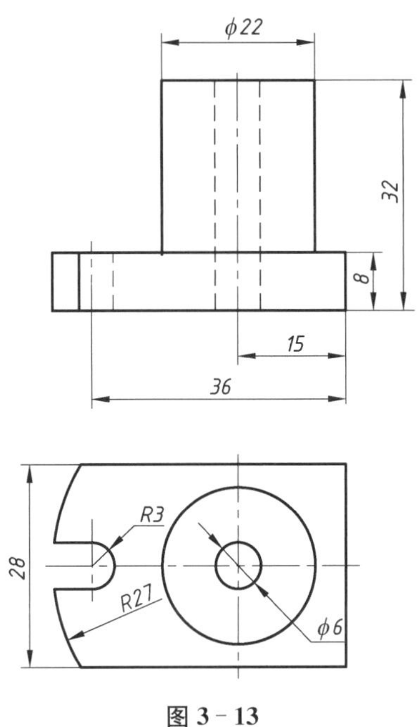

图 3-13

【问题四】 根据轴测图如何标注尺寸?

3-4 根据图 3-14 的轴测图，在图 3-15 上标注尺寸(图形已作整体缩放)。

【解题分析】

首先进行形体分析，通过轴测图分析可知，该组合体是由底板和直立板组成的。底板其主要形状体现在俯视图中，直立板其主要形状体现在主视图中。标出简单形体的定形尺寸，再标注定位尺寸和总体尺寸。在标注时，当形体的总体轮廓由曲面组成时，总体尺寸只能标注到该曲面的中心位置，同时加注该曲面的半径。

【作图步骤】

(1) 先标出底板的定形尺寸。在俯视图中标出长度 30，宽度 20。左侧切割后的宽度 12，前部切割后的长度 22，前部半圆柱孔的半径 $R6$。在主视图中标出高度 6。

(2) 标出直立板的定形尺寸。在主视图中标出圆孔直径 $\phi10$，圆弧面半径 $R10$。在俯视图中标出直立板的宽度 6。

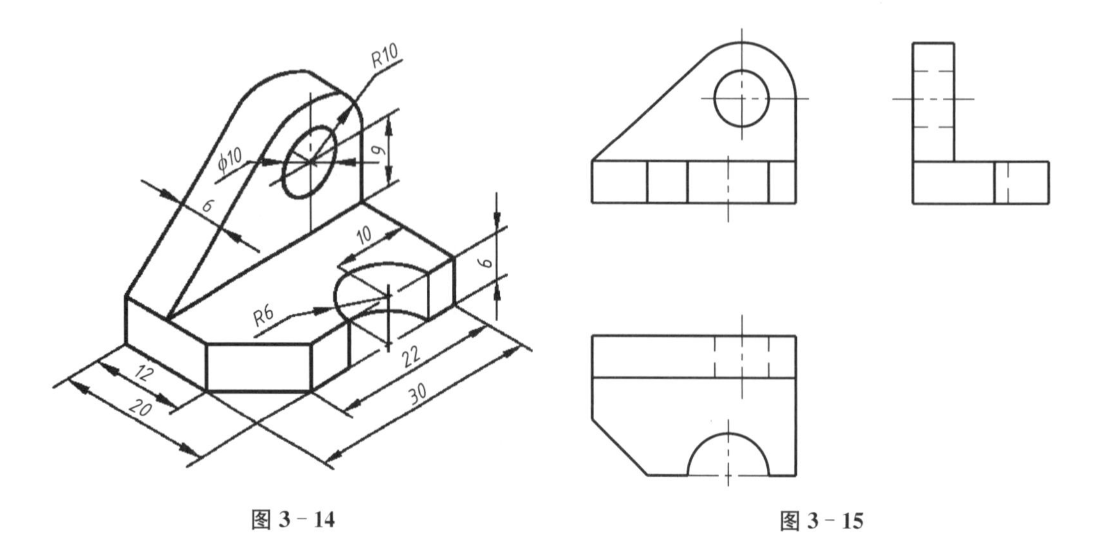

图 3 - 14　　　　　　　　　　　　　图 3 - 15

(3) 标出底板圆柱孔定位尺寸 10,标出直立板上圆柱孔的定位尺寸 8。

(4) 当形体的总体轮廓由曲面组成时,总体尺寸只能标注到该曲面的中心位置。在主视图中标出该曲面的中心高度 15,具体见图 3 - 16。

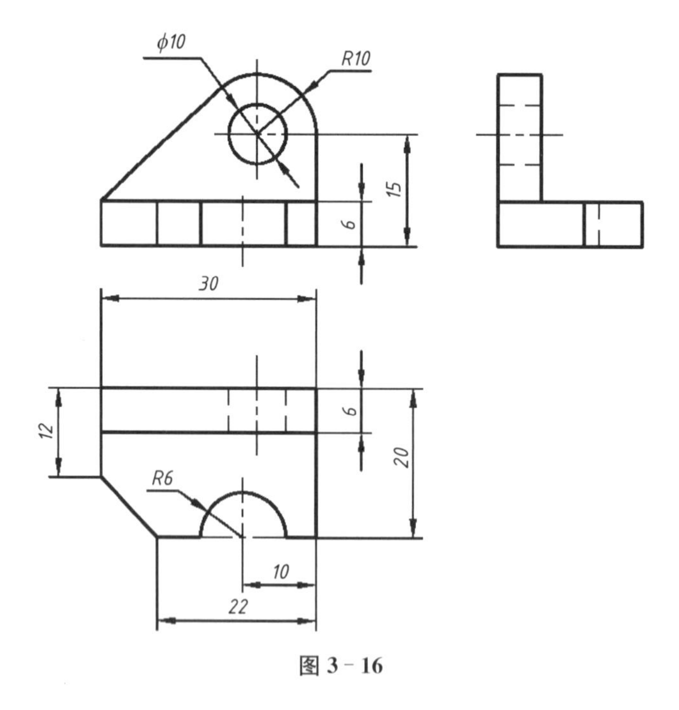

图 3 - 16

3 - 5　根据如图 3 - 17 所示的轴测图,在图 3 - 18 上标注尺寸(图形已作整体缩放)。

【解题分析】

首先进行形体分析,通过轴测图分析可知该组合体是前后对称的。组合体底部为立方体和一个半圆柱,半圆柱内部挖切了一个半圆柱孔,在底板上方是两块直立板。其主要形状体现在主视图中。底部圆柱与一竖直圆柱相贯,竖直圆柱内部挖切圆柱孔。先标出

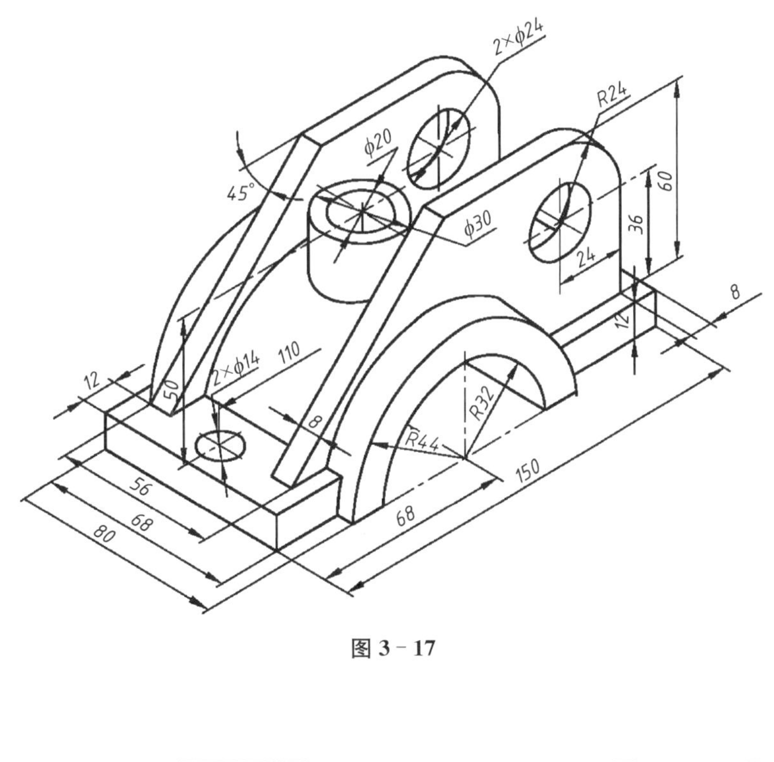

图 3 - 17

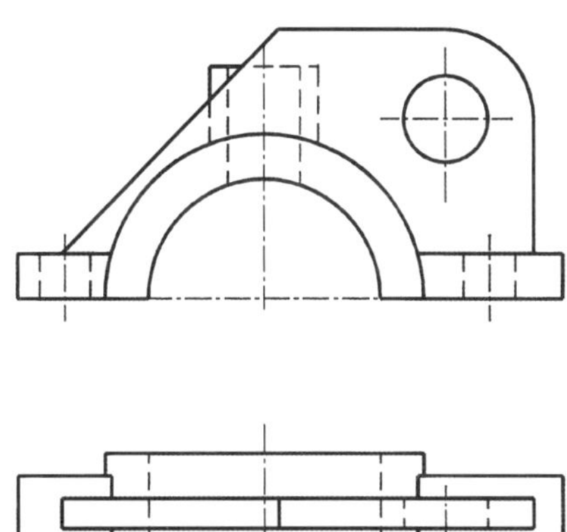

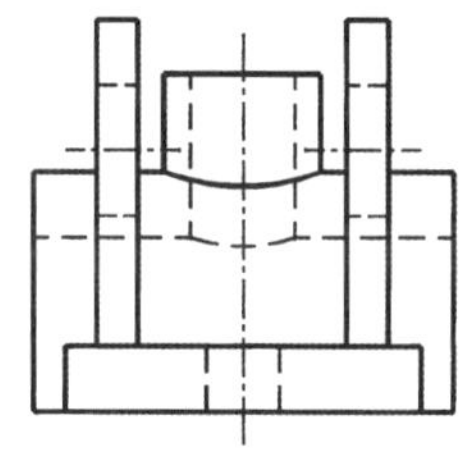

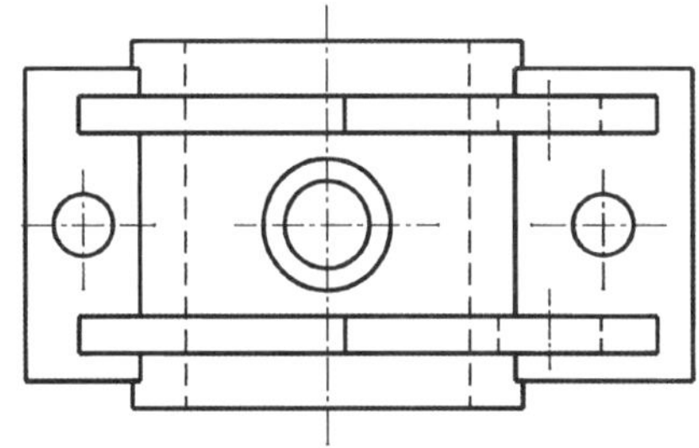

图 3 - 18

简单形体的定形尺寸,再标注定位尺寸和总体尺寸。在标注时,注意不能在截交线和相贯线上标注尺寸。

【作图步骤】

(1) 在主视图中标出底板的定形尺寸高度 12,底部半圆柱的半径 $R44$,半圆柱孔半径

$R32$。在主视图中标注底板上方的直立板的定形尺寸 $R24$、$\phi24$、$45°$。

(2) 在俯视图标出底板的定形尺寸宽度 68,底板上圆柱孔的直径 $2\times\phi14$,底部半圆柱的定形尺寸 80,与底部半圆柱相贯的竖直圆柱孔的直径 $\phi20$,底板上方直立板的定形尺寸 8。

(3) 左视图中标出与底部半圆柱相贯的竖直圆柱的定形尺寸 $\phi30$。

(4) 在主视图中标出底板上方直立板的定位尺寸 12 和 8,直立板上圆柱孔的定位尺寸 24 和 48,底板上两个圆柱孔的定位尺寸 110。在俯视图中标出底板的定位尺寸 68,底板上方两块直立板的定位尺寸 40。

(5) 在左视图中标出定位尺寸 62。

(6) 检查总体尺寸是否标注,标注总长 150,总高 72,具体见图 3-19。

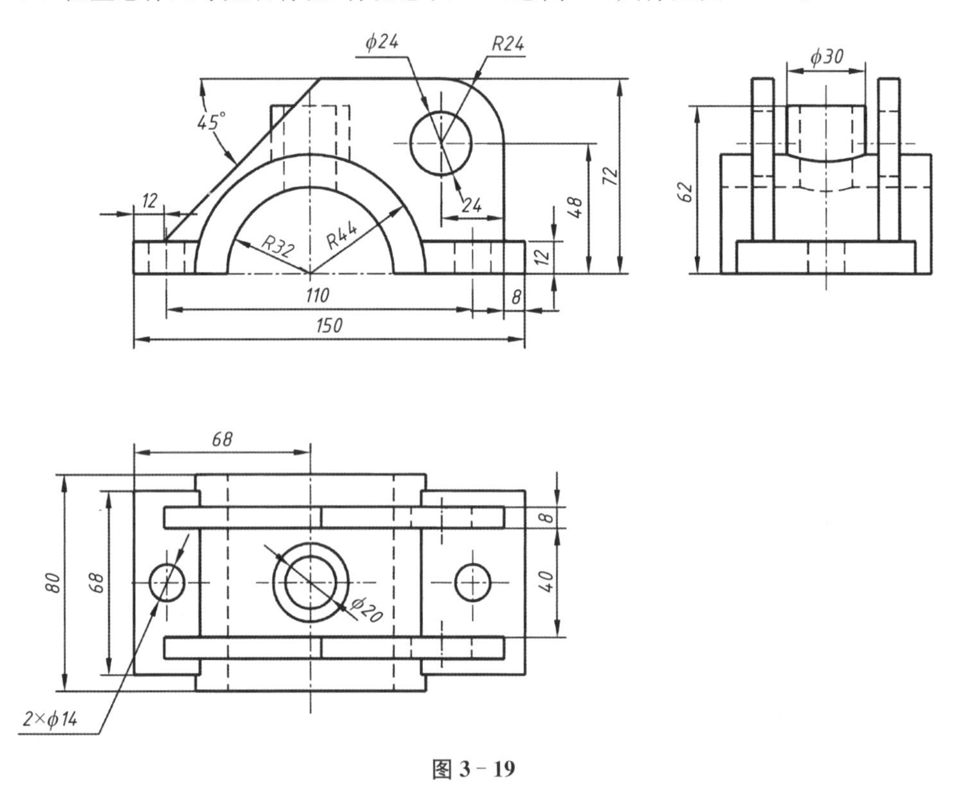

图 3-19

3.3.3 补全视图中所缺的图线

【问题五】 如何补画视图中漏画的图线?

3-6 补全图 3-20 中各视图中所缺的图线。

【解题分析】

根据三个基本视图主视图,俯视图和左视图可知该形体左边为一个立方体,被正垂面截切,内部有一个长方体槽。右边为两个拱形柱,内部有圆柱孔。该组合体的空间模型如图 3-21 所示。

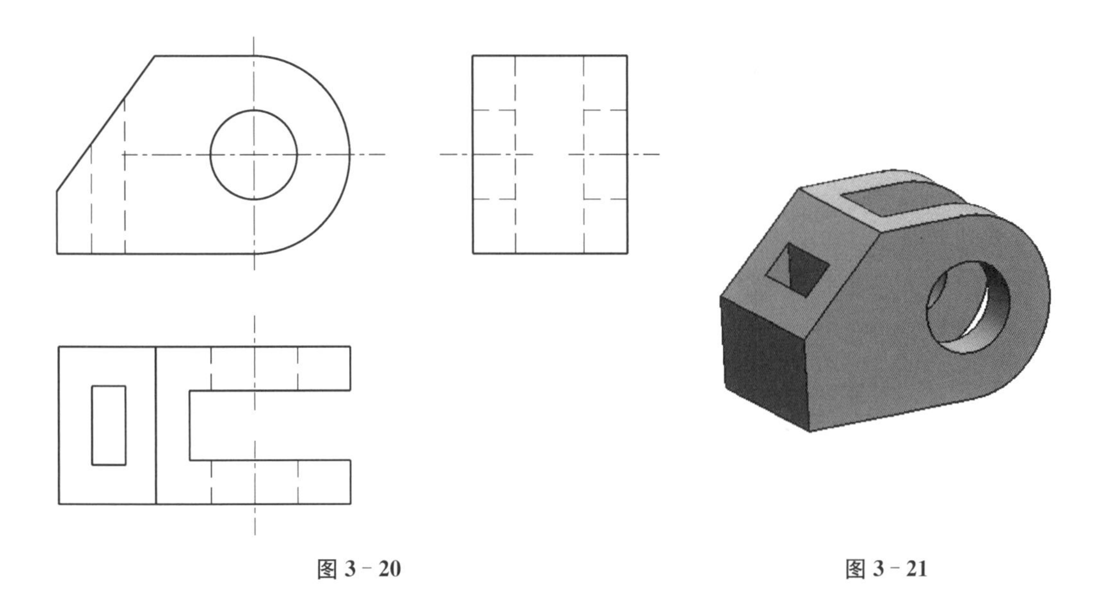

图 3 - 20　　　　图 3 - 21

【作图步骤】

(1) 在主视图中补画侧平面 p 的正面投影 p',侧平面在主视图中积聚为一条直线,由于被遮挡,因此为虚线。

(2) 正垂面 Q 与组合体左端面相交,因此在左视图中补画截交线的投影,q 与 q''是类似形。

(3) 在左视图中补画立方体槽的投影。补画后的视图如图 3 - 22 所示。

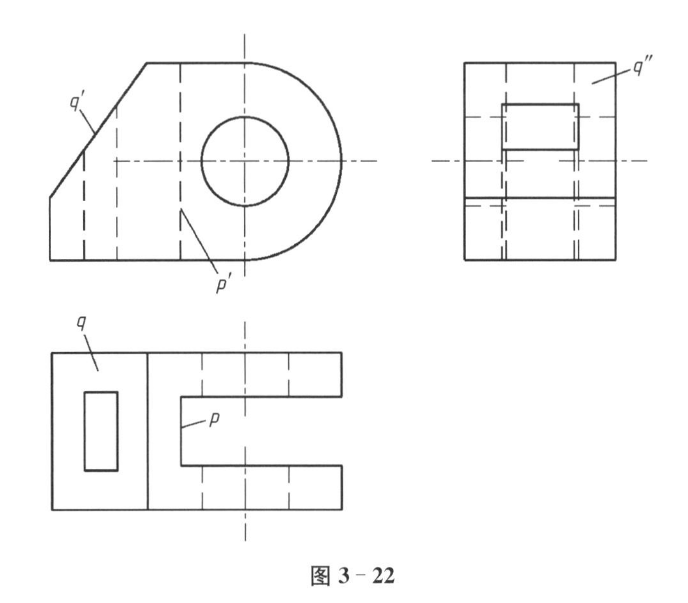

图 3 - 22

3 - 7 补全图 3 - 23 中各视图中所缺的图线。

【解题分析】

利用长对正、宽相等、高平齐的投影规律分析该形体,可以看出该组合体由左右两部分组成,左边为立方体,右边为拱形柱。如图 3 - 24 所示。

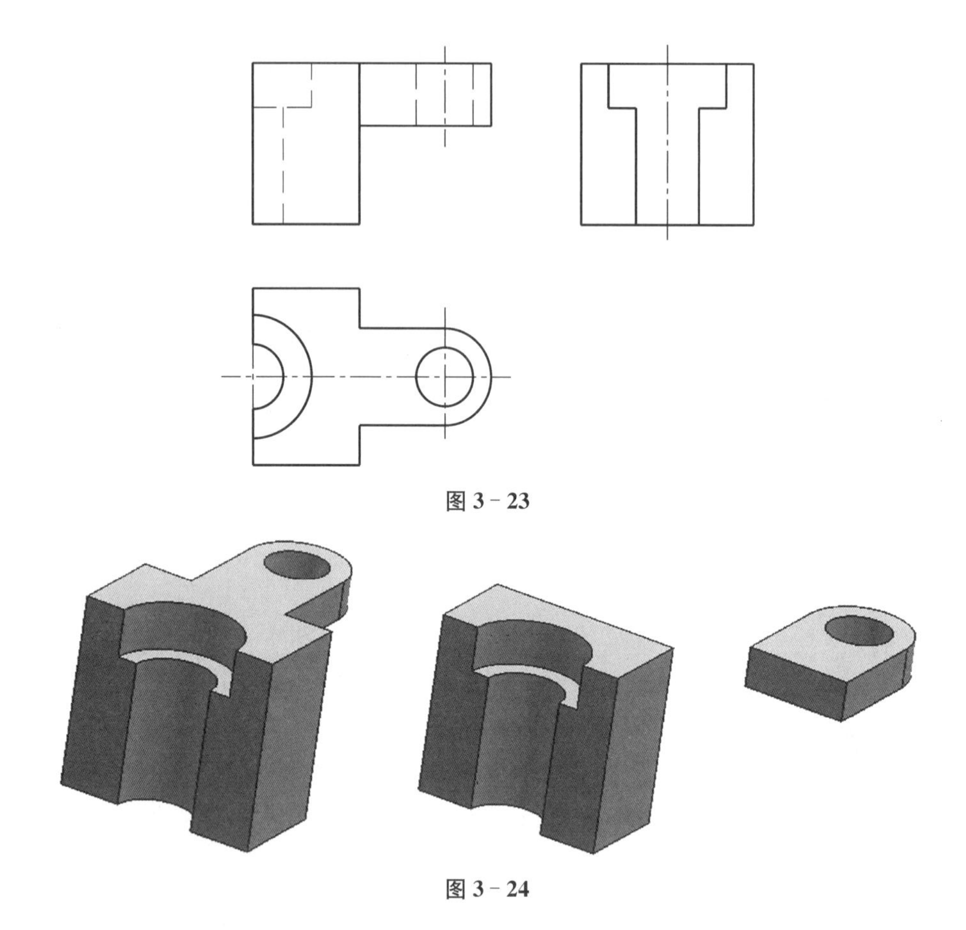

图 3-23

图 3-24

【作图步骤】

(1) 左边形体是立方体，在立方体的左侧从上到下分别挖切了两个半径不等的半圆柱孔，在两个孔的交界处会在左视图中形成投影，积聚为一条直线。

(2) 右边形体是拱形柱，内部有一个圆柱孔。由于被遮挡，因此在左视图中的投影为虚线。补画后的视图如图 3-25 所示。

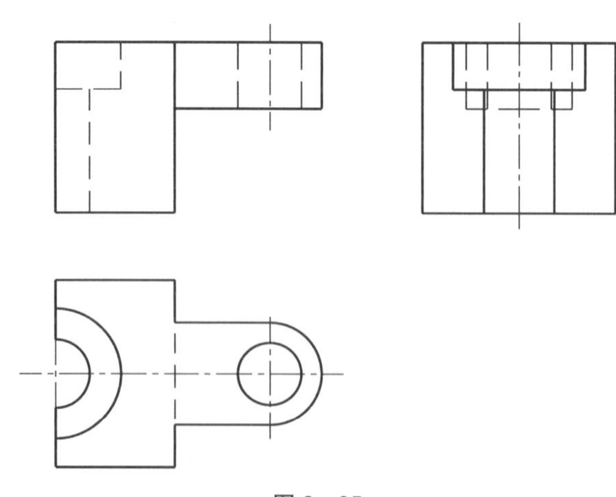

图 3-25

3-8　补全图 3-26 中各视图中所缺的图线。

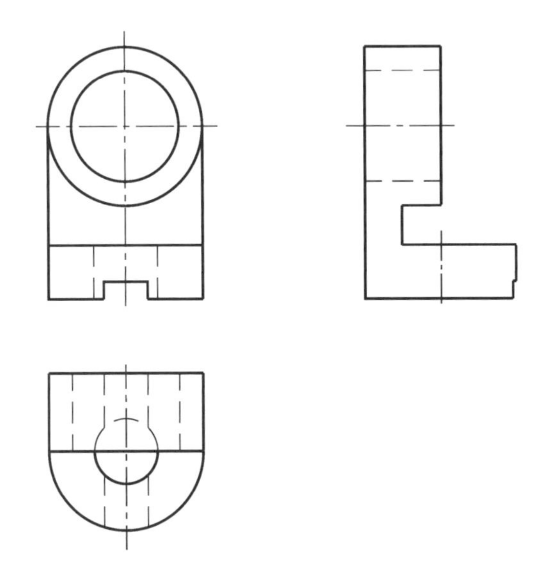

图 3-26

【解题分析】

首先进行形体分析，通过基本三视图分析可知该组合体分为三部分：第一部分是底板，底板下部挖切了槽，并且挖切了圆柱孔；第二部分是位于后部的直立板；第三部分是轴线正垂的圆柱，内部有一个同轴线的圆柱孔。经过分析可以想象出组合体的空间形状，如图 3-27 所示。

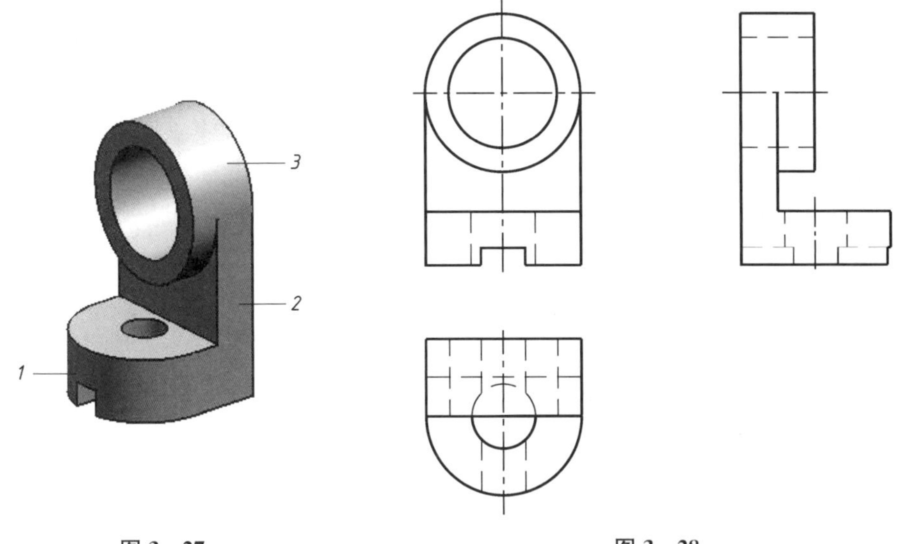

图 3-27　　**图 3-28**

【作图步骤】

(1) 将第二部分直立板的前端面在左视图中的投影补全，直立板的前端面在俯视图中投影不可见，应用虚线表示。

(2) 补画底板下部槽的水平面在左视图中的投影，由于该投影不可见，为虚线。

(3) 补画底板圆柱孔在左视图中的投影，这部分投影分为两部分：一部分是圆柱孔没有与槽相交的部分；另一部分是圆柱孔与槽相交的部分。补画后的视图如图 3-28 所示。

3-9　补全图 3-29 中各视图中所缺的图线。

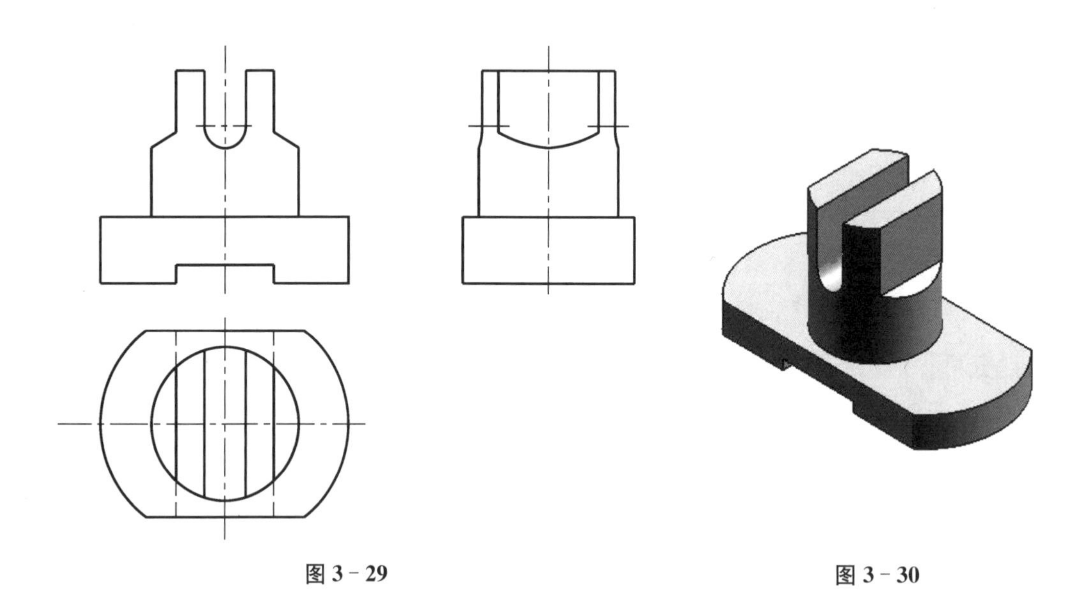

图 3-29　　　　图 3-30

【解题分析】

首先进行形体分析，通过基本三视图分析可知，该组合体分为两部分：第一部分是底板，底板下部挖切了槽；第二部分是位于底板上方的直立圆柱，在直立圆柱左右两侧分别用正垂面和侧平面进行切割，中间部分也进行了挖切。经过分析可以想象出组合体的空间形状，如图 3-30 所示。

【作图步骤】

(1) 底板前端面与圆弧面形成的截交线在主视图的投影为两条直线，底板下面槽在左视图投影不可见，为虚线。

(2) 直立圆柱左右两侧分别用正垂面和侧平面进行切割，正垂面和侧平面之间的交线在左视图的投影为直线。

(3) 直立圆柱中间槽在左视图的投影被遮挡，故不可见，应补画虚线。补画后的视图如图 3-31 所示。

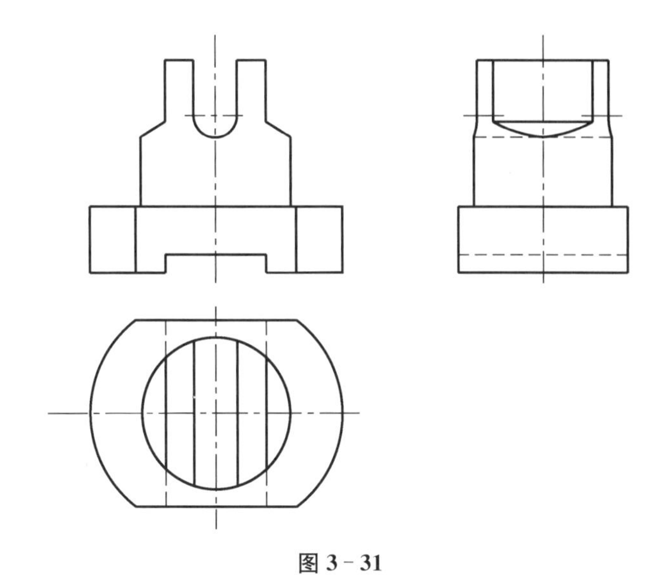

图 3 - 31

3.3.4　根据两视图补画第三视图

【问题六】　如何根据主视图和左视图补画俯视图？

3 - 10　如图 3 - 32 所示，根据主视图和左视图补画俯视图。

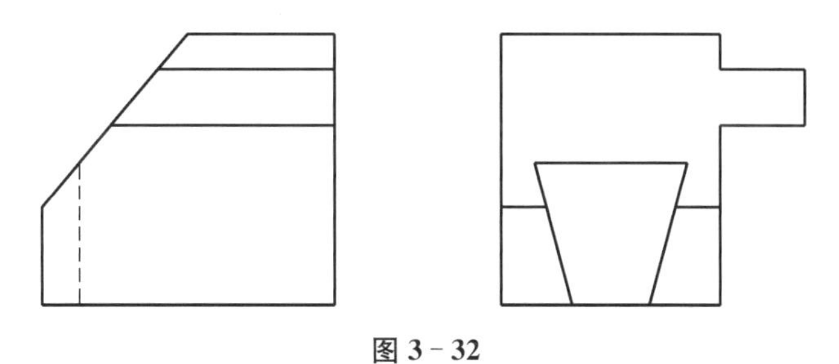

图 3 - 32

【解题分析】

通过主视图和左视图分析可知，该组合体为切割型立体，原始形状分为两部分：第一部分是位于后部的大立方体；第二部分是位于前方的小立方体。然后切割块 1、块 2 形成了目前的形体，如图 3 - 33 所示。

【作图步骤】

(1) 绘制前后两个立方体在俯视图中的投影。

(2) 在块 1 被切去后，由线面分析可知，正垂面 Q 与两个立方体都有截交，q 与 q' 是类似形，在俯视图中补画投影。

(3) 在块 2 被切去后，与大立方体相交，在俯视图中补画投影。完成后的俯视图如图 3 - 34 所示。

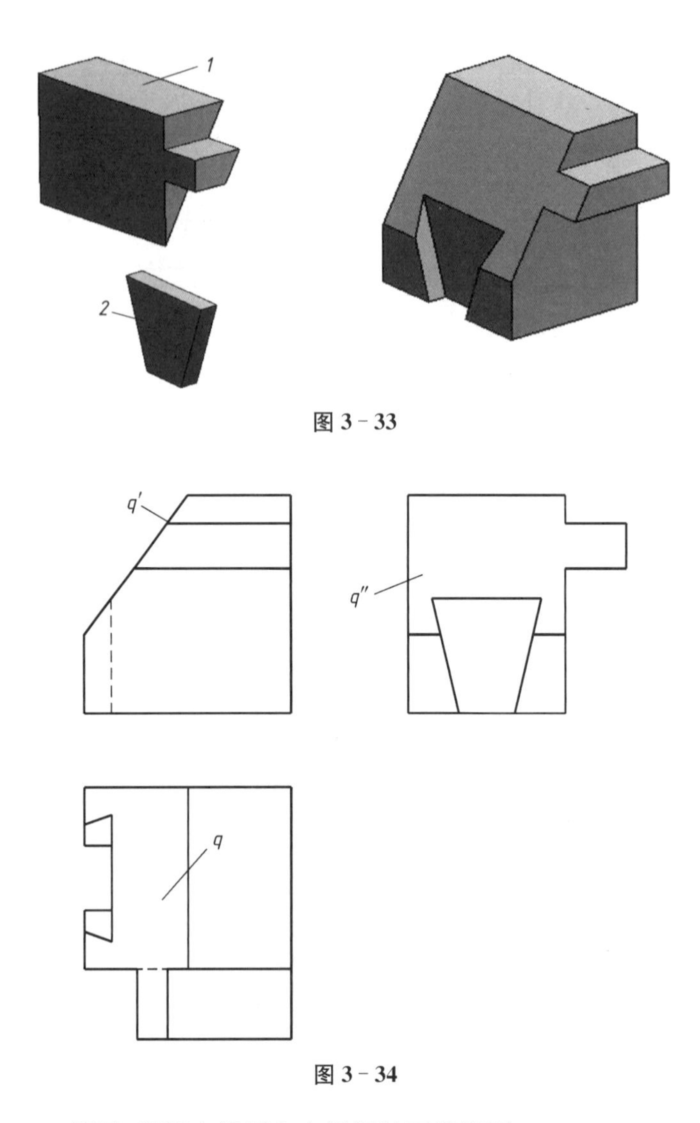

图 3-33

图 3-34

3-11 如图 3-35 所示，根据主视图和左视图补画俯视图。

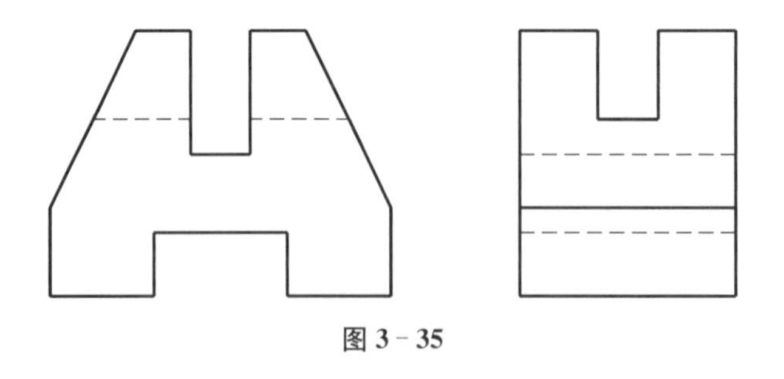

图 3-35

【解题分析】

通过主视图和左视图分析可知，该组合体原始形状为立方体。左右通过正垂面对称切割立方体，底部为一个从前到后贯通的立方体槽，上部为一个从前到后贯通的立方体槽,此外在上部还有一个从左到右贯通的立方体槽。立体图如图 3-36 所示。

【作图步骤】

(1) 绘制原始形状立方体在俯视图中的投影。

(2) 在俯视图中绘制正垂面 P 和 Q 与立方体截交线的投影,p 与 p' 是类似形,q 与 q' 是类似形。

(3) 绘制上部从前到后贯通的立方体槽在俯视图的投影。绘制底部从前到后贯通的立方体槽在俯视图的投影,由于不可见,应绘制虚线。

(4) 绘制上部从左到右贯通的立方体槽在俯视图的投影。完成后的俯视图具体见图 3-37。

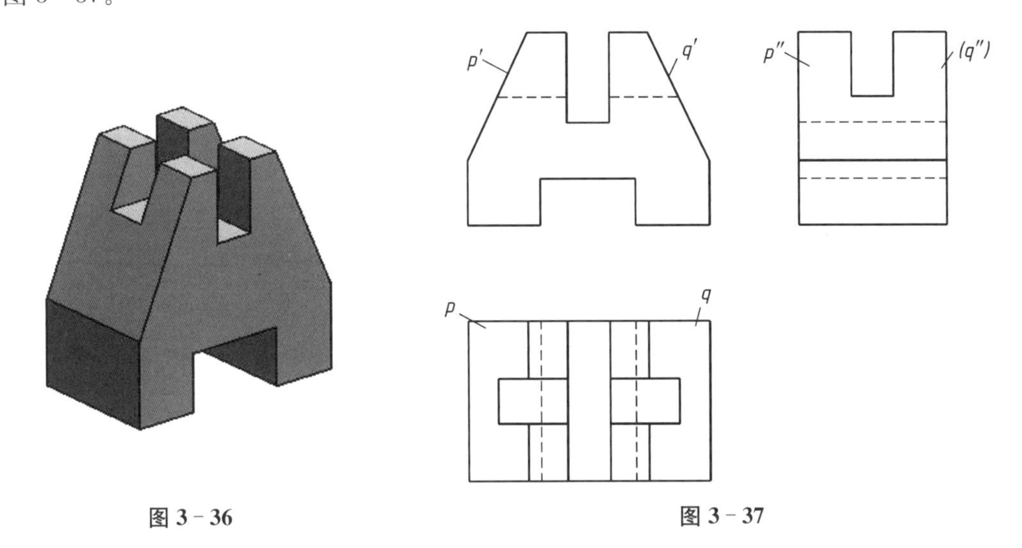

图 3-36　　图 3-37

【问题七】 如何根据主视图和俯视图补画左视图?

3-12 如图 3-38 所示,根据主视图和俯视图补画左视图。

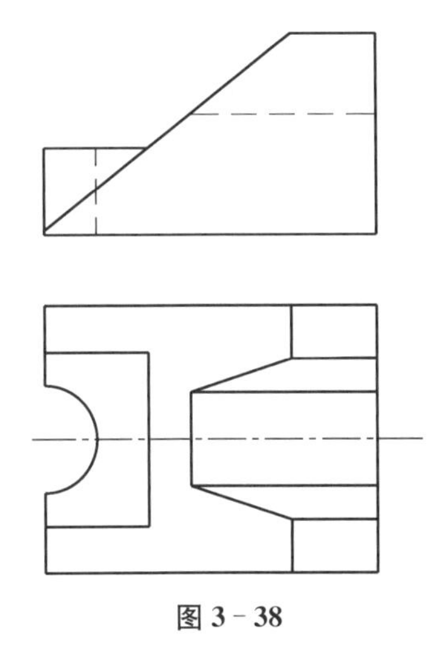

图 3-38

【解题分析】

通过主视图和俯视图分析可知，该组合体原始形状为两部分，左侧部分是三角块；右侧部分是被正垂面截切的立方体。在立方体的上部挖切了一个梯形槽，在组合体左侧挖切了半圆柱孔。该立体图如图 3－39 所示。

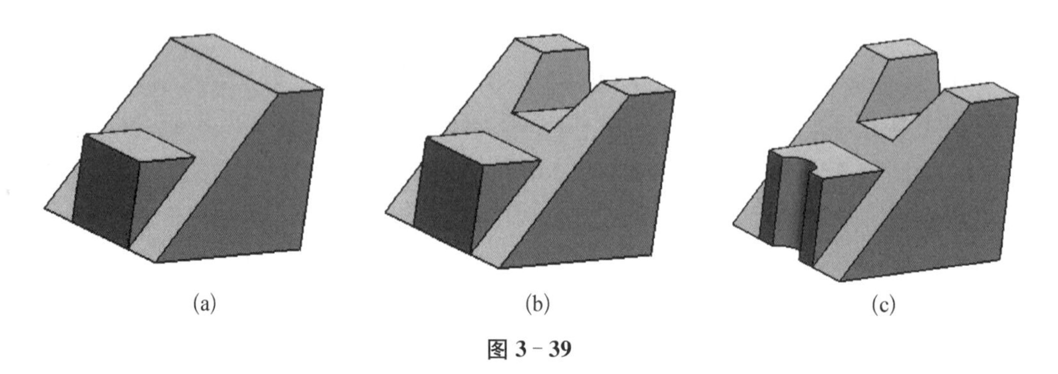

图 3－39

【作图步骤】

(1) 绘制立方体在左视图中的投影。

(2) 绘制立方体上部梯形槽在左视图中投影。

(3) 绘制三角块在左视图中的投影。

(4) 绘制半圆柱孔在左视图中的投影。完成后的左视图如图 3－40 所示。

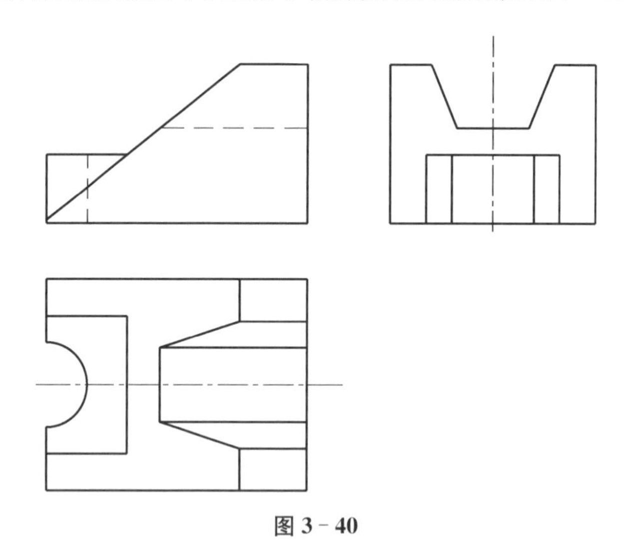

图 3－40

3－13　如图 3－41 所示，根据主视图和左视图补画俯视图。

【解题分析】

通过对主视图和左视图分析可知，在立方体的上部从前到后贯通了一个三角槽，从左到右贯通了一个三角槽。该立体图如图 3－42 所示。

【作图步骤】

(1) 绘制立方体在俯视图中的投影。

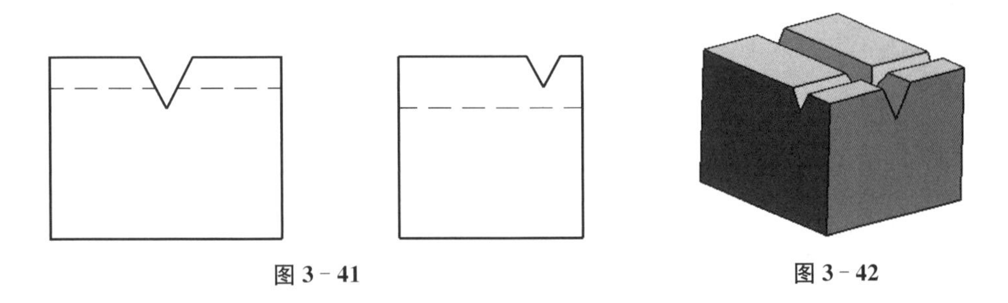

图 3-41　　　　图 3-42

(2) 绘制两个三角槽在俯视图中的投影。应注意截交线的投影。完成后的左视图具体见图 3-43。

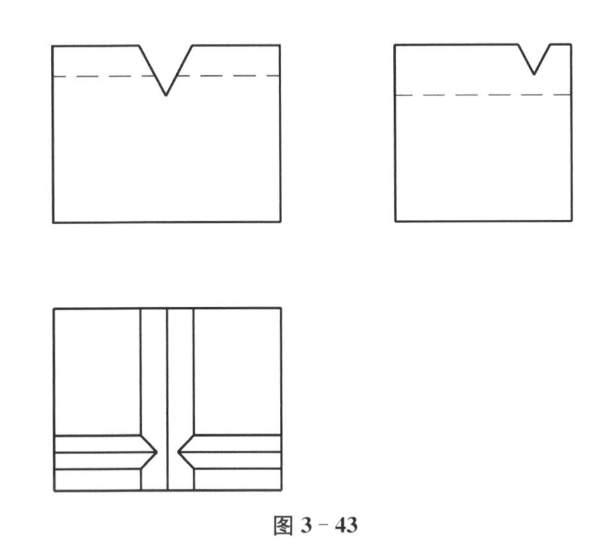

图 3-43

【问题八】 如何根据俯视图和左视图补画主视图?

3-14 如图 3-44 所示,根据俯视图和左视图补画主视图。

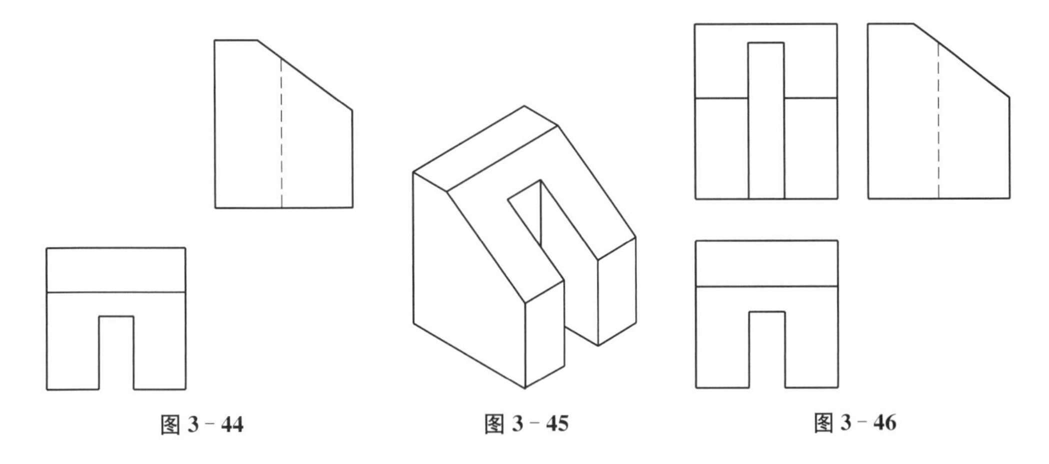

图 3-44　　　　图 3-45　　　　图 3-46

【解题分析】

通过对俯视图和左视图分析可知，此形体原始形状为立方体，在立方体的前面用侧垂面切割立方体，在前面中间位置挖切了立方体槽。该立体图如图 3－45 所示。

【作图步骤】

（1）根据长对正、高平齐的投影规律，绘制立方体的主视图。

（2）绘制侧垂面在主视图的投影，绘制立方体槽在主视图的投影，具体见图 3－46。

【问题九】　如何绘制两个直径相等的圆柱相贯和两个直径不等的圆柱相贯？

3－15　如图 3－47 所示，根据主视图和俯视图补画左视图。

【解题分析】

通过对主视图和俯视图分析可知，轴线铅垂的圆柱内部有一个同轴线的圆柱孔。在圆柱前方有一个轴线正垂的圆柱孔，两个圆柱孔直径相等。外表面为两个直径不相等的圆柱相贯。立体图为截切移去左半部分后的模型，如图 3－48 所示。此题需要注意直径相等以及直径不等圆柱相贯线的画法。

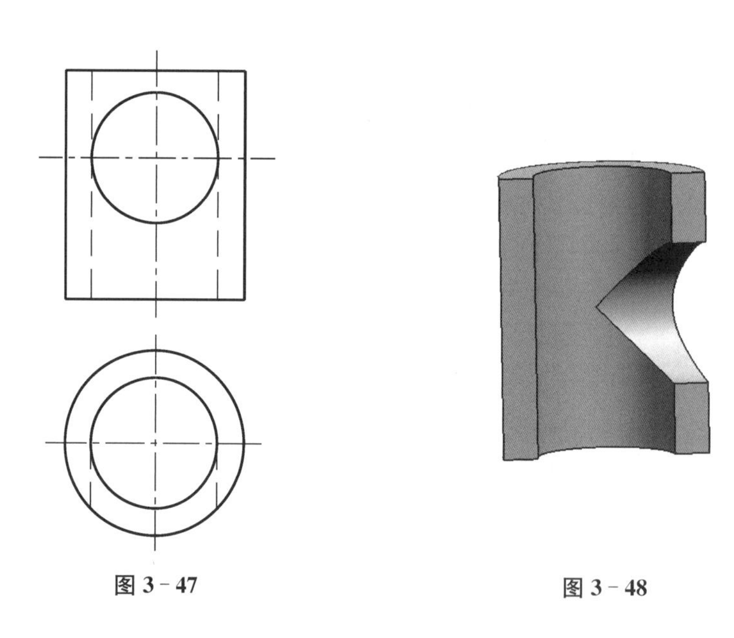

图 3－47　　**图 3－48**

【作图步骤】

（1）绘制轴线铅垂的圆柱及圆柱孔在左视图中的投影。

（2）绘制轴线正垂的圆柱孔在左视图中的投影。绘制该圆柱孔与圆柱的相贯线，绘制该圆柱孔与直立圆柱孔的相贯线。两个圆柱孔直径相等，相贯线为椭圆。完成后的左视图具体见图 3－49。

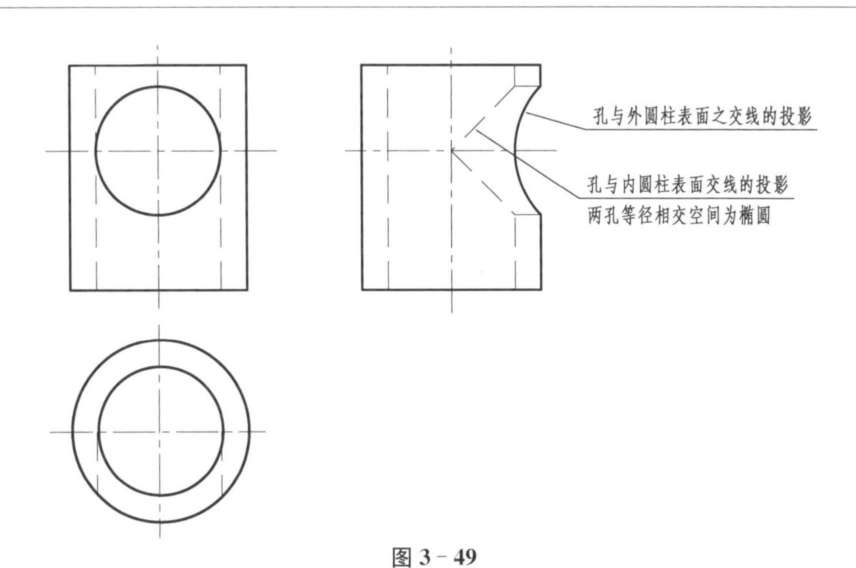

图 3-49

【问题十】 对于拱形柱及键槽，如何读图和绘图？

3-16 如图 3-50 所示，根据主视图和俯视图补画左视图。

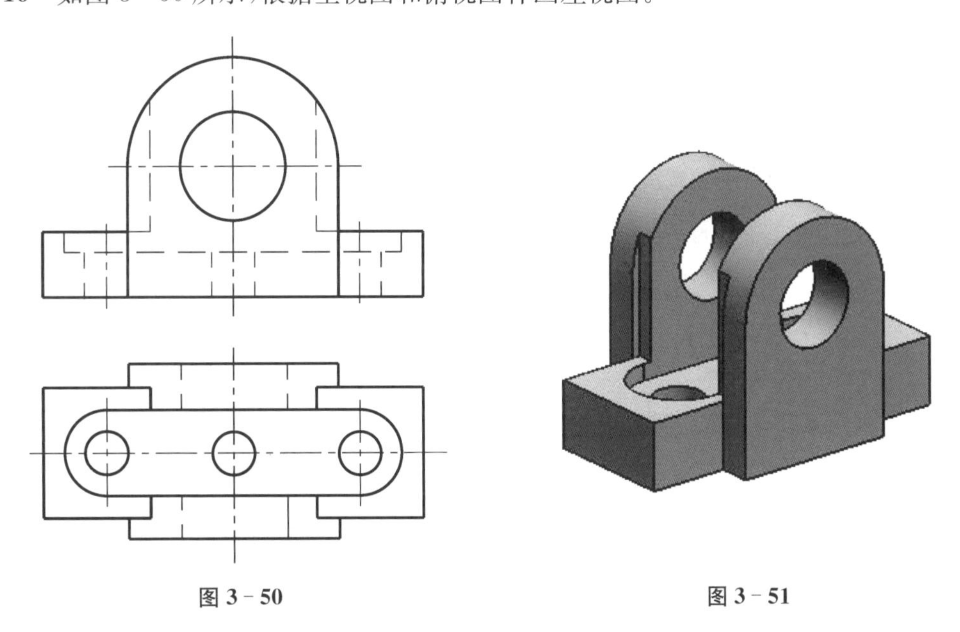

图 3-50　　　　图 3-51

【解题分析】

通过对主视图和俯视图分析，可知该组合体由两部分叠加组成，底板是立方体，中间形体是拱形柱。分别从左右两侧对称切割拱形柱，键槽从上往下挖切，挖切终止位置位于底板内部。拱形柱从前到后有一个贯通的圆柱孔。立方体内部有三个圆柱孔。该立体图如图 3-51 所示。最后，采用形体分析法求解，逐个画出该形体的投影。

【作图步骤】

(1) 绘制底板和拱形柱在左视图中的投影。

（2）在左右两侧对称切割拱形柱后，绘制正平面和侧平面在左视图中的投影。

（3）绘制键槽在左视图中的投影。

（4）绘制圆柱孔在左视图中的投影。完成后的左视图具体见图 3－52。

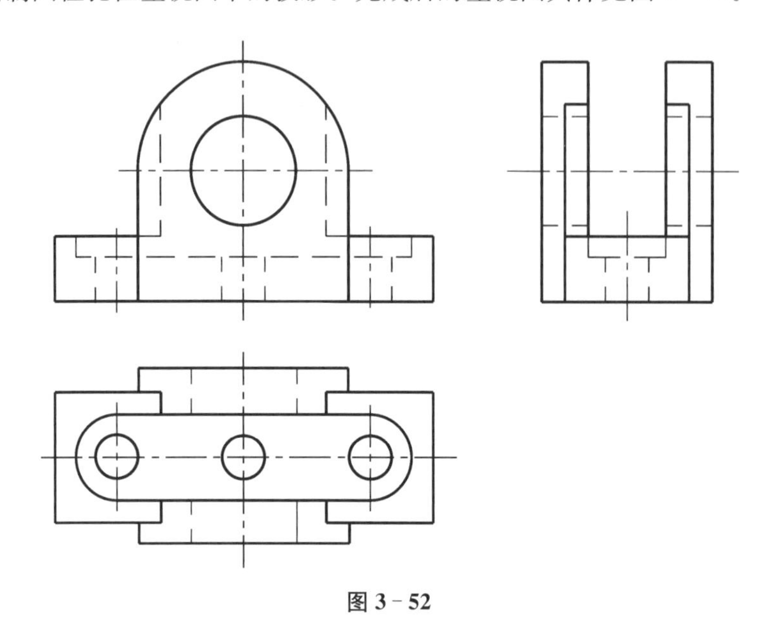

图 3－52

【问题十一】 如何利用形体分析法读图和绘图？

3－17 如图 3－53 所示，根据主视图和俯视图补画左视图。

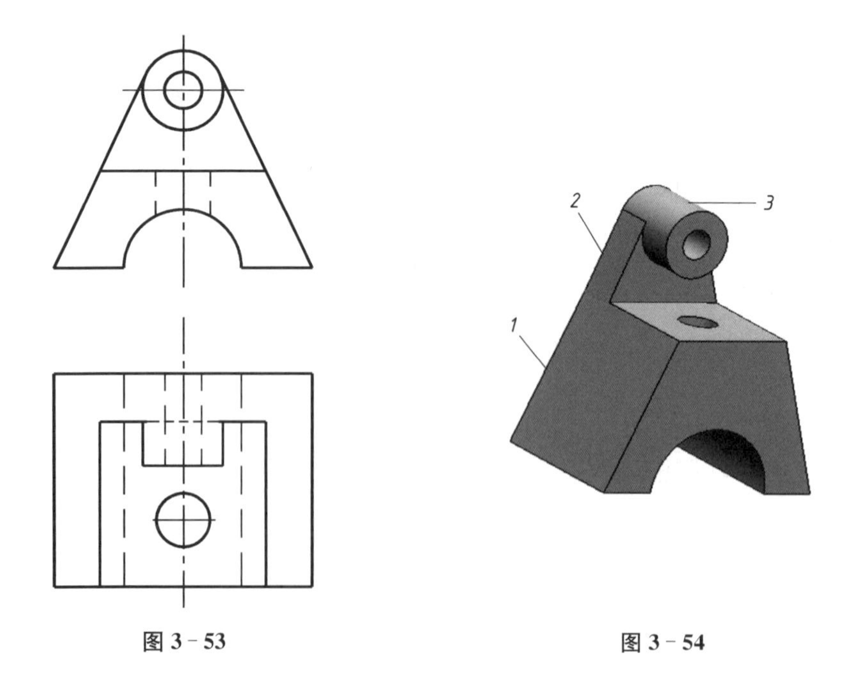

图 3－53　　**图 3－54**

【解题分析】

本题采用形体分析法进行读图，通过对主视图和俯视图分析，可知该组合体由三部分叠加组成，①是底部的梯形块；②是中间的直立板；③是上部的圆柱体。该立体图如图 3－54 所示。

【作图步骤】

（1）绘制梯形块在左视图中的投影，注意不要漏画形体内部两个圆柱孔以及相贯线的投影。

（2）绘制直立板在左视图中的投影。

（3）绘制圆柱在左视图中的投影。注意直立板与圆柱相切，相切处不画线。内部圆柱孔在左视图中的投影为虚线。完成后的左视图具体见图 3－55。

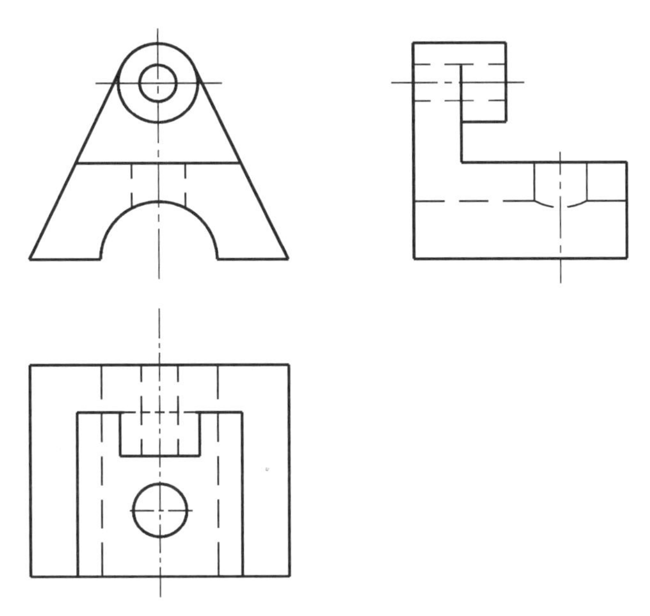

图 3－55

【问题十二】 以堆积组合方式形成的组合体，如何补画视图？

3－18 如图 3－56 所示，根据主视图和俯视图补画左视图。

【解题分析】

通过对主视图和俯视图分析，可知该组合体由三部分组成，第一部分是底部被切割的圆柱；第二部分是底部圆柱上方的圆柱，其内部挖切了两个直径不等的圆柱孔；第三部分是位于底部圆柱上方而且在前部的拱形柱。该立体图如图 3－57 所示。

【作图步骤】

（1）绘制底部被切割的圆柱在左视图中的投影。

（2）绘制底部圆柱上方的圆柱在左视图中的投影，注意绘制内部圆柱孔的投影时，由于其不可见需用虚线绘制。

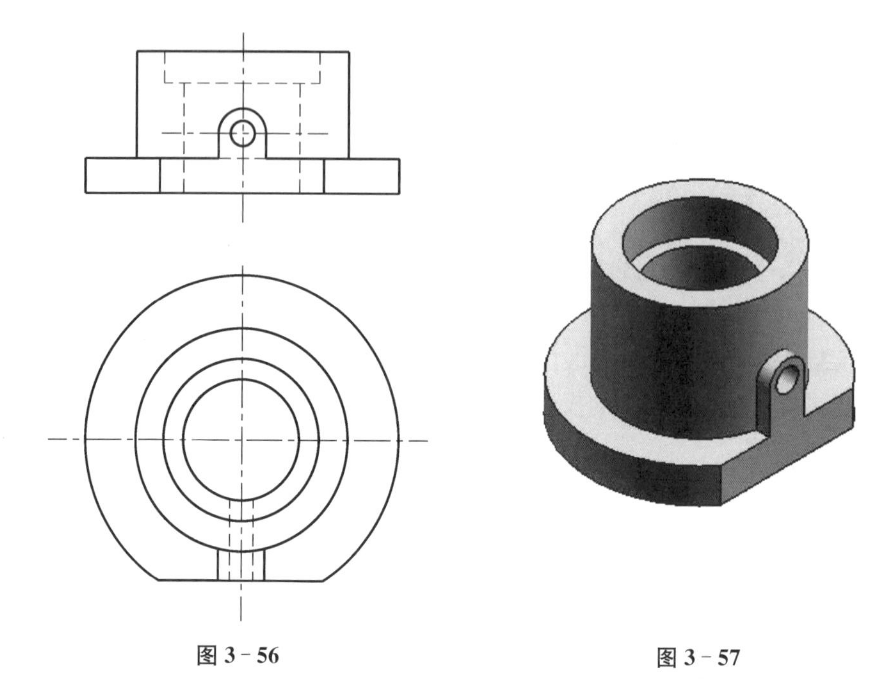

图 3-56　　　　图 3-57

(3) 绘制拱形柱在左视图中的投影,不要漏画拱形柱与圆柱相贯线和截交线的投影。注意绘制内部圆柱孔的投影,此外不要漏画圆柱孔与其他圆柱孔相贯线的投影。完成后的左视图具体见图 3-58。

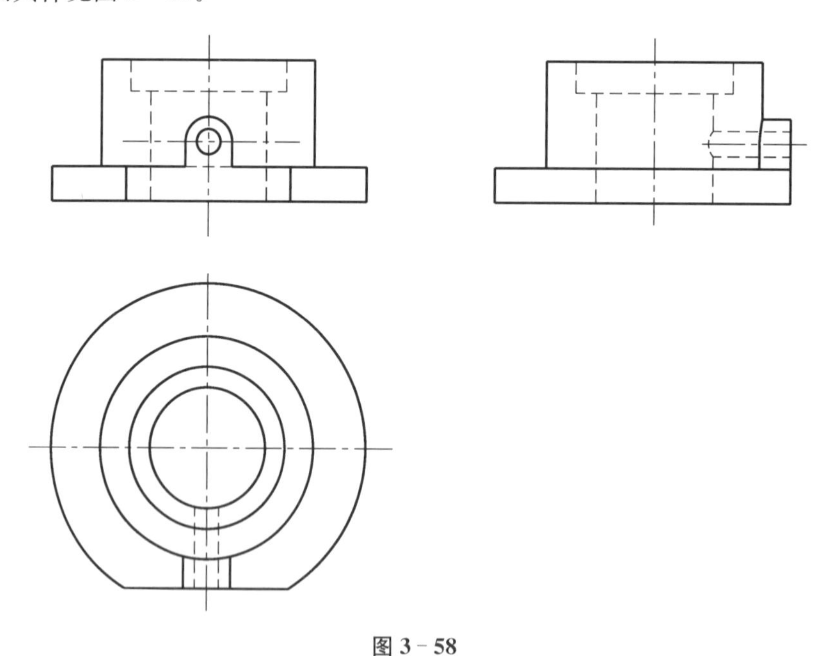

图 3-58

【问题十三】 以相交组合方式形成的组合体,如何补画视图?

3-19　如图 3-59 所示,根据主视图和俯视图补画左视图。

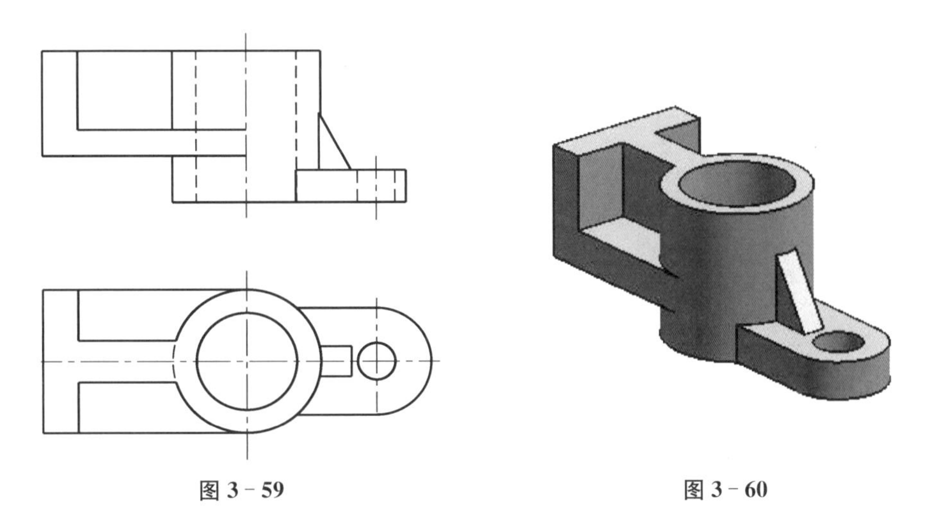

图 3-59　　图 3-60

【解题分析】

通过对主视图和俯视图分析，可知该组合体由立方体、圆柱、肋板、底板几部分组成，该立体图如图 3-60 所示。

【作图步骤】

(1) 绘制圆柱以及圆柱孔在左视图中的投影。

(2) 绘制圆柱左侧的水平板、正平板及侧平板在左视图中的投影。

(3) 绘制圆柱右侧的底板以及肋板在左视图中的投影。左视图具体见图 3-61。

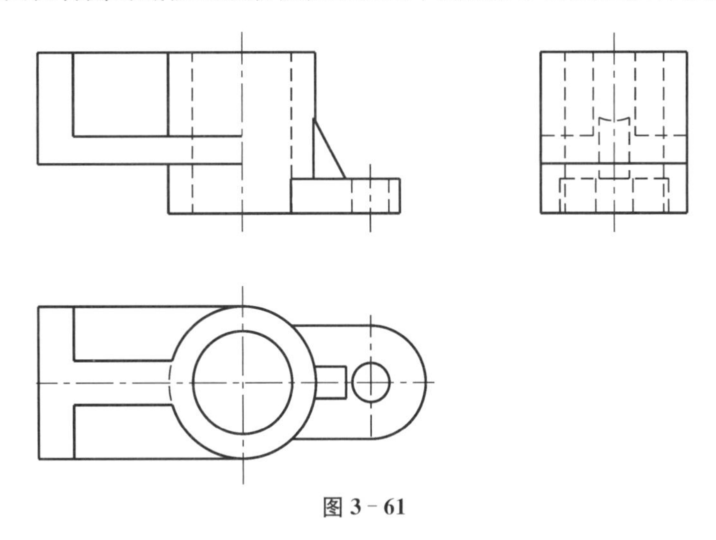

图 3-61

【问题十四】 以相切组合方式形成的组合体，如何补画视图？

3-20 如图 3-62 所示，根据主视图和俯视图补画左视图。

【解题分析】

通过对主视图和俯视图分析，可知该组合体由四部分组成，底部是一个立方体板，有四个圆柱孔，在这个立方体板的上方有一个小立方体板，在小立方体板的上方是拱形柱和

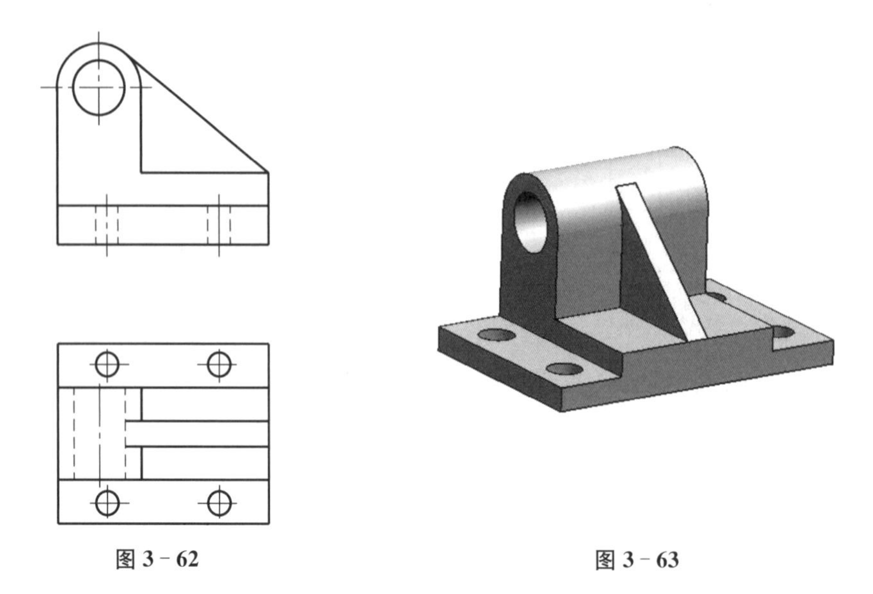

图 3-62　　　　图 3-63

肋板。该立体图如图 3-63 所示。

【作图步骤】

(1) 绘制底部两块立方体板在左视图中的投影。

(2) 绘制拱形柱以及圆柱孔在左视图中的投影。

(3) 绘制肋板在左视图中的投影,左视图具体见图 3-64。

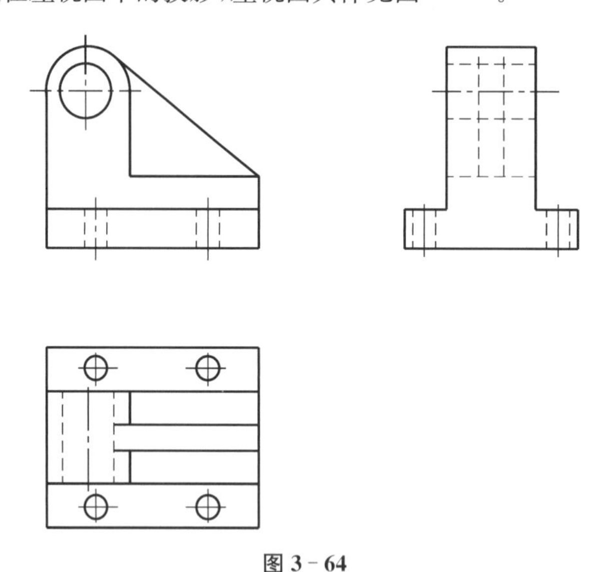

图 3-64

【问题十五】 拱形槽与圆柱相交,如何绘制视图?

3-21　如图 3-65 所示,根据主视图和俯视图补画左视图。

【解题分析】

通过对主视图和俯视图分析,可知该组合体由两部分组成,底部是一个立方体,角上

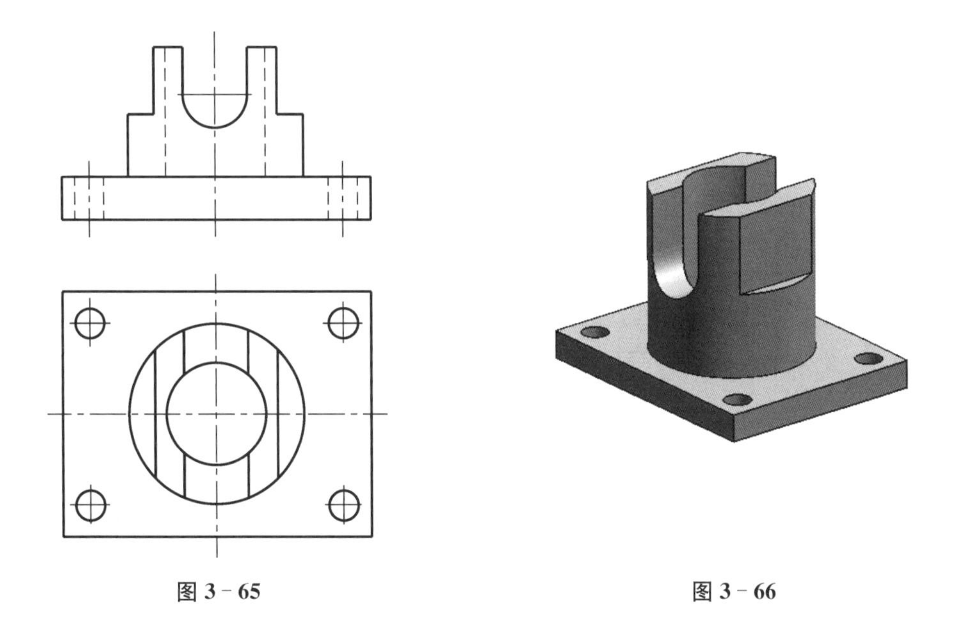

图 3－65　　　　图 3－66

有四个圆柱孔；上部是直立圆柱，其内部左右两侧对称挖切了平面，从前到后挖切了拱形槽。该立体图如图 3－66 所示。

【作图步骤】

（1）绘制底部立方体以及角上四个圆柱孔在左视图中的投影。

（2）绘制直立圆柱在左视图中的投影，注意绘制内部直立圆柱孔的投影时，由于其不可见需用虚线绘制。然后，绘制左右对称挖切的平面在左视图中的投影。

（3）绘制圆柱内部拱形槽在左视图中的投影，不要漏画拱形槽与圆柱的相贯线和截交线在左图中的投影以及拱形槽与直立圆柱孔的相贯线和截交线在左视图中的投影。左视图具体见图 3－67。

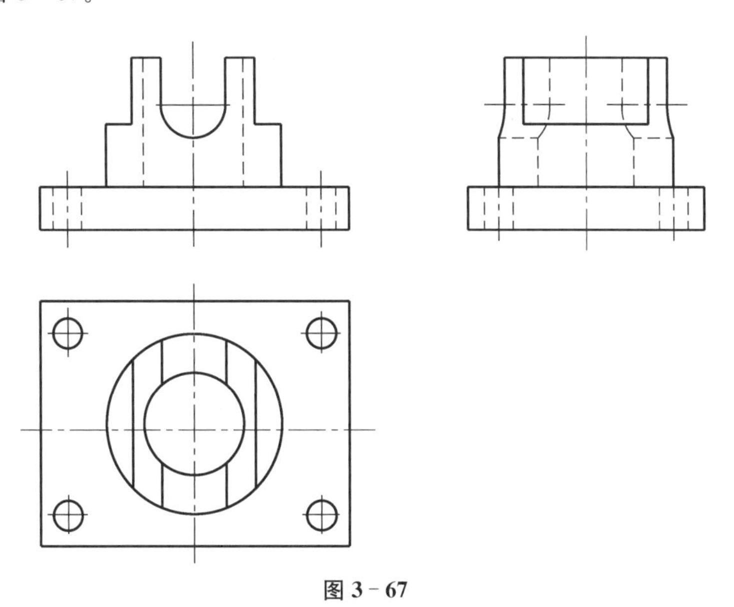

图 3－67

【问题十六】　如何绘制组合形体中的三角肋板的视图？

3－22　如图 3－68 所示，根据主视图和俯视图补画左视图。

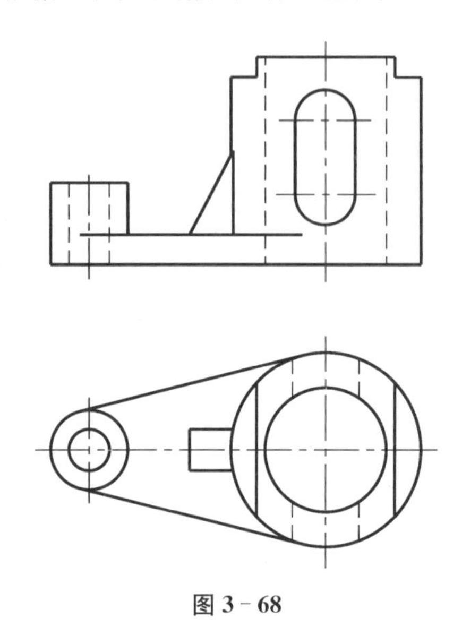

图 3－68

【解题分析】

通过对主视图和俯视图分析，可知该组合体由四部分组成。第一部分是底板；第二部分是左边小圆柱；第三部分是右边大圆柱；第四部分是大圆柱左侧的肋板。在小圆柱和底板处挖切了圆柱孔。在大圆柱和底板处也挖切了圆柱孔，键槽从前到后贯通大圆柱，大圆柱左右两侧对称挖切了平面。该立体图如图 3－69 所示。

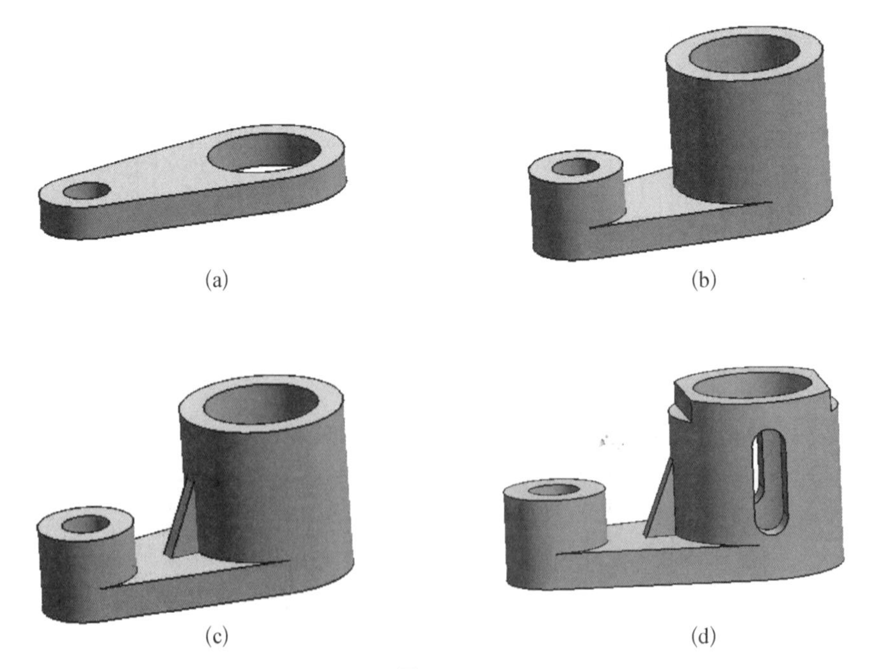

图 3－69

【作图步骤】

(1) 绘制底板在左视图中的投影。

(2) 绘制左边小圆柱在左视图中的投影,注意绘制内部直立圆柱孔的投影时,由于其不可见需用虚线绘制。

(3) 绘制右边大圆柱在左视图中的投影,绘制左右对称挖切的平面在左视图中的投影。不要漏画键槽与圆柱的相贯线和截交线在左图中的投影,以及键槽与直立圆柱孔的相贯线和截交线在左视图中的投影。左视图具体见图 3-70。

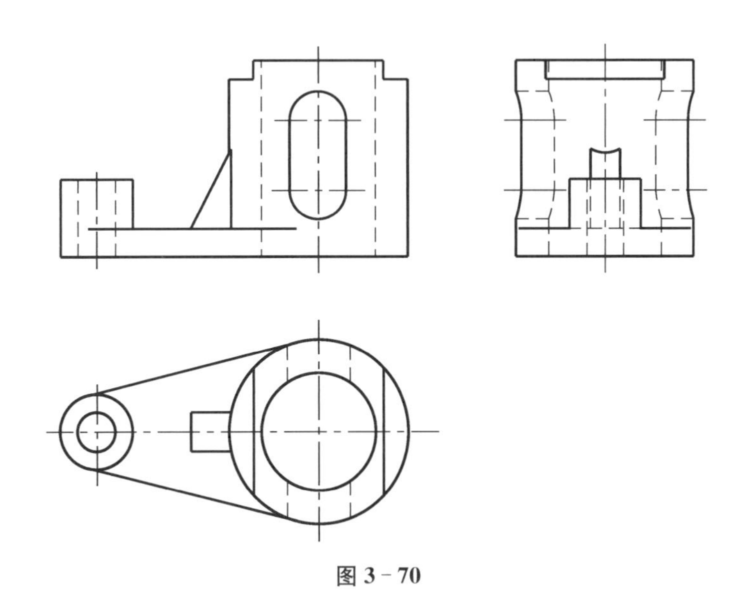

图 3-70

【问题十七】 如何绘制复杂组合形体中的视图?

3-23 如图 3-71 所示,根据主视图和左视图补画俯视图。

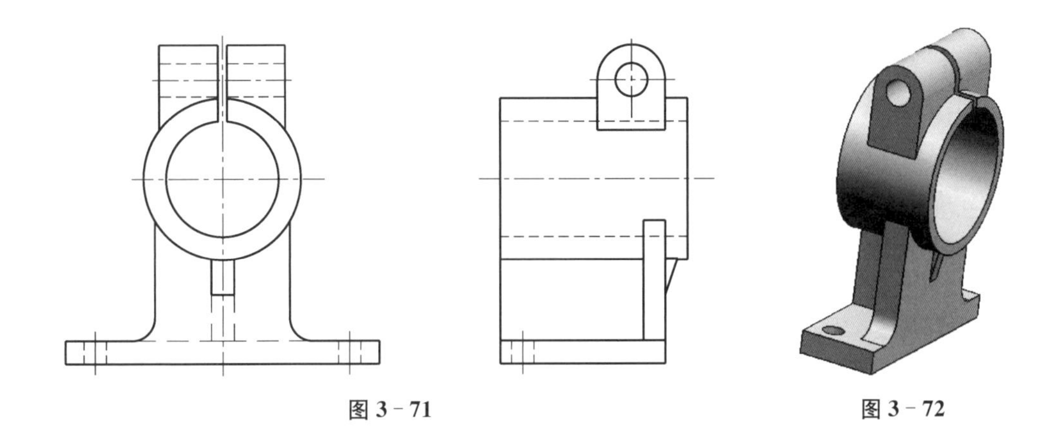

图 3-71　　图 3-72

【解题分析】

利用形体分析法进行读图，由已知的两个基本视图，即对主视图和左视图分析，可知该组合体由六部分组成。第一部分是底板；第二部分是底板前部上方的直立板；第三部分是直立板上方的圆柱；第四部分是直立板前侧的肋板；第五部分是在直立板后侧的支撑板；第六部分是上方的拱形柱。该立体图如图 3－72 所示。

【作图步骤】

（1）绘制底板在俯视图中的投影。

（2）绘制直立板在俯视图中的投影。

（3）绘制圆柱在俯视图中的投影。

（4）绘制拱形柱在俯视图中的投影。

（5）绘制肋板和支撑板在俯视图中的投影。

（6）注意遮挡部分应该用虚线并擦去多余线条。该俯视图具体见图 3－73。

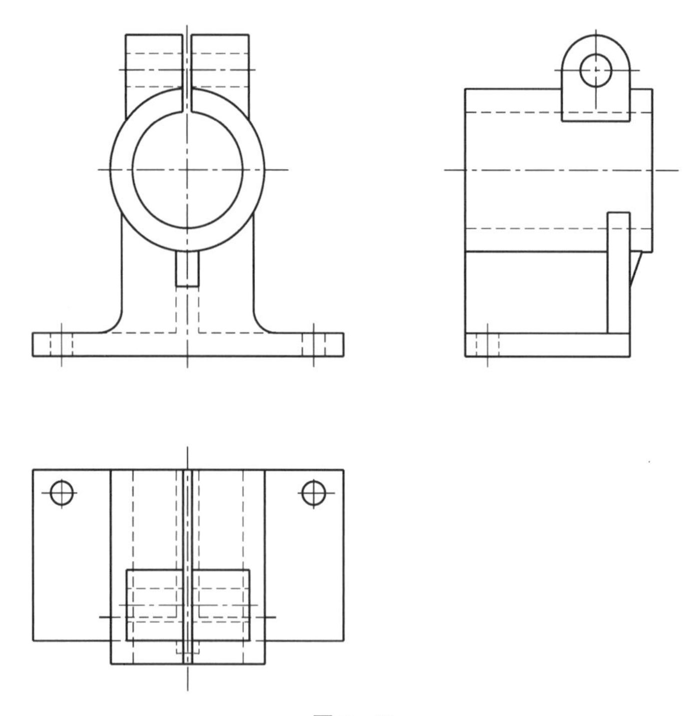

图 3－73

3.4 自测题

1. 根据题 1 图中的立体模型及尺寸，绘制该组合体的三视图（图形已经按比例缩放）。

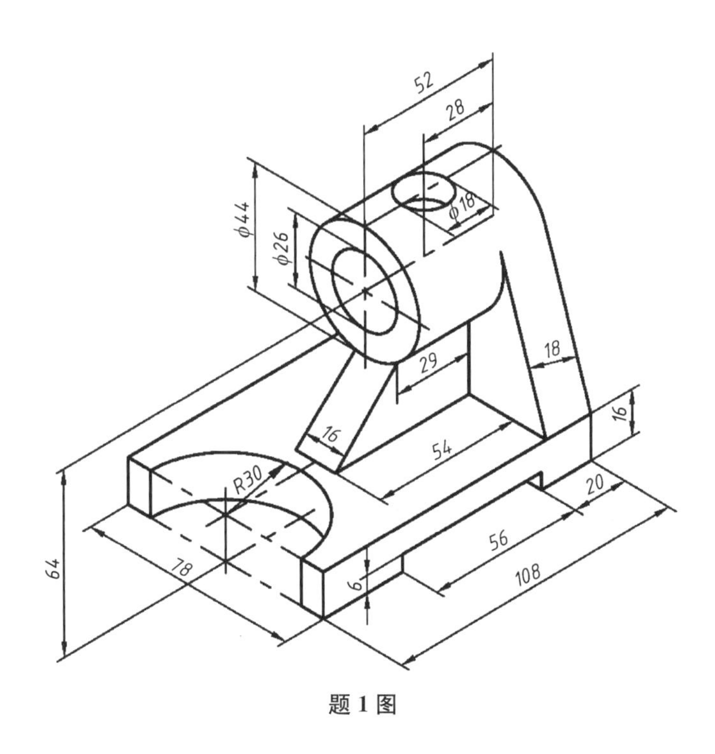

题 1 图

2. 在题 2 图中标注尺寸(尺寸数值取整,在图中量取)。

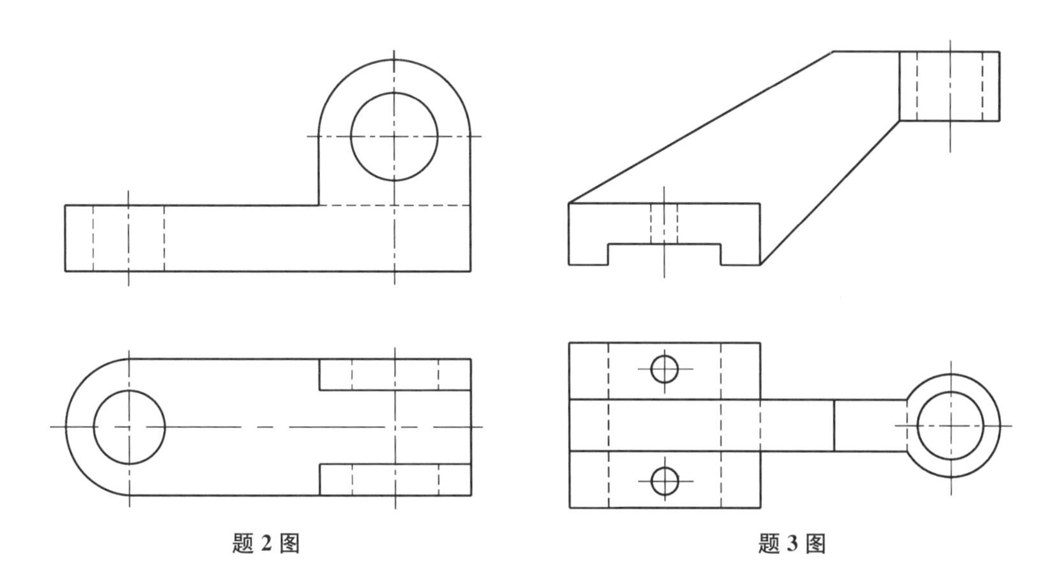

题 2 图　　题 3 图

3. 在题 3 图中标注尺寸(尺寸数值取整,在图中量取)。

4. 根据题 4 图的主视图和俯视图补画左视图。

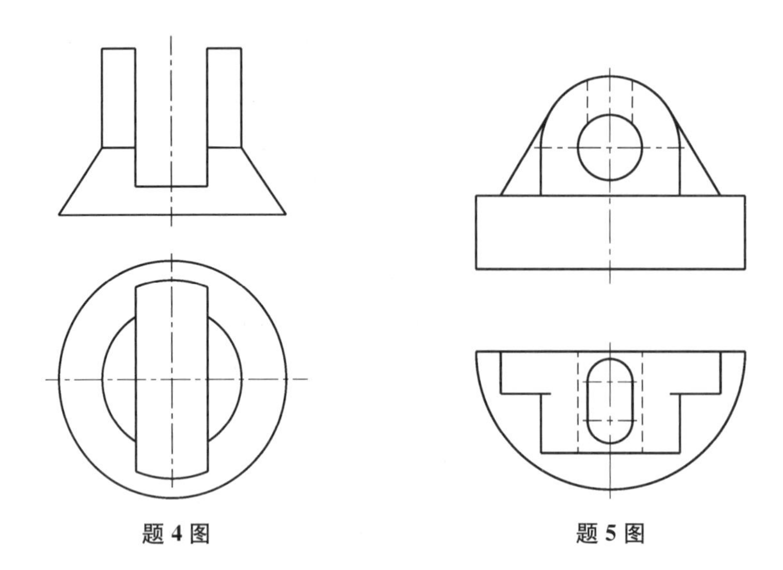

题 4 图　　题 5 图

5. 根据题 5 图的主视图和俯视图补画左视图。

4　制图的基本规定和技能

4.1　内容提要

为便于生产和技术交流，对图样内容、格式、画法、尺寸标注等都必须作统一规定。“ISO”是国际上统一制定的制图标准。我国也相应制定与国际标准相统一的《机械制图》国家标准，代号“GB”。国家标准《机械制图》中对图纸幅面、格式、比例、字体、图线等内容进行了规定。

1. 图纸图幅(GB/T 14689—2008)

绘制图样时，图纸幅面和图框尺寸应优先采用表 4-1 中所规定的基本图幅尺寸。

表 4-1　图纸基本图幅和图框代号

幅面代号	A0	A1	A2	A3	A4
B×L	841×1 189	594×841	420×594	297×420	210×297
e	20		10		
c	10			5	
a	25				

图纸图幅和图框格式见图 4-1。

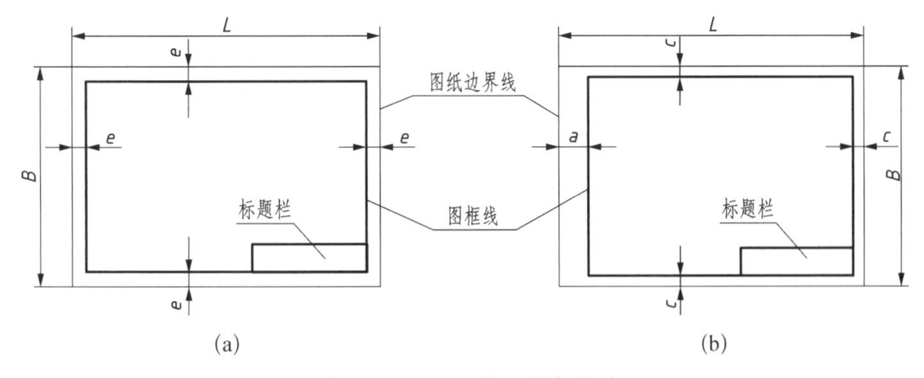

图 4-1　图纸图幅和图框格式

2. 标题栏(GB 10609.1—2008)

标题栏的位置一般位于图纸的右下方。标题栏的格式、内容和尺寸在国标中做了推荐。如图 4-2 所示。

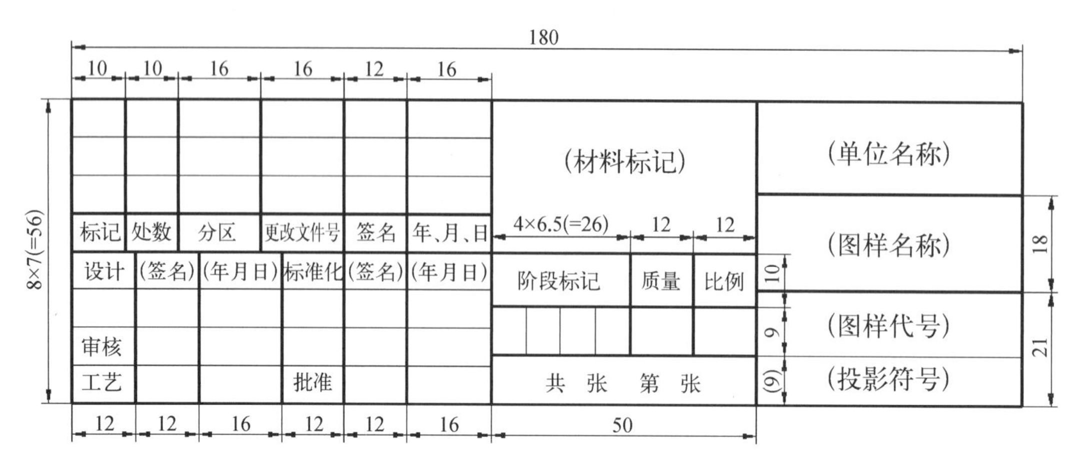

图 4-2 标题栏格式及内容

3. 比例(GB/T 14690—1993)

比例是指图样中机件要素的线性尺寸与实际机件相应要素的线性尺寸之比。比值等于1为原值比例,比值大于1为放大比例,比值小于1为缩小比例。图样无论采用缩小或放大比例,所注尺寸应是机件的实际尺寸,而不是所画图形的大小。

4. 字体(GB/T14691—1993)

国家标准规定在图样中书写字体必须做到:字体工整、笔画清楚、间隔均匀、排列整齐。

(1) 汉字:应写成长仿宋体,高度不应小于3.5 mm,字体的宽度约为字体高度的三分之二;

(2) 字母和数字:可写成正体和斜体两种。斜体字字头向右倾斜,与水平线约成75°角。

5. 图线(GB/T 17450—1998、GB/T 4457.4—2002)

综合GB/T 17450—1998《技术制图 图线》及GB/T 4457.4—2002《机械制图 图样画法 图线》,国标对应用于各种图样的基本线型、线宽、画法及应用示例等做了规定,具体见表4-2。

表 4-2 图线的种类及应用

线型	名 称	图 线 形 式	宽 度	主 要 用 途
实线	粗实线	————	d (优先采用0.5 mm和0.7 mm)	可见轮廓线,相贯线、螺纹牙顶线、螺纹长度终止线、齿顶圆(线)、剖切符号用线
	细实线	————	$d/2$	尺寸线、尺寸界线或引出线 剖面线、重合断面的轮廓线 螺纹的牙底线及齿轮的齿根圆线

（续表）

线型	名　称	图线形式	宽　度	主要用途
实线	波浪线	4　≈　30°	$d/2$	断裂处的边界线 视图和剖视图的分界线
	双折线			
虚线	细虚线	2~6　≈1	$d/2$	不可见轮廓线、不可见棱边线
	粗虚线		d	允许表面处理的表示线
点画线	细点画线	6~24　≈3	$d/2$	轴线、对称中心线、分度圆(线)、孔系分布的中心线、剖切线
	粗点画线		d	限定范围表示线
双点画线		15~20　4	$d/2$	相邻辅助零件的轮廓线、可动零件的极限位置轮廓线、轨迹线、中断线和有特殊要求的表面的表示线

6. 尺寸标注(GB/T 4485.4—2003)

机件的大小由标注的尺寸确定。标注尺寸时，应严格遵照国家标准有关尺寸注法的规定，做到正确、齐全、清晰、合理。基本规则如下：

(1) 机件的真实大小应以图样上所注的尺寸数值为依据，与图形的大小、绘制的准确性无关。

(2) 图样中(包括技术要求和其他说明)的尺寸，以 mm 为单位时，不需标注计量单位的代号或名称，如采用其他单位，则必须注明相应的计量单位的代号或名称。

(3) 图样中所标注的尺寸，为该图样的最后完工尺寸，否则应另加说明。

(4) 机件的每一尺寸，一般只标注一次，并应标注在反映该结构最清晰的图形上。

4.2　解题要领

1. 准备制图基本工具

要准确而迅速地绘制图样，必须正确合理地使用绘图工具，常用的主要绘图工具有图板、丁字尺、绘图仪(其中主要有圆规、分规等)、三角板、曲线板等，此外还有铅笔、橡皮、胶带纸等绘图用品。

(1) 铅笔的削法

如图 4－3 所示，铅笔画细实线时削成圆锥形，画加深的实线时削成矩形。绘图时铅笔铅芯一般用“H”或“2H”画底稿，用“B”或“2B”加深，用“HB”书写字体。

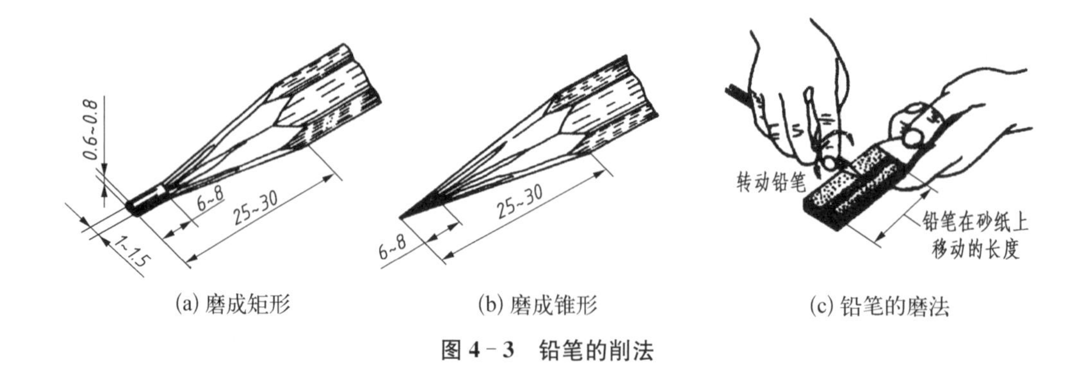

(a) 磨成矩形　(b) 磨成锥形　(c) 铅笔的磨法

图 4－3　铅笔的削法

(2) 三角板的用法(如图 4－4 所示)

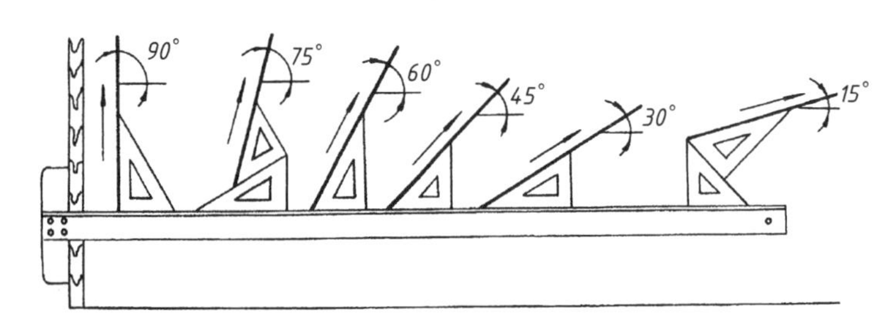

图 4－4　三角板的用法

(3) 曲线板的用法

为保证线条流畅、准确，应确定出所需画的曲线段上有足够数量的点，然后用曲线板(如图 4－5 所示)连接各点而成，连接曲线段时应注意首尾 1～2 个点重叠，这样绘制的曲线比较光滑。一般的绘图步骤为：

① 从曲线一端开始选择曲线板与曲线相吻合的四个连续点，找出曲线板与曲线相吻合的线段，用铅笔沿其轮廓画出前三点之间的曲线，留下第三点与第四点之间的曲线不画。

图 4－5　曲线板

② 继续从第三点开始，包括第四点再选择四个点，绘制第二段曲线，使相邻曲线段之间有重叠过渡，直至绘完整段曲线。

(4) 其他工具(如图 4－6 所示)

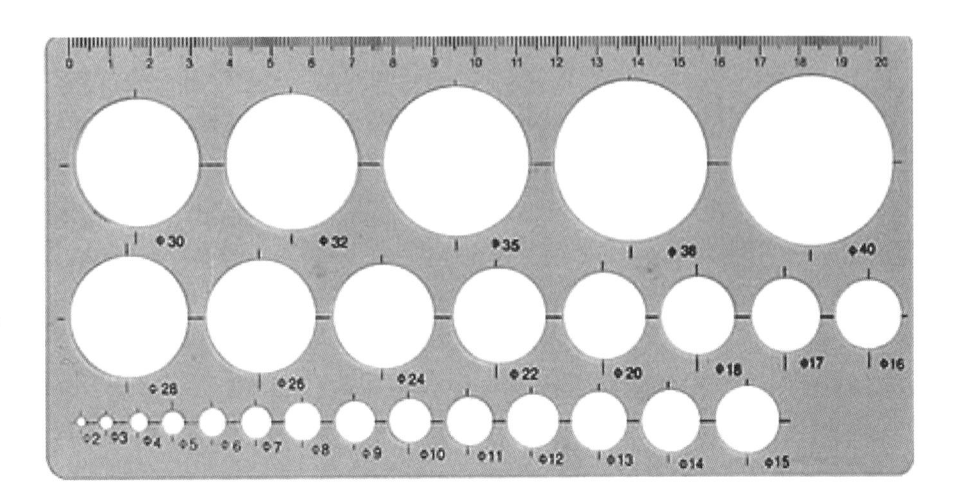

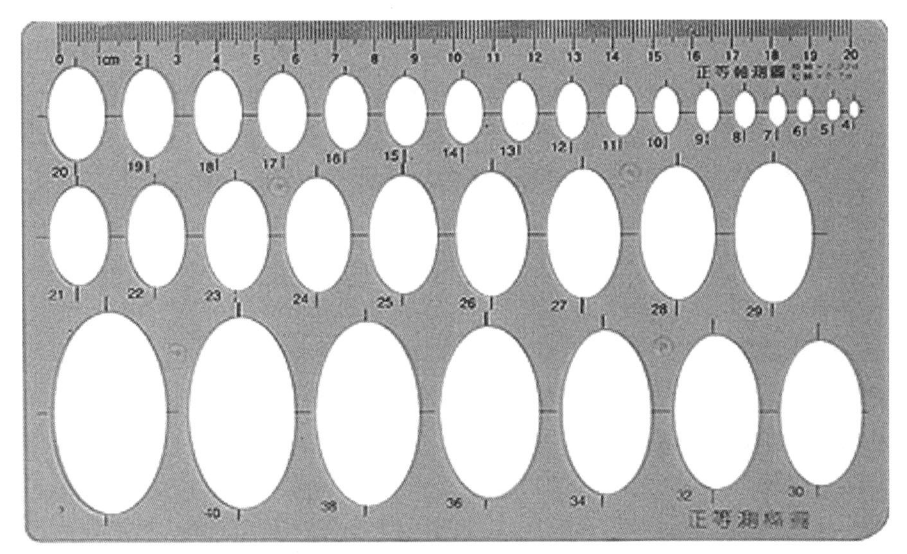

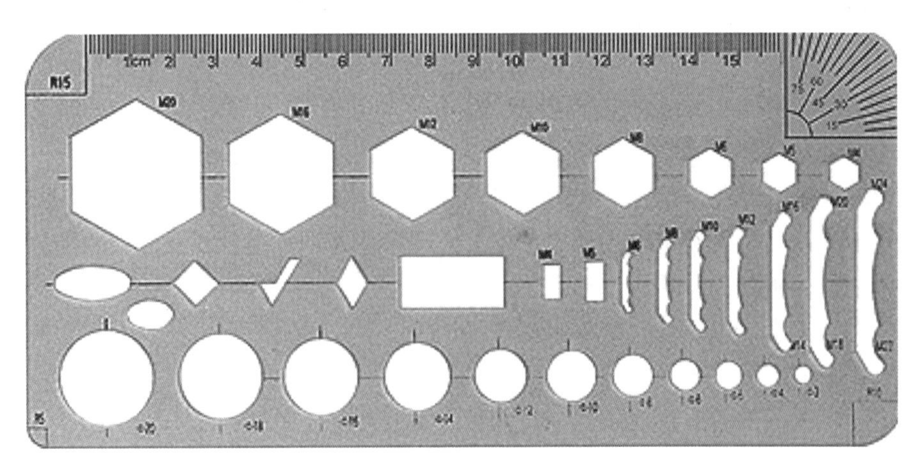

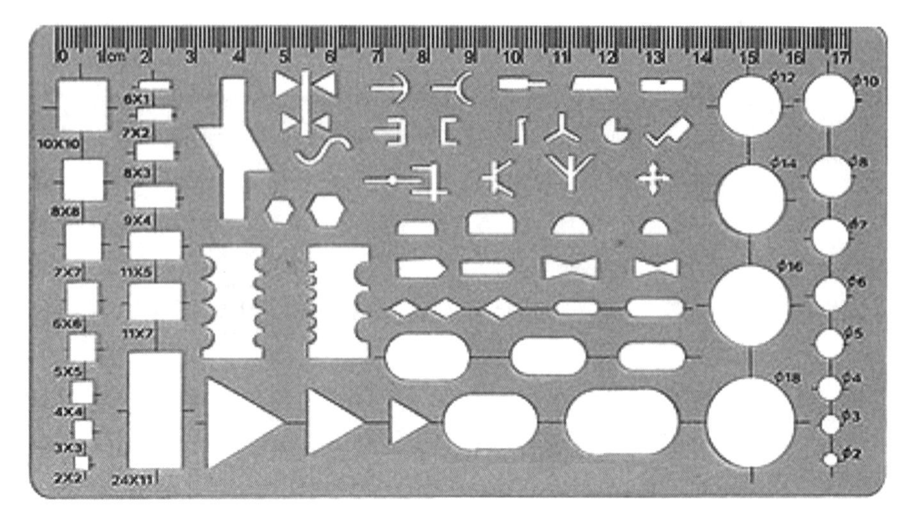

图 4 - 6　其他作图工具

2. 熟悉几何作图方法

绘制图样时常会遇到等分线、等分圆、作正多边形、画斜度和锥度、圆弧连接、绘制非圆曲线等几何作图问题。尤其是圆弧连接的画法，圆弧连接是指用已知半径的圆弧光滑地连接两已知线段（直线或圆弧）；其中起连接作用的圆弧称为连接圆弧。为了正确地画出连接圆弧，必须确定：

（1）连接圆弧的圆心位置和半径。

（2）连接圆弧与已知线段的切点。

平面图形的绘制步骤如下。

（1）准备工作：准备好所需的绘图工具和用品，并用软布擦拭干净。按制图需要选用不同软硬度的绘图铅笔。圆规铅芯应比绘图铅笔芯软一号。

（2）固定图纸。

（3）画底稿：先画好图框和标题栏，再根据图形大小布置好图面，然后用铅笔铅芯为“H”或“2H”的铅笔轻而细地画底图。画出中心线、轴线。

（4）画出已知线段。

（5）利用各种连接方法画出连接线段。

（6）标注尺寸。

（7）加深图线。底稿经校核无误后，按线型要求加深全部图线，擦去不必要的图线。加深时应用力均匀使图线浓淡一致。图线修改时可用擦图片控制线条修改范围。

加深图线一般按下列原则进行：

（1）先画实线、再画虚线；先画粗线、再画细线。

（2）先画圆及圆弧、再画直线，以保证连接光滑。

（3）同心圆应先画小圆、再画大圆，由小到大顺次加深圆及圆弧。

（4）从图的左上方开始先顺次向下加深水平线，再从左到右加深垂直线。

(5) 最后画箭头、标注尺寸，注写技术要求，填写标题栏等。

4.3　解题指导

【问题一】 国家标准对图纸图幅的大小有何规定?

国家标准 GB/T 14689—2008 对图纸图幅的大小进行了规定，具体见表 4-1。

【问题二】 国家标准对标题栏有何规定?

国家标准 GB 10609.1—2008 规定标题栏的位置一般位于图纸的右下方。标题栏的格式、内容和尺寸在国标中作了推荐，如图 4-2 所示。

【问题三】 国家标准对绘图比例有何规定?

国家标准 GB/T 14690—1993 规定比例是指图样中机件要素的线性尺寸与实际机件相应要素的线性尺寸之比，建议采用表 4-3 所示的比例绘图。

表 4-3　标准比例系列

种　类	优先选用比例	允许选用比例
比例原值	1∶1	
放大比例	5∶1　2∶1 5×10^n∶1　2×10^n∶1　1×10^n∶1	4∶1　2.5∶1 4×10^n∶1　2.5×10^n∶1
缩小比例	1∶2　1∶5 1∶5×10^n　1∶2×10^n　1∶1×10^n	1∶1.5　1∶2.5　1∶3　1∶4　1∶6 1∶1.5×10^n　1∶2.5×10^n　1∶3×10^n 1∶4×10^n　1∶6×10^n

【问题四】 国家标准对字体有何规定?

国家标准 GB/T 14691—1993 规定在图样中书写字体必须做到：字体工整、笔画清楚、间隔均匀、排列整齐。

(1) 汉字：应写成长仿宋体，高度不应小于 3.5 mm，字体的宽带约为字体高度的三分之二。

(2) 字母和数字：可写成正体和斜体两种。斜体字字头向右倾斜，与水平线夹角约成 75°。

【问题五】 国家标准对绘图图线有何规定?

国际标准综合 GB/T 17450—1998《技术制图　图线》及 GB/T 4457.4—2002《机械制图　图样画法　图线》，国标对应用于各种图样的基本线型、线宽、画法及应用示例等做了严格规定，图线的种类及应用可见表 4-2。

【问题六】 什么叫已知线段,什么叫连接圆弧?

已知线段的定位尺寸和定型尺寸均齐全,根据图形中所注的尺寸,可以独立画出的圆、圆弧或直线。

连接圆弧只有定型尺寸,无定位尺寸,需要借助于已知直线或已知圆弧通过辅助作图画出的圆弧叫连接圆弧。

4.4 自测题

1. 图纸幅面共有几种,彼此尺寸关系如何?
2. 图纸可以按图幅要求适当加长吗? 加长量如何考虑。
3. 图样中一共有几种图线,名称分别什么?
4. 如果粗实线的宽度 $d=0.7$ mm,那么细实线、粗点画线的宽度分别是多少?
5. 标注尺寸时有哪些注意事项?
6. 绘制平面图形时,连接圆弧的圆心如何确定?

5 轴测投影图

5.1 内容提要

当投影方向与三个坐标面都不平行时，将物体和确定物体位置的直角坐标系沿选定的方向平行地投影到某投影面上，所得到的能同时反映物体三个方向形状的投影图，称为轴测图。

由于轴测图是用平行投影法得到的，因此它具有平行投影的投影特性具体为：

(1) 平行性　物体上相互平行的直线，在轴测图中仍保持平行。物体上平行于坐标轴的线段，在轴测图上应平行于相应的轴测轴。

(2) 定比性　平行线段的轴测投影，其伸缩系数相同。

(3) 实形性　物体上平行于轴测投影面的直线和平面在轴测投影面上分别反映实长和实形。

轴测图可按投影方向与轴测投影面垂直或倾斜，分为正轴测图和斜轴测图两大类。根据作图简便和直观性强等原则，制图国家标准推荐正等轴测图(简称正等测图)、正二等轴测图、斜二等轴测图(简称斜二测图)。本章主要介绍常用的正等轴测图。

正等测图的轴向伸缩系数 $p=q=r=0.82$；轴间角 $\angle X_1O_1Y_1=\angle X_1O_1Z_1=\angle Z_1O_1Y_1=120°$。

作图时可采用简化的伸缩系数，取 $p=q=r=1$，这样画出的正等测图，比实际的轴向尺寸放大了 1.22$\left(由\dfrac{1}{0.82}\approx 1.22 而得\right)$倍，但所表达的物体形状是一样的。

5.2 解题要领

1. 平面立体的正等测图

可采用坐标法、叠加法或者切割法作图。三种方法均可以按以下步骤绘制：

(1) 选定坐标系，画轴测轴。

(2) 定坐标原点，沿轴测量画各轴向线段(按坐标关系)。

(3) 连接各点，校核，将可见线加深。

2. 曲面立体的正等测图

(1) 圆的正等测投影

画曲面立体时经常要遇到圆或圆弧，圆的正等测投影变形为椭圆。与各坐标面平行的圆，由于其外切正方形在正等测投影中变形为菱形，因而圆的轴测投影为内切于对应菱形的椭圆，如图 5－1 所示，长轴长度等于 1.22d，短轴长度等于 0.71d。

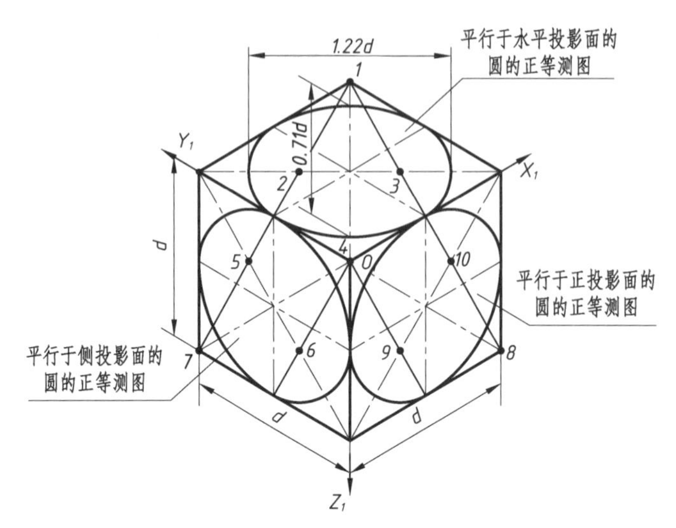

图 5－1　平行于坐标面上圆的正等测图

在实际作图中，该椭圆可用四段圆弧组成的近似椭圆代替。图 5－2 示出了与 XOY 坐标面平行的圆的轴测投影椭圆的近似画法，也称四心法。

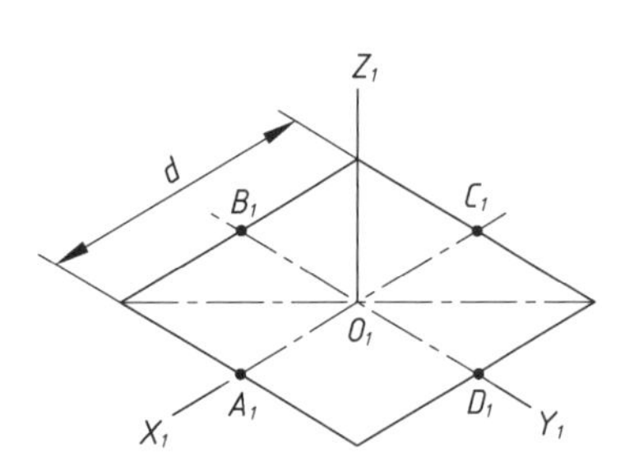

(a) 画轴测轴，按图的直径 d 作圆外接正方形的正等测图——菱形(两对边分别平行 O_1X_1 轴和 O_1Y_1 轴)，得圆弧切点 A_1、B_1、C_1、D_1。

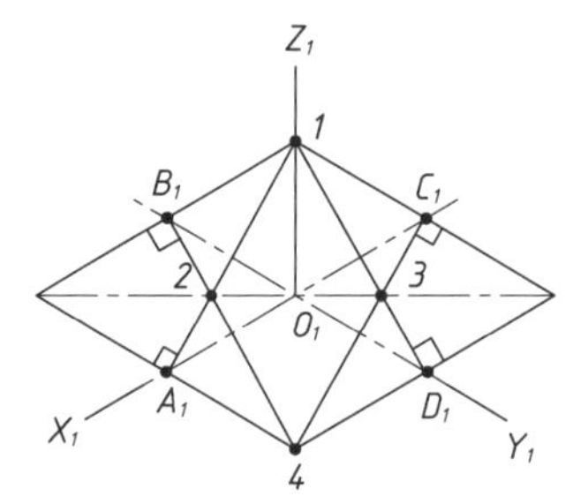

(b) 过菱形边的中点 A_1(或 D_1)、B_1(或 C_1)作菱形边的垂线，垂线与菱形的对角线的交点 1、2、3 和 4 点即为四心法的圆心。

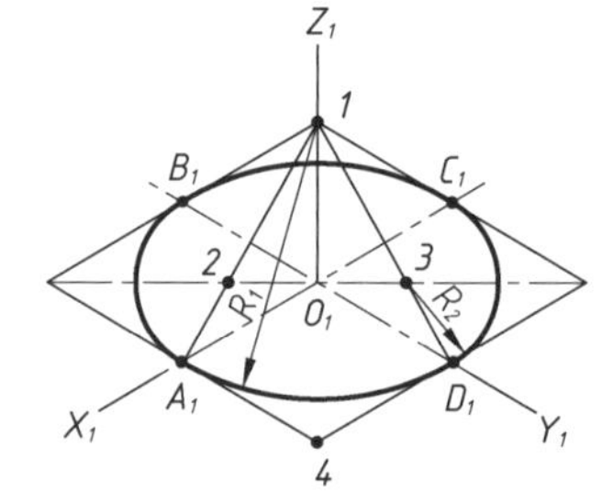

(c) 分别以 1，4 为圆心，A_1 1 或 D_1 1(R_1)为半径作两个大圆弧，以 2、3 点为圆心，A_1 2 或 D_1 3(R_2)为半径作两个小圆弧，即得近似椭圆。

图 5－2　正等测椭圆的近似画法

由图 5－1 和图 5－2 可知：

① 椭圆的长轴在菱形的长对角线上，而短轴在短对角线上。$X_1O_1Y_1$ 平行面上椭圆的四个圆心为点 1、2、3、4，$X_1O_1Z_1$ 平行面上椭圆的四个圆心为点 4、8、9、10；$Y_1O_1Z_1$ 平行面上椭圆的四个圆心为点 4、7、5、6。

② 椭圆的长轴分别与所在坐标面相垂直的轴测轴垂直，而短轴与该轴测轴平行。

③ 椭圆的长轴＝1.22d，短轴＝0.71d。

(2) 带有圆角的平底板轴测图画法

图 5-3(b)、(c)、(d)示出了平板上圆角轴测投影的画法，其中 A_1，B_1，C_1，D_1 分别为椭圆与其外切菱形的切点；圆弧 A_1B_1的圆心 O_1，圆弧 C_1D_1 的圆心 O_2 是过切点向各边所作垂线的交点；而 O_1，O_2到垂足的距离为圆弧的半径。平板底面上圆角轴测投影的画法如图 5-3(e)所示，其完成图如图 5-3(f)所示。

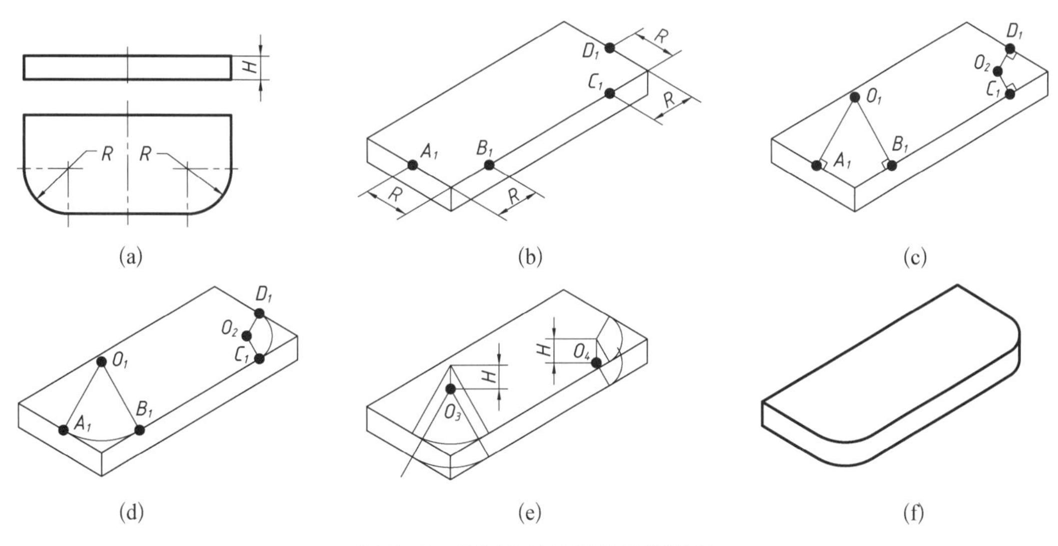

图 5-3 带圆角的平板的正等测图

(3) 相贯线轴测图画法

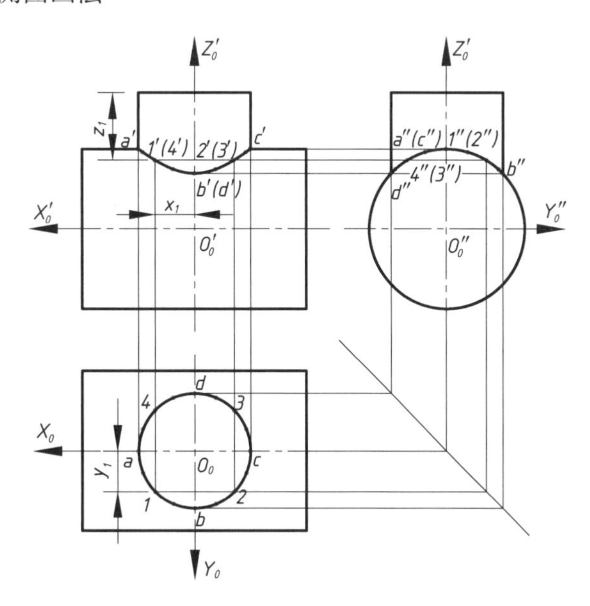

(a) 如图是两圆柱体相交得到的相贯线，在相贯线的投影上，例如，在相贯线的其中一投影，水平投影上(圆)进行若干等分，由此确定相贯线上的点其中一投影，再根据投影特性，确定对应点的其他两投影。据此，可以得到相贯线上选取点的坐标。

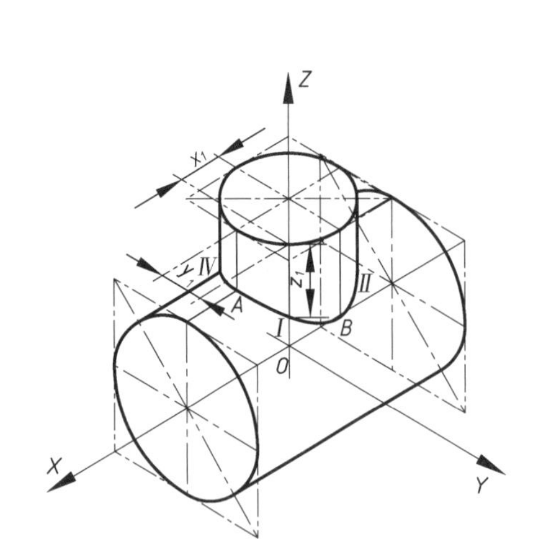

(b) 坐标法　① 根据三视图，分别作出两圆柱体的轴测投影；② 根据三视图确定的相贯线上点的坐标值，先确定原转向轮廓线上的位置(尽管这些点在轴测投影中已经没有特殊地位，但可以帮助作图)，作出其他确定的相贯线上的点。

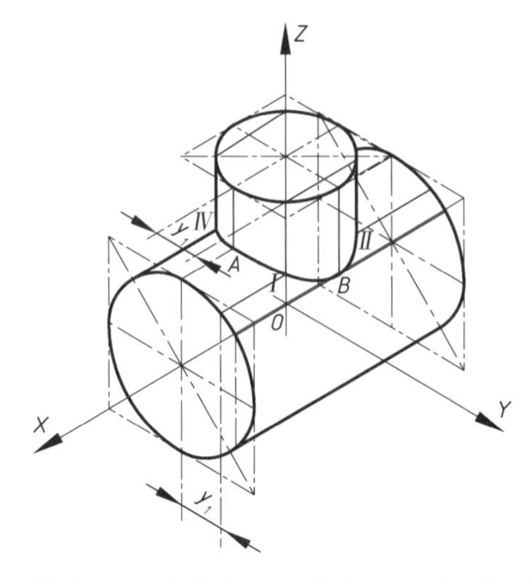

(c) 辅助面法　① 根据三面共点原理，在对解题有利位置作一系列辅助面，辅助面分别与两形体的截交线的交点在相贯线上。本题，可以作一系列正平面。② 根据三视图，作出两圆柱体的轴测投影。③ 先确定原转向轮廓线上相贯线上的点，在 A、B 和 D 点，作辅助正平面，截两圆柱体各为矩形，矩形交点即相贯线上的点。④ 作出其他相贯线上的点，以 I 点为例，过 I 点作正平面，截两圆柱体各为矩形，在轴测圆上，以 Y_1 为距离，确定两圆柱体上的矩形的轴测投影，两矩形的交线即相贯线上的点。

图 5-4　相贯线轴测图画法

3. 投影方向的选择

画物体的轴测图时，投影方向不同，轴测图表达的物体部位也就各有侧重。应针对所画物体的结构形状特点，选择有利的投影方向。

4. 斜二测图的画法

如图 5-5 所示，斜二测图一般使轴测投影面 P 平行于坐标面 XOZ。物体上平行于 XOZ 坐标面的平面，其轴测投影的形状和大小都不变，即 X、Z 轴的轴向伸缩系数 $p=r=1$，轴间角 $X_1O_1Z_1=90°$，Y 轴的轴向伸缩系数 $q=0.5$，轴间角 $\angle X_1O_1Y_1=\angle Y_1O_1Z_1=135°$。作图时一般使 O_1Z_1 轴处于铅垂位置。

圆的斜二测图如图 5-6 所示。其中平行于 XOZ 坐标面(即平行轴测投影面)的圆，其斜二测图仍为圆的实形，而平行 XOY，YOZ 两坐标面的圆的斜二测图则为椭圆。所以斜二测图最大的优点是凡平行于轴测投影面的图形都能反映实形。因此，它适合于在某一方向形状比较复杂的圆或有曲线的物体的表达。

斜二测图的作图步骤与正等测图相同，要注意的是，在确定轴测轴位置时，应使轴测投影面坐标面 XOZ 与物体上形状较复杂的表面平行，以便于作图。

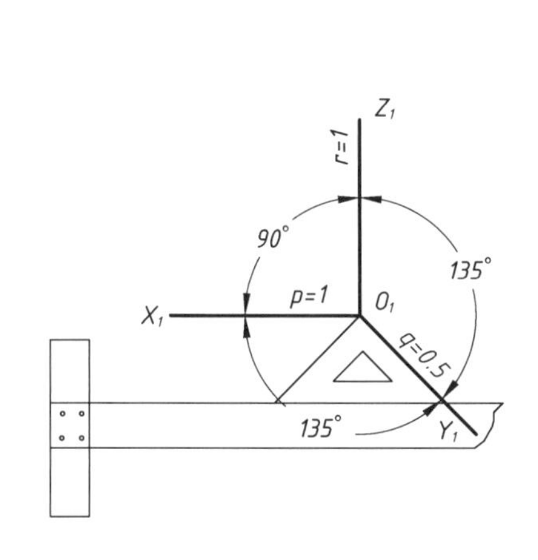

图 5-5 斜二等测图的轴间角和轴向伸缩系数

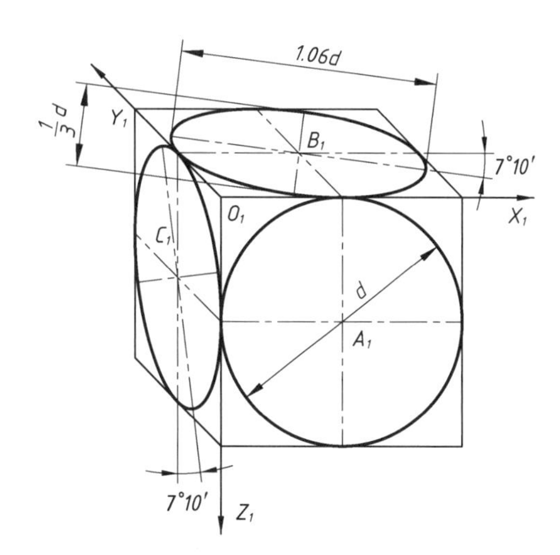

图 5-6 坐标面上三个方向圆的斜二测图

5.3 解题指导

【问题一】 怎样绘制正等测图?

5-1 试画出如图 5-7 所示的支架组合体的正等测图。

【解题分析】

图中组合体由带有圆角的平底板和竖立的有圆孔的半圆板组成,半圆板和圆孔的轴测图按如图 5-2 所示的画法绘制。底板的两个圆角的轴测图由四分之一的圆的轴测投影构成,具体见图 5-3 中的画法。

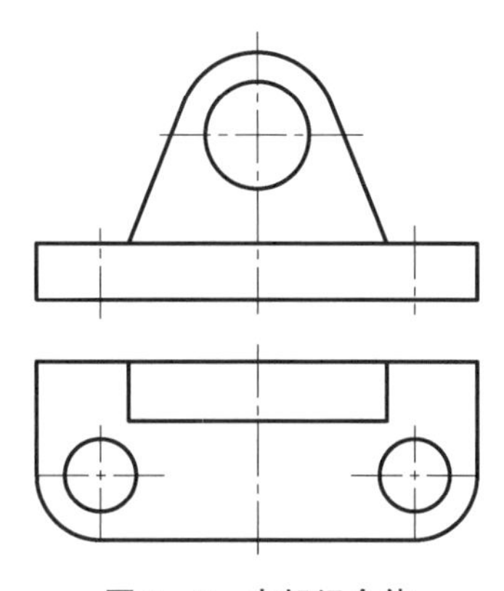

图 5-7 支架组合体

【解题步骤】

作图步骤见表 5-1。

表 5－1 支架的正等测图画法

	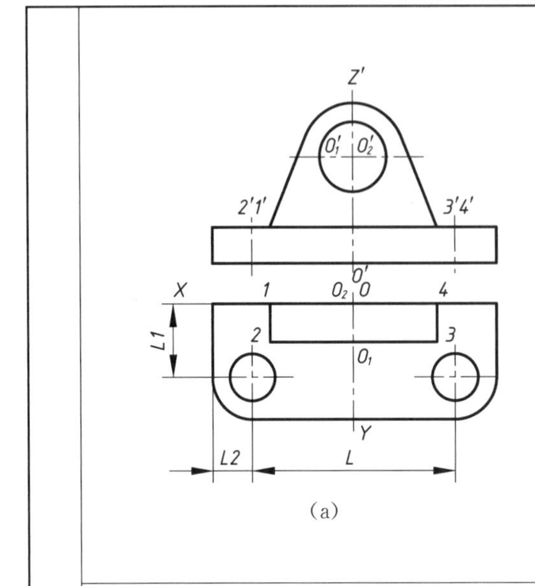 (a)	(a) 分析视图，确定坐标轴。支架由上、下两块板组成。上面一块竖板顶部是圆柱面，两侧的斜壁与圆柱面相切，中间开一个圆柱形通孔，下面是一块带圆角的长方形底板，板上开有两个圆柱形通孔，以底板的底面左右对称位置后面作为坐标原点，画出坐标轴
	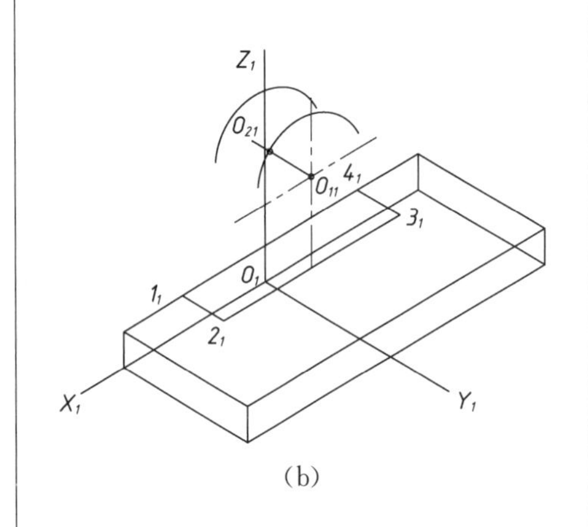 (b)	(b) 画出三根轴测轴和底板的轮廓。再画竖板与它的交线 $1_1 2_1 3_1 4_1$。按主视图上的高度确定竖板后孔口的圆心 O_{21}，由 O_{21} 沿 O_1Y_1 方向向前量竖板厚度，得前孔口的圆心 O_{11}。以 O_{11}、O_{21} 为中心，用四心近似画法画出竖板圆柱面部分的轴测椭圆轮廓线
	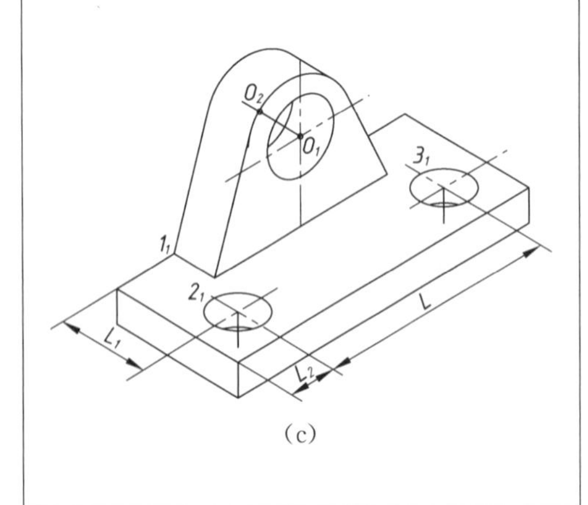 (c)	(c) 分别由 1_1、2_1、3_1 诸点向已作出的近似椭圆作切线，完成竖板的轴测图，用四心近似画法和移心法画出竖板上圆柱形通孔的轴测图。在底板顶面的轮廓线上，分别沿 O_1X_1 和 O_1Y_1 的方向量取 L_1、L_2 和 L，确定底板上两个圆柱形通孔的中心位置，仍用四心近似画法和移心法画出通孔的轴测图

(续表)

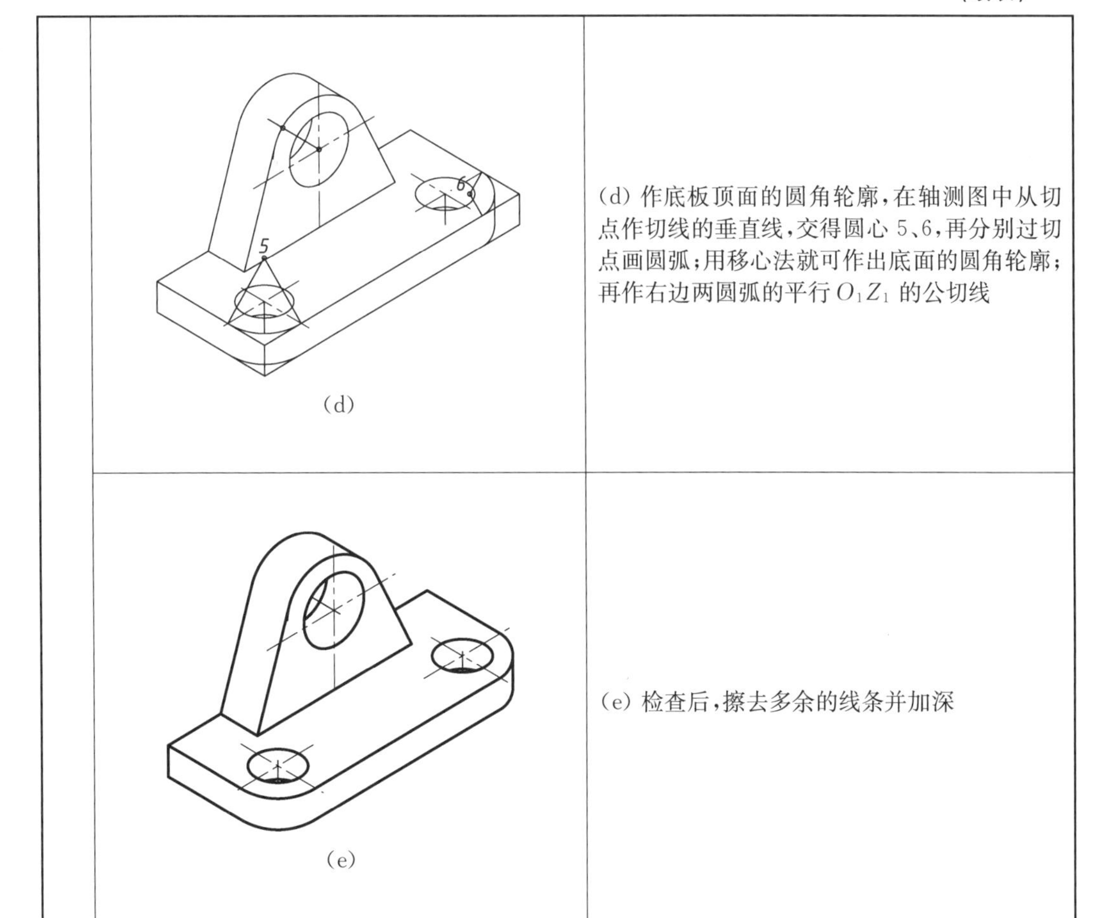

	图	说明
	(d)	(d) 作底板顶面的圆角轮廓，在轴测图中从切点作切线的垂直线，交得圆心 5、6，再分别过切点画圆弧；用移心法就可作出底面的圆角轮廓；再作右边两圆弧的平行 O_1Z_1 的公切线
	(e)	(e) 检查后，擦去多余的线条并加深

【问题二】 正等测图的轴向伸缩系数和轴间角是多少？

正等测图的轴向伸缩系数 $p=q=r=0.82$；轴间角 $\angle X_1O_1Y_1=\angle X_1O_1Z_1=\angle Z_1O_1Y_1=120°$。

【问题三】 斜二测图的轴向伸缩系数和轴间角是多少？

轴向伸缩系数 $p=r=1$，$q=0.5$，轴间角 $\angle X_1O_1Z_1=90°$，$\angle X_1O_1Y_1=\angle Z_1O_1Y_1=135°$。

5.4 自测题

1. 画出图示物体的正等测图(见题 1 图)。
2. 画出图示物体的正等测剖视图(见题 2 图)。
3. 画出图示物体的正等测图和斜二测图，并加以比较(见题 3 图)。

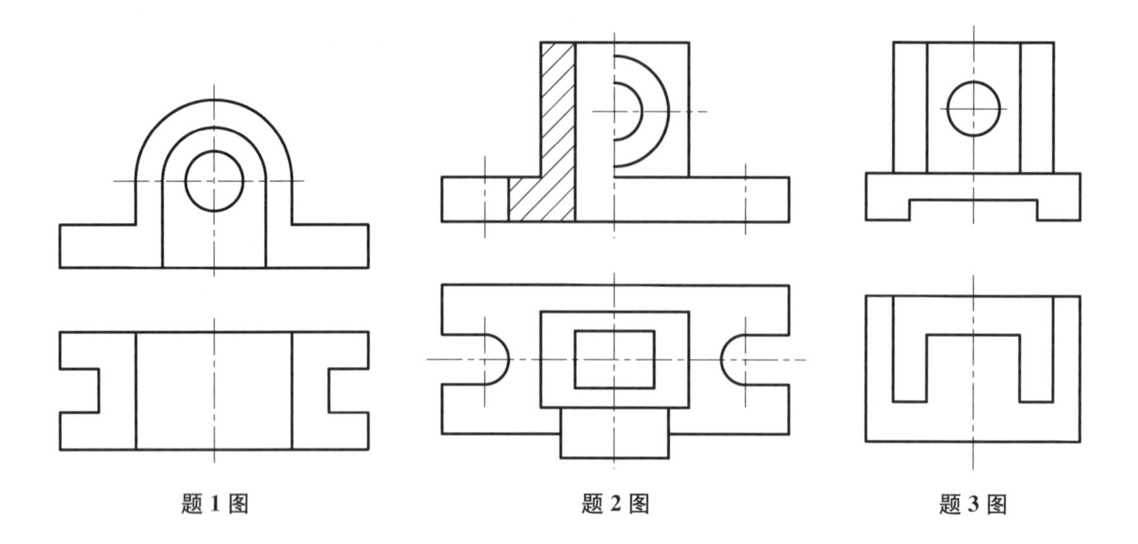

题 1 图　　题 2 图　　题 3 图

6　机件常用的表达方法

6.1　内容提要

生产实际中的机件，由于其形状不对称，或有倾斜表面，或内部形状复杂。视图往往会出现虚线多、图线重叠、层次不清或投影失真等情况，从而不能将物体的形状清晰地表达出来。

为了把机件的结构形状表达得完整、清晰、简练，并使作图简捷、看图方便。国标中规定了视图、剖视、断面、局部放大图、简化画法和其他规定画法。机件的常用表达方法分为视图、剖视图和断面图三类。

(1) 视图　视图主要用于表达机件的外形和各部分结构的相对位置，当某一基本视图已将其在其他基本视图中不可见部分表达清楚，则其他图形中表示这些不可见部分的虚线可以省略。国家标准规定的视图有以下四种：基本视图、向视图、局部视图和斜视图。

(2) 剖视图　剖视图能更好地表达机件的内外结构，解决视图中虚线多、图线重叠等问题。按剖切范围剖视图可分为三种：全剖视图、半剖视图和局部剖视图。按剖切面和剖切方法剖视图可分为三种：单一剖切面、几个平行的剖切平面、几个相交的剖切面。

(3) 断面图　想象用剖切面将机件某处切断，仅画出其断面的图形。断面图的种类可分为两种：移出断面、重合断面。

6.2　解题要领

一、视图的绘图要领

1. 基本视图绘图

(1) 标注要求：不加标注。

(2) 度量对应关系：遵守“三等”投影规律。

(3) 方位对应关系：每个基本视图都能反映物体的四个方位，除后视图外，其他视图靠近主视图的一边是物体的后面，远离主视图的一边是物体的前面。

2. 向视图绘图

标注要求：在向视图的上方标注字母，在相应视图附近用箭头指明投射方向，并标注相同的字母。表示投射方向的箭头尽可能配置在主视图上。

3. 局部视图绘图

(1) 标注要求：用带字母的箭头指明要表达的部位和投射方向，并注明视图名称。

(2) 绘图特点：局部视图的范围用波浪线表示。

4. 斜视图绘图

（1）标注及配置要求：斜视图通常按投射方向配置和标注。允许将斜视图旋转配置，但需在斜视图上方注明。

（2）绘图特点：斜视图的断裂边界用波浪线或双折线表示。

二、剖视图的绘图要领

1. 剖视图绘制前应考虑以下几点

（1）确定剖切面的位置。

（2）想象哪部分移走了，剖面区域的形状是什么，哪些部分投射时可看到。

（3）在剖面区域内画上剖面符号。

2. 画剖视图时应注意的问题

（1）剖切平面的选择：通过机件的对称面或轴线且平行或垂直于投影面。

（2）剖切是一种假设想象，其他视图仍应完整画出，并可取剖视。

（3）剖切面后方的可见部分要全部画出。

（4）在剖视图上已经表达清楚的结构，在其他视图上此部分结构的投影为虚线时，其虚线省略不画。

3. 画半剖视图时必须注意的问题

（1）半剖视图中，因机件的内部形状已由半个剖视图表达清楚，所以在不剖的半个外形视图中，表达内部形状的虚线可省去不画。

（2）画半剖视视图，不影响其他视图的完整性。

（3）半剖视图中间应以细点画线分界，不应画成粗实线。

（4）半剖视图的标注方法与全剖视图的标注方法相同。

4. 画局部剖视图时应注意的问题

（1）波浪线不能与图上的其他图线重合。

（2）波浪线不能穿空而过，也不能超出轮廓线。

（3）当被剖结构为回转体时，允许将其中心线作局部剖视图的分界线。

5. 剖视图的读图要领

（1）确定剖切面的位置。

（2）明确剖切面在视图上通过了几个线框。

（3）根据剖视图，确定各线框所示表面的空间位置。

（4）构建立体模型（补充局部结构，如孔、槽等）。

6.3　解题指导

6.3.1　视图

【问题一】　六个基本视图之间的对应关系是怎样的？

6-1　根据如图6-1所示的机件三视图，补画另外三个基本视图。

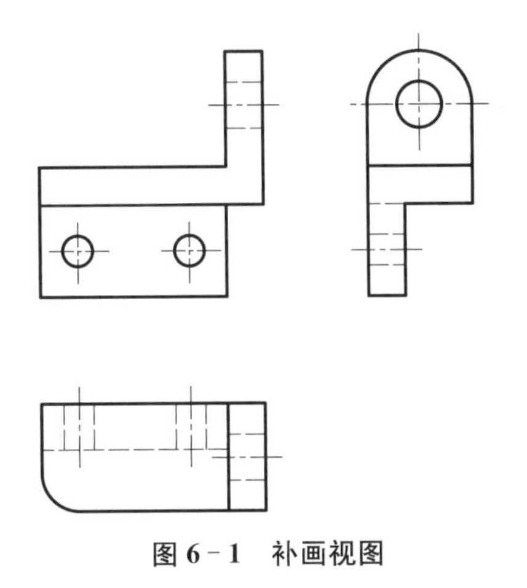

图 6－1　补画视图

【解题分析】

1. 基本视图关系：

(1) 对称关系　由于视图投射方向的关系，六个基本视图呈两两对称的关系。主视图和后视图的形状以铅垂线为轴线左右对称，俯视图和仰视图的形状以水平线为轴线上下对称，左视图和右视图的形状以铅垂线为轴线左右对称。

(2) 可见性相逆关系　同样由于视图投射方向的关系，使主视图和后视图、俯视图和仰视图、左视图和右视图出现可见性相逆的情况。

2. 度量对应关系：仍遵守"三等"规律(投影规律)。

3. 方位关系：除后视图外，其他视图靠近主视图的一边是物体的后面，远离主视图的一边是物体的前面。

【作图步骤】

读懂形体，按上述规律画出另外三个基本视图。如图 6－2 所示。

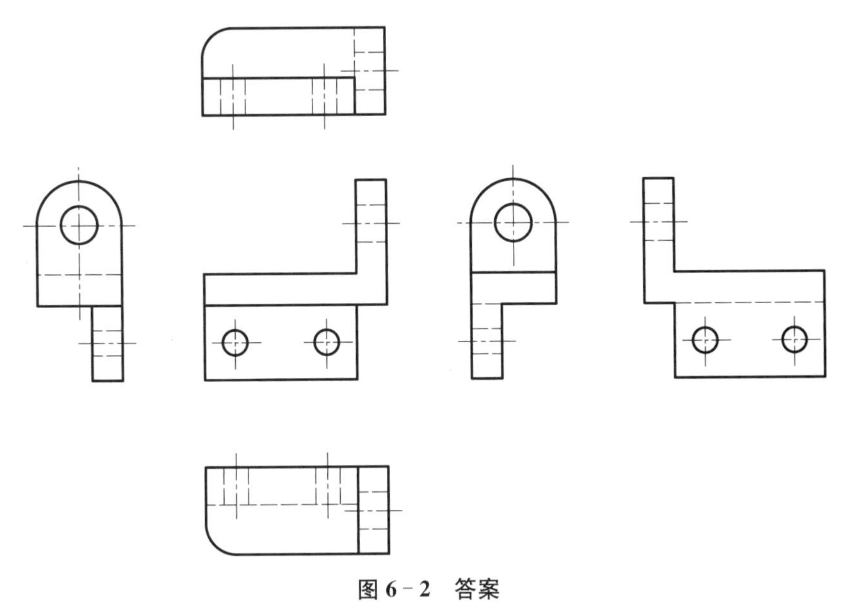

图 6－2　答案

【问题二】 分析向视图与基本视图的关系。向视图读图关键是什么?

6-2 按如图 6-3 所示的箭头方向,在对应视图上标注视图名称。

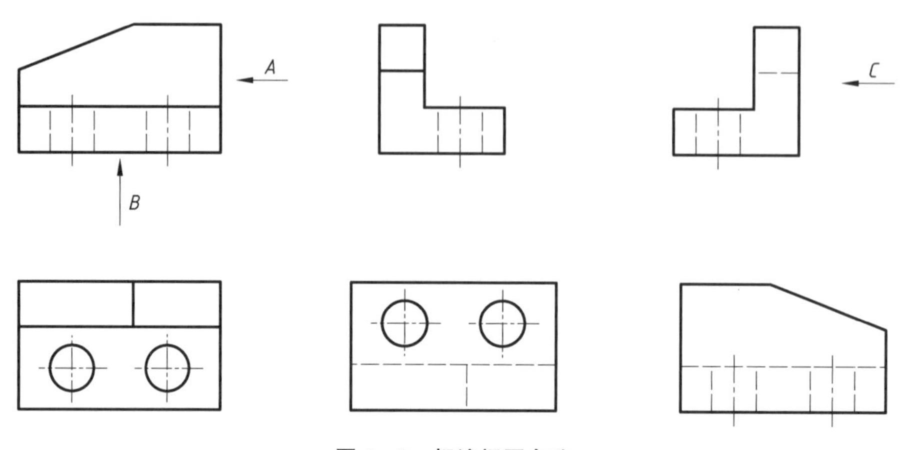

图 6-3 标注视图名称

【解题分析】

因为向视图是不在基本配置位置,而是自由配置位置的视图,所以看图关键是注意观察该视图投影方向即标注的箭头所示投射方向。观察视图用箭头指明投射方向及标注的字母。下图中箭头 A 为右视图方向;箭头 B 为仰视图方向;箭头 C 指向 A 视图即原右视图的后方,故为后视图方向。

【作图步骤】

找出对应视图并在向视图的上方标注字母,如图 6-4 所示。

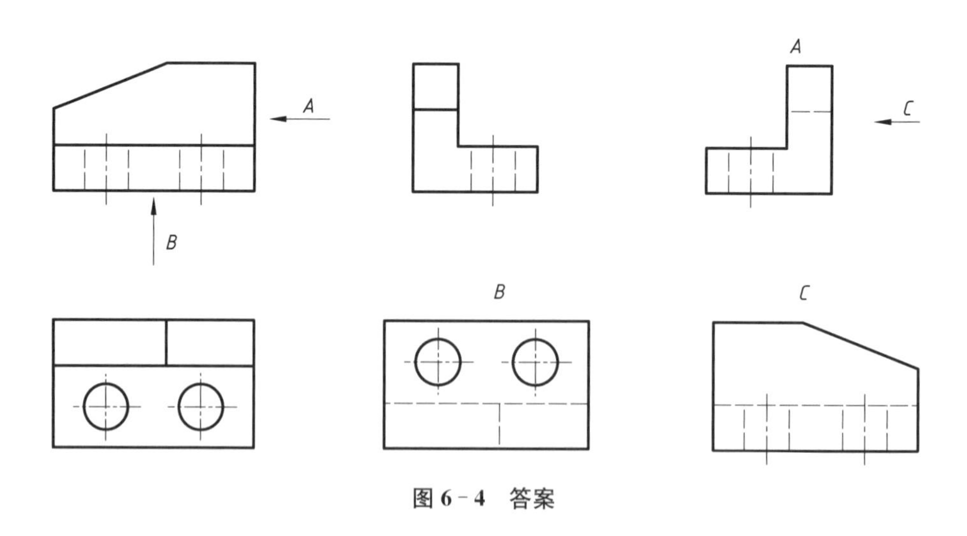

图 6-4 答案

【问题三】 斜视图是局部视图吗?

【问题四】 斜视图与局部视图有何区别?

6－3 用斜视图和局部视图代替图 6－5 中的原俯视图。

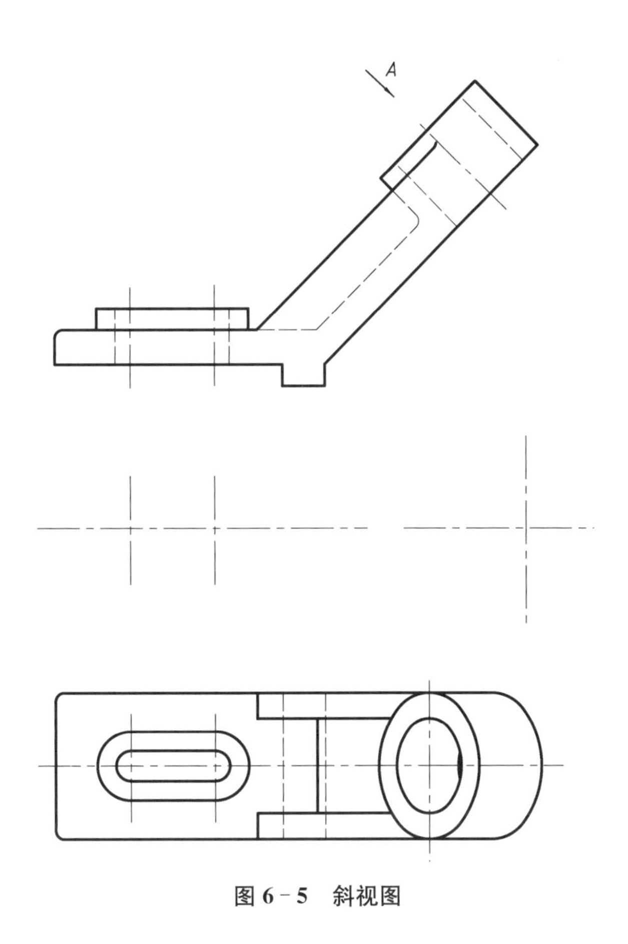

图 6－5　斜视图

【解题分析】

该形体是由水平部分和倾斜部分两局部结构构成。原俯视图上的倾斜部分结构失真,需用斜视局部图来表达。剩下的水平部分用局部视图替代原俯视图,达到简洁清楚的目的。

【作图步骤】

用波浪线将原俯视图截开为两部分,保留水平结构的投影部分,擦去倾斜结构部分的投影。局部视图配置在原基本视图对应位置上,可以不标注符号。

将倾斜结构按 A 方向进行投影,旋转后画出。注意必须标注出图名 A 及旋转符号。如图 6－6 所示。

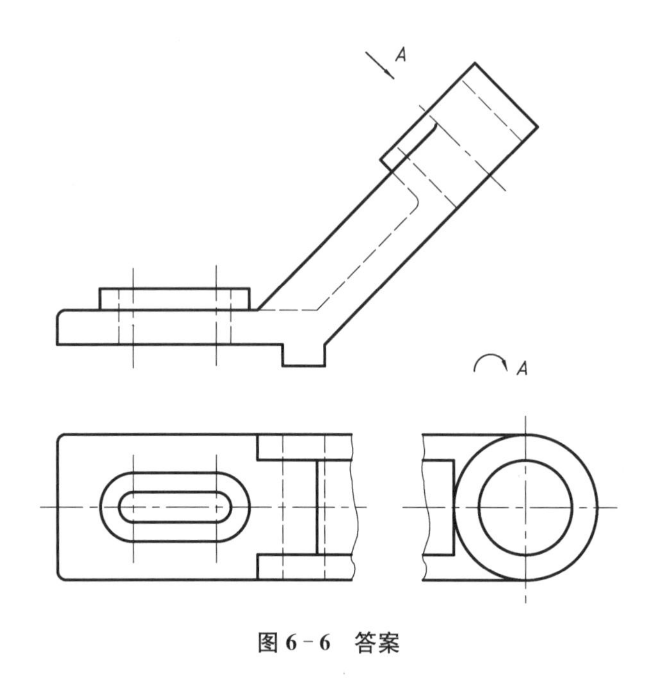

图 6-6　答案

6.3.2　剖视图

【问题五】　全剖视图中，怎样区别剖断面和剖切后部结构？

6-4　将图 6-7 中机件的主视图画成全剖视图。

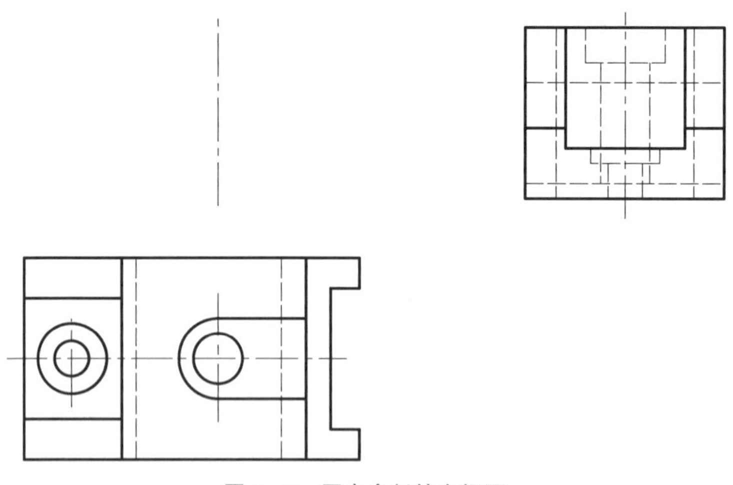

图 6-7　画出全剖的主视图

【解题分析】

该机件外形较简单，形体内部左、中、右三侧都分别开有不同的槽孔及台阶，结构较复杂。图形前后对称。适合全剖主视图表达型体。

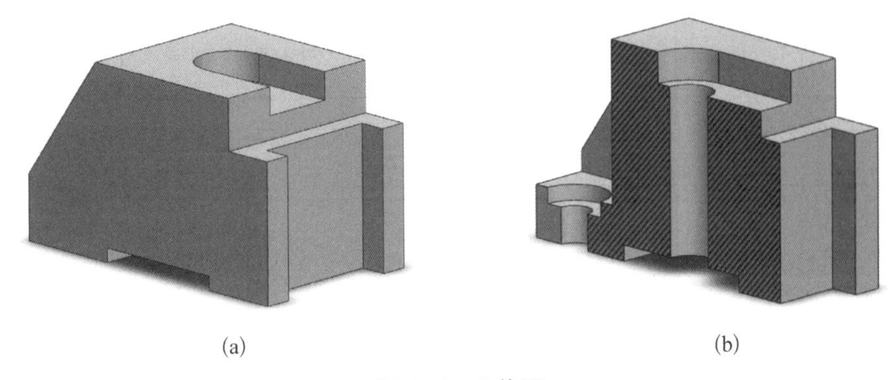

图 6-8 立体图

【作图步骤】

(1) 运用形体分析法读懂已给视图并想象出立体,如图 6-8(a)所示。该形体应该是多解的。形体左端的两肋板形状还可以是矩形或三角形。

(2) 确定剖切面的位置为对称面。

(3) 明确剖切面在视图上通过了几个结构,产生几个线框及各线框所示表面的前后空间位置,如图 6-8(b)所示。

(4) 画出全剖视主视图,断面处画出剖面符号。

(5) 注意补画局部结构如孔、槽及后部结构的轮廓线,如图 6-9 所示。

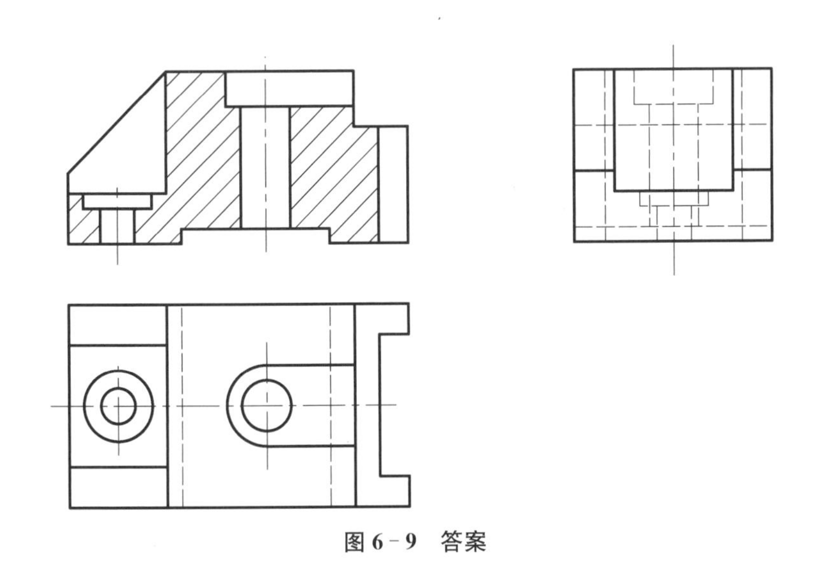

图 6-9 答案

【问题六】 如何绘制台阶处常出现的各种相切及相交产生的交线?

6-5 请补全如图 6-10 所示的形体全剖主视视图中的缺漏线。

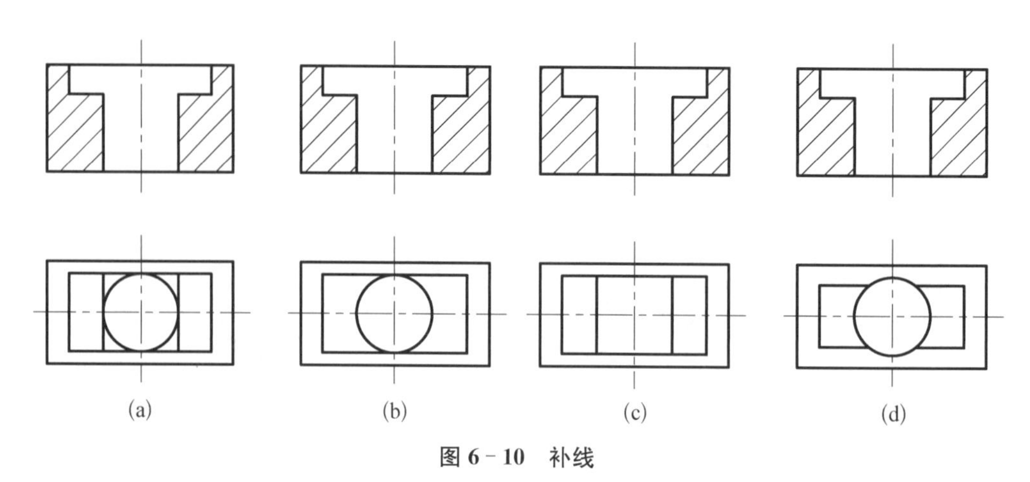

图 6－10　补线

【解题分析】

各立体的想象结构如图 6－11 所示。各种台阶孔由于形状和大小的不同会形成各种交线。

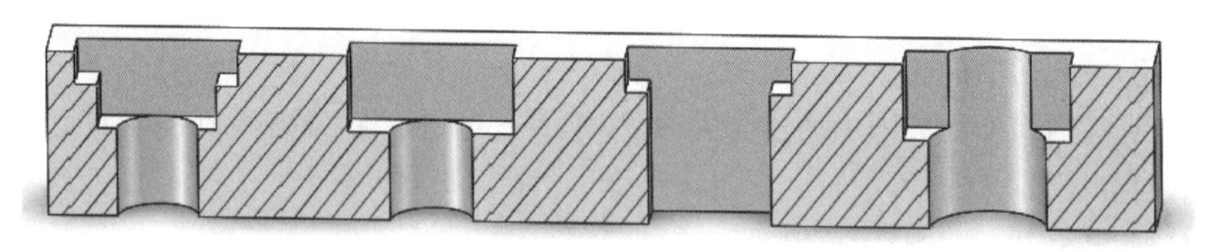

图 6－11　立体图

【作图步骤】

投影时要注意交线的位置和形状以及可能出现的相切或平齐等情况。补画的各种缺漏线如图 6－12 所示。

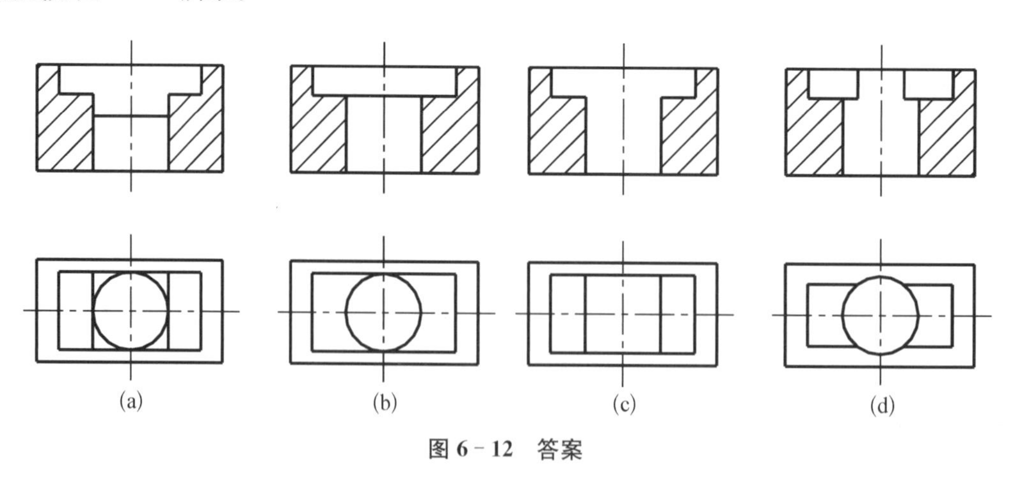

图 6－12　答案

【问题七】 将基本视图改画为全剖视图的作图步骤是什么?

6－6　将图 6－13 中型体的主视图改为全剖视图。

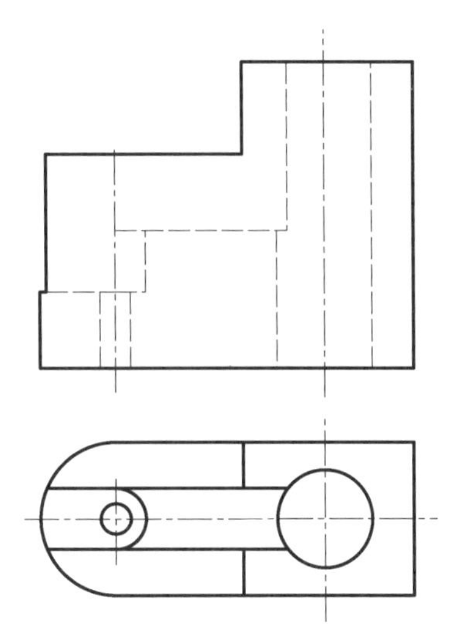

图 6-13 将主视图改成全剖视图

【解题分析】

想象的立体图如图 6-14 所示，该形体结构原始形状为矩形和半圆柱形的组合。形体右部有一个较大圆孔贯穿；左部分为三层切不同形状的槽，最下层带一小圆孔。该形体结构前后对称，外部简单，内部结构复杂，适合全剖。该题难点在于需谨慎处理切槽时产生的各种交线。

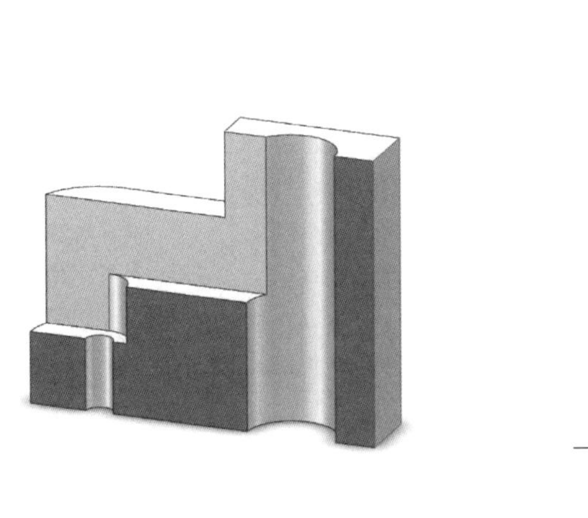

图 6-14 立体图

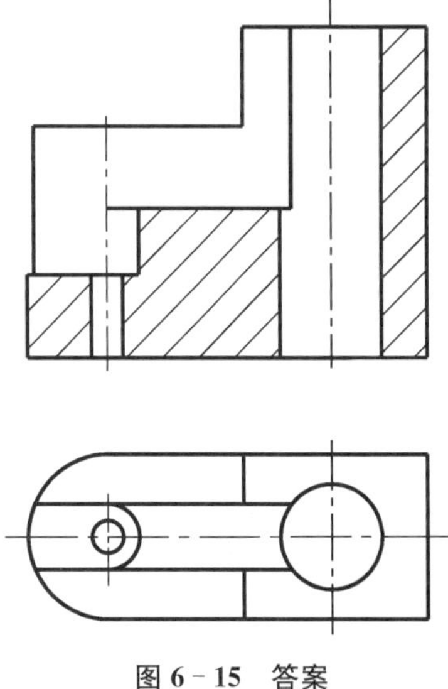

图 6-15 答案

【作图步骤】

(1) 读懂该形体结构。

(2) 沿对称面剖切，原主视图虚线剖切后成为断面的轮廓线，故只需将虚线修改变为实线。

(3) 画出剖面符号。

(4) 本题无需标注，如图 6-15 所示。

【问题八】 半剖视图的作图步骤是什么？

6－7 将图 6－16 中机件的主视图及左视图改画为半剖视图。

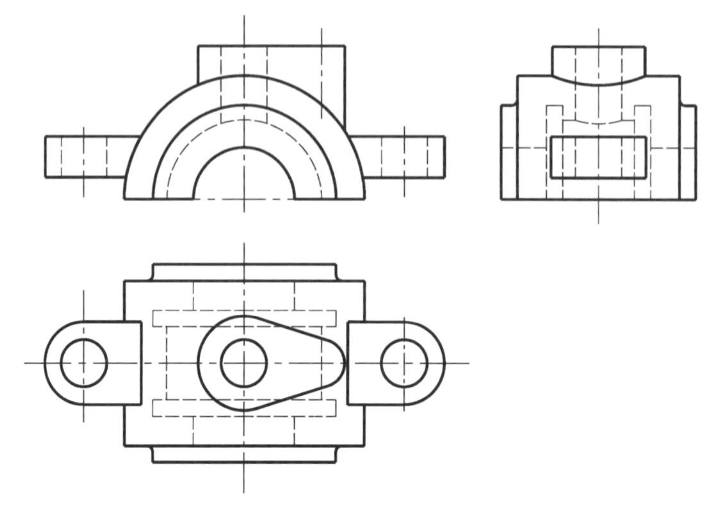

图 6－16　改画为半剖视图

【解题分析】

该机件前后对称，左右基本对称，主体为内部开有多级台阶孔的半圆筒，左右各有一个耳板，上部一个凸台，凸台开圆孔并与主体内壁孔相贯(图 6－17)。由于内、外结构都需有所表达，故采用半剖视图。

【作图步骤】

(1) 去虚线　半剖视图时，不剖的半个外形视图中，表达内部形状的虚线省去不画。

(2) 虚改实剖　剖切的半个视图中，原表达内部结构的虚线变为实线。

(3) 加画剖面符号　在断面上画出剖面符号，如图 6－17 所示。

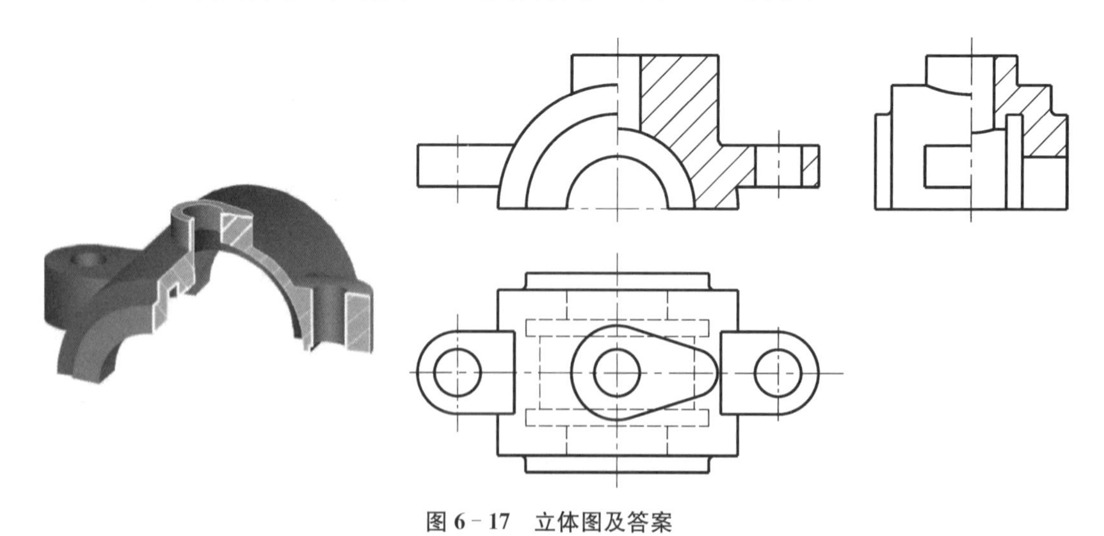

图 6－17　立体图及答案

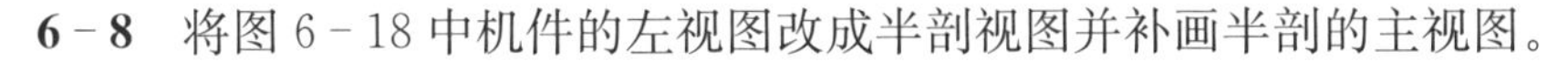

6－8　将图 6－18 中机件的左视图改成半剖视图并补画半剖的主视图。

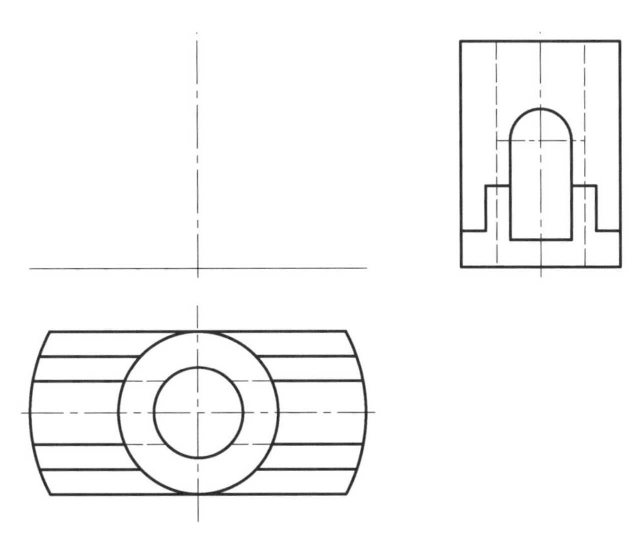

图 6－18　将左视图改成半剖视图并补画半剖的主视图

【解题分析】

该机件前后及左右都对称。底板形状为两端圆柱弧面，前后对称下切一台阶，圆筒与底板同宽，有一下方上圆拱形开槽从左到右贯通与圆筒内外表面形成交线，同时在底板中部形成矩形开槽(图 6－19)。

【作图步骤】

(1) 左视图改成半剖视图。

(2) 补画半剖的主视图，如图 6－19 所示。

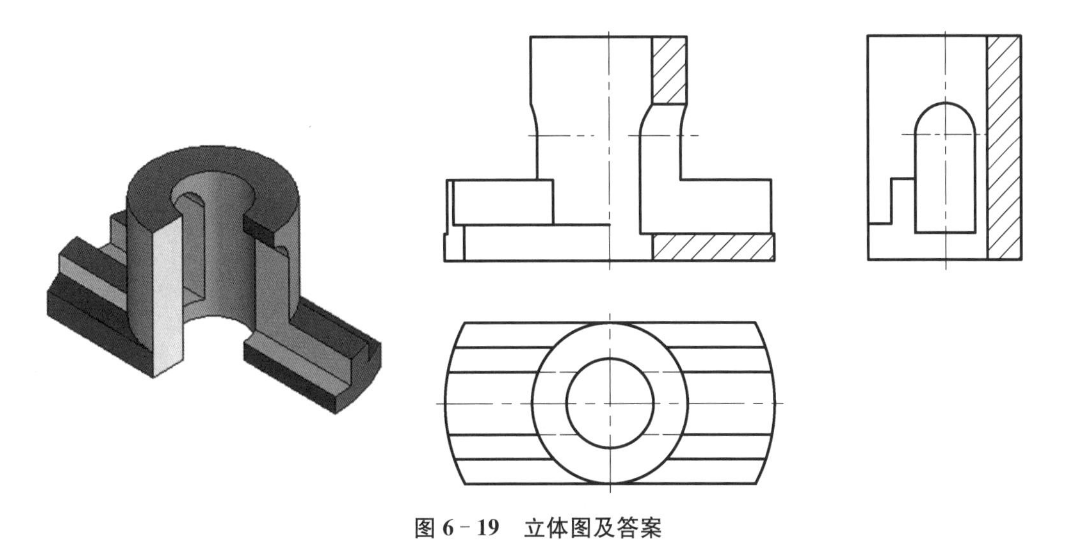

图 6－19　立体图及答案

【问题九】　剖视图中肋板画法及注意事项。

6－9　将图 6－20 中机件的主视图改成半剖视图并补画半剖的左视图。

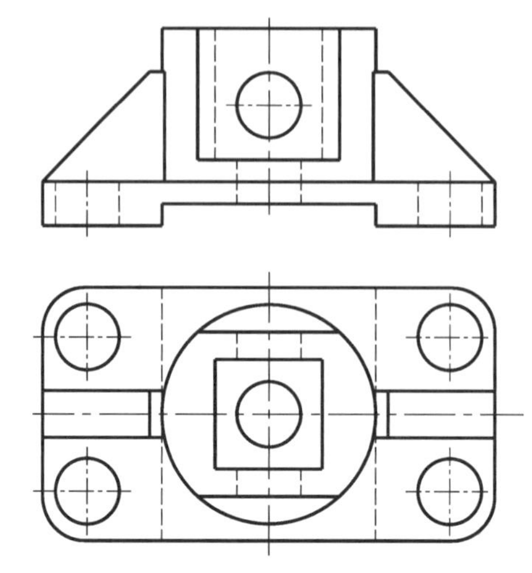

图 6－20　将机件的主视图改成半剖视图并补画半剖的左视图

【解题分析】

该机件前后左右都对称。由矩形底板，圆筒主体加左右肋板四部分构成(图 6－21)。

该题要注意以下几点：

(1) 圆筒内部方形孔的深度。

(2) 圆筒外表面前后上方被两平面截切。

(3) 肋板与圆筒的交线。

【作图步骤】

(1) 改画半剖的主视图。

(2) 注意肋板的画法(原交线变为圆柱转向轮廓线，并不加剖面线)。

(3) 画左视图，注意贯穿的圆孔与主体圆筒外表面平面部分以及内方孔的交线画法，如图 6－21 所示。

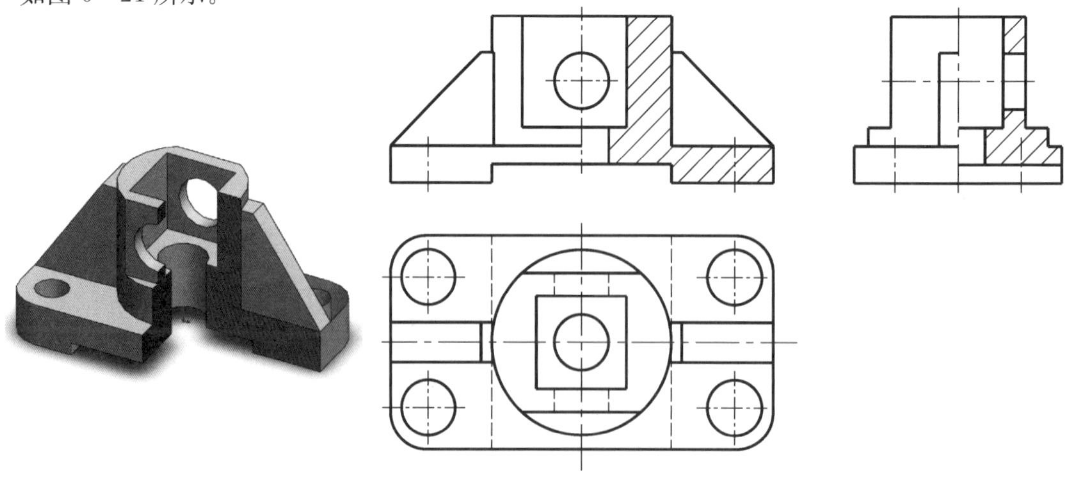

图 6－21　立体图及答案

【问题十】 复杂组合体的剖视图画法。

6－10 将图 6－22 中机件的原主视图改成半剖视图并将原左视图改画成全剖视图。

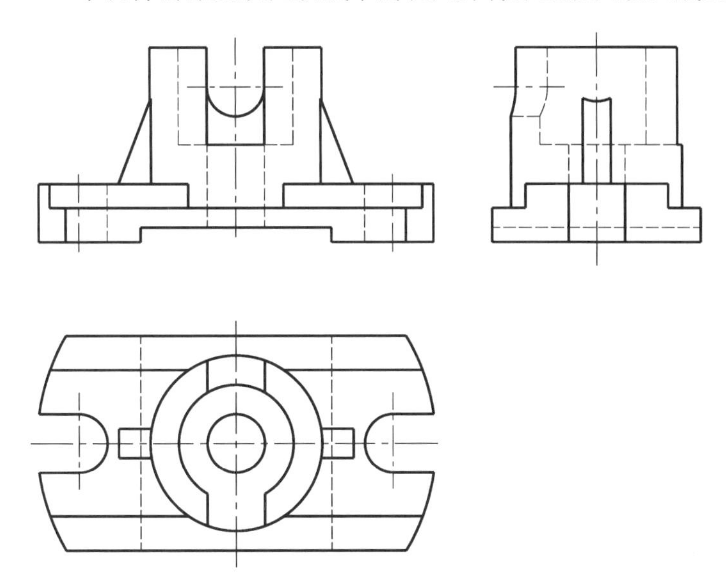

图 6－22　将主视图改成半剖视图并将左视图改画成全剖视图

【解题分析】

该机件较为复杂，可采用形体分析法，先分成几个局部形体，分别想象出各部分形状，再组合一起进行投影。该机件由底板，圆筒主体加左右肋板构成。如图 6－23、图 6－24 所示。注意以下几点：

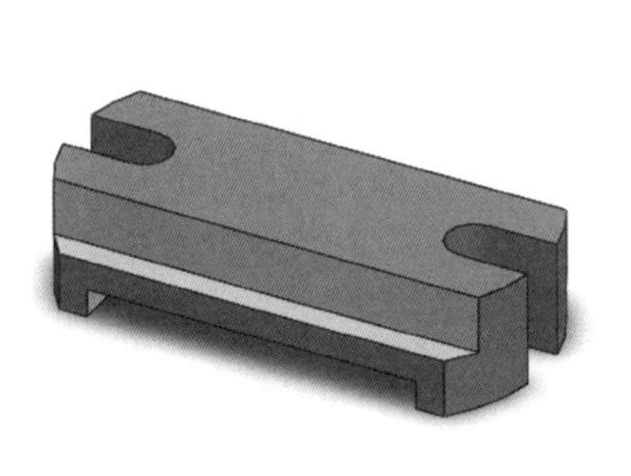

图 6－23　组合体底板立体图

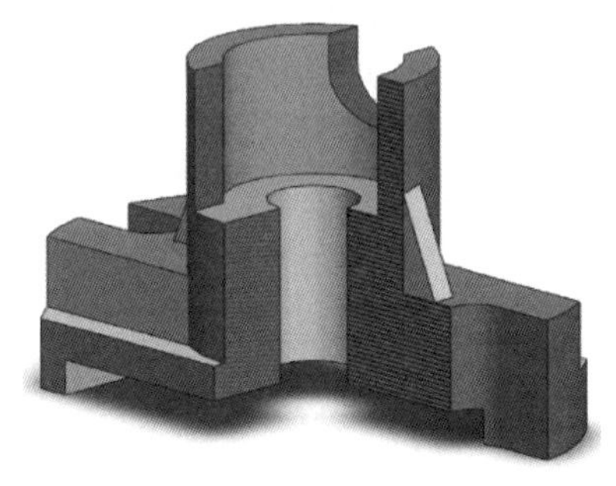

图 6－24　组合体坯体图

(1) 底板较为复杂，单独想象局部形体。投影时注意底板左右两端圆柱曲面与前后切出的台阶产生的交线。

(2) 圆筒内部为阶梯孔，圆筒上部的前部开有矩形槽，槽深刚好和圆筒内部台阶圆平齐。后部开有倒门拱形的槽。

(3) 左右两端各有三角形肋板与圆筒相交。

(4) 注意圆筒外表面下部与底板的截交线。

【作图步骤】

(1) 改画半剖的主视图。

（2）注意肋板的画法（原交线变为圆柱转向轮廓线，并不加剖面符号）。

（3）画全剖左视图，注意贯穿的前后两槽在圆筒内外壁产生的不同相贯线和截交线。如图 6－25 所示

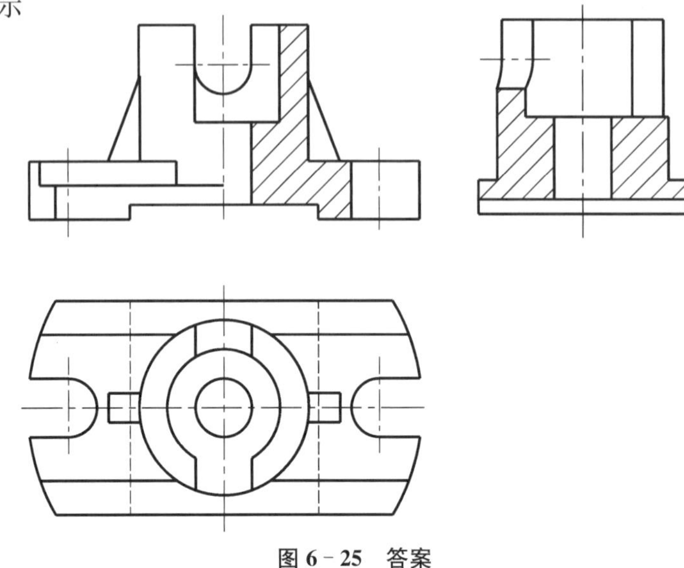

图 6－25　答案

【问题十一】　局部视图画法及注意事项。常见错误有哪些？

6－11　指出图 6－26 中局部剖视图中的错误，并画出正确的局部剖视图。立体图如图 6－27 所示。

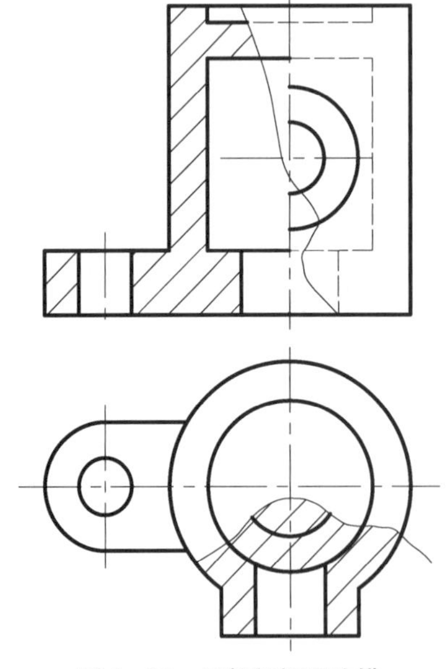

图 6－26　局部剖视图改错

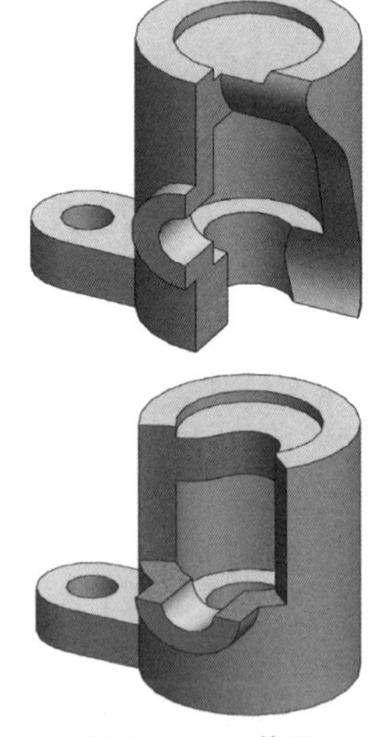

图 6－27　立体图

【解题分析】

（1）波浪线不能穿空而过。

(2) 视图部分轮廓线不完整和多余。

(3) 视图部分虚线不用画。

(4) 空孔部分没有剖面符号。

(5) 不能超出轮廓线。

【作图步骤】

如图 6 - 28 所示。请指出图中错误并画出正确图形。

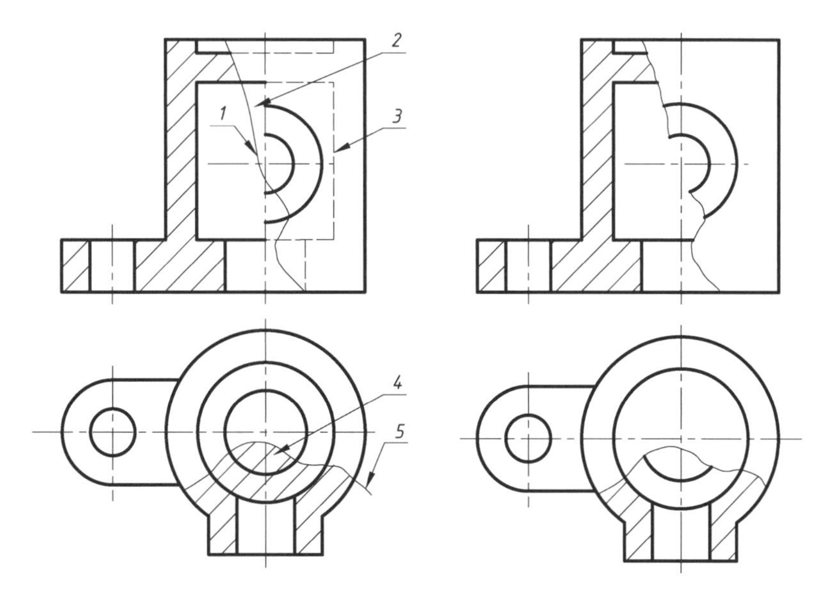

图 6 - 28　指出的错误处及答案

【问题十二】 几个平行的平面剖切的标注特点是什么?

6 - 12　将图 6 - 29(a)中机件的主视图改画成几个平行的平面剖切视图。

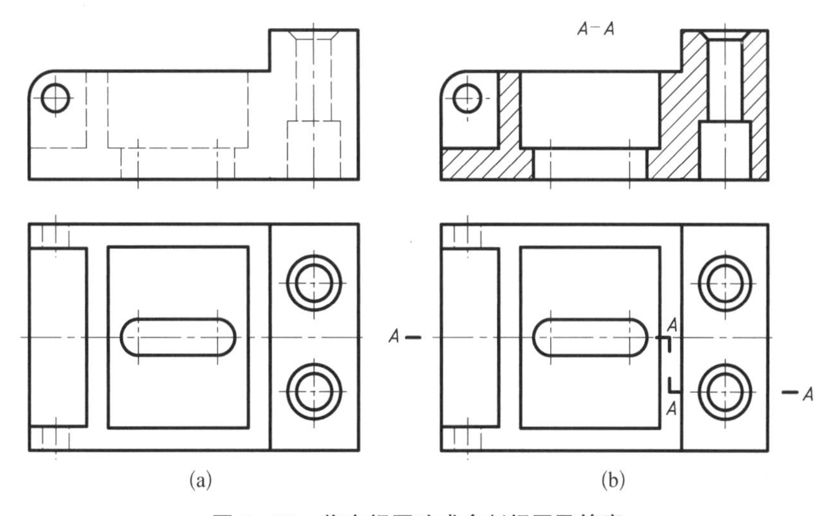

图 6 - 29　将主视图改成全剖视图及答案

【解题分析】

该机件上具有几种不同的结构要素的孔、槽，它们的中心线排列在两个互相平行的平面上时，故可采用两个平行的剖切面剖切机件。注意相同结构只需表达一次，两剖切平面的转折处不应与图上的轮廓线重合，在剖视图上不应在转折处画线，不能出现不完整结构。

【作图步骤】

(1) 在俯视图上确定剖切位置，并标注。

(2) 画出全剖主视图。如图 6－29(b)所示。

【问题十三】 如何合理确定局部剖切区域？

6－13 选择适当的剖切方式来表达如图 6－30 所示的机件。

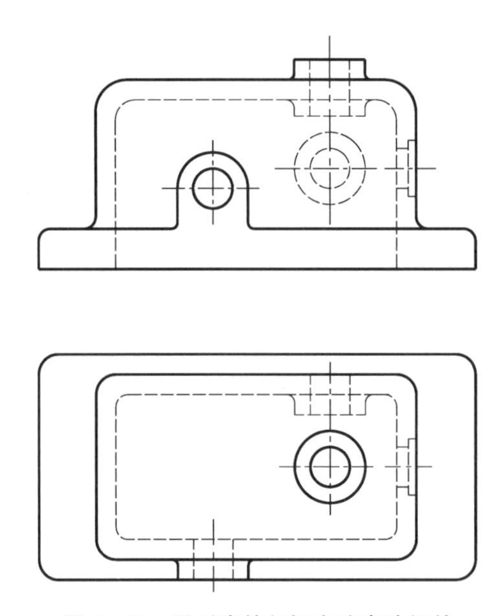

图 6－30 用适当的剖切方法表达机件

【解题分析】

该机件外形主体由方形底板和中空的长方体组成。其特点是长方体前后及右方都有开凸台通孔的局部结构。且结构不对称，为兼顾前后内外结构，主视图采用局部剖，保留前部凸台局部外形。由于几个凸台的高度不一样，俯视图可采用几个平行剖切平面来表达前后及右部凸台结构。

【作图步骤】

(1) 画出局部剖主视图，无需标注。

(2) 画几个平行剖切平面局部剖俯视图，既表达了前后及右部的凸台，又保留了上部凸台结构。注意确定剖切位置并进行标注，如图 6－31 所示。

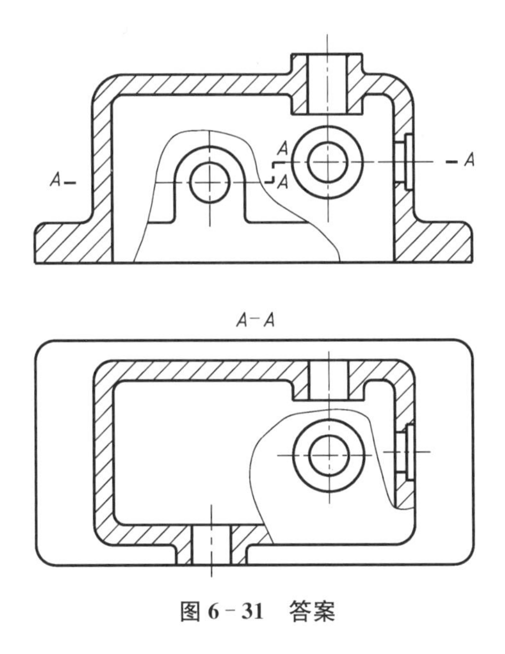

图 6-31　答案

【问题十四】 如何绘制几个相交平面剖切的剖视图?

6-14　选择适当的剖切方式来表达如图 6-32 所示的机件。

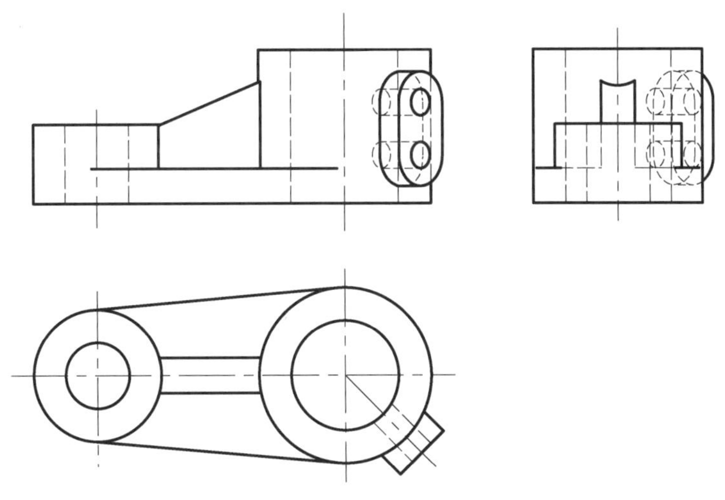

图 6-32　用适当的剖切方法表达机件

【解题分析】

该机件外形简单,结构清楚。主体为底板和中空的两圆筒以及连接圆筒的肋板组成(图 6-33)。但右圆筒上有一个斜凸台在主视图及左视图的投影失真。可采用两相交剖切面剖切后做全剖主视图。左视图可用局部视图替代。

【作图步骤】

(1) 先在俯视图上用标注确定的剖切面位置,剖视图上方标注 $B-B$,本题可省略箭头。

（2）画全剖主视图时，对倾斜结构采用先剖切后旋转，注意旋转后结构，比原主视图结构投影有所伸长，如图 6－33 所示。

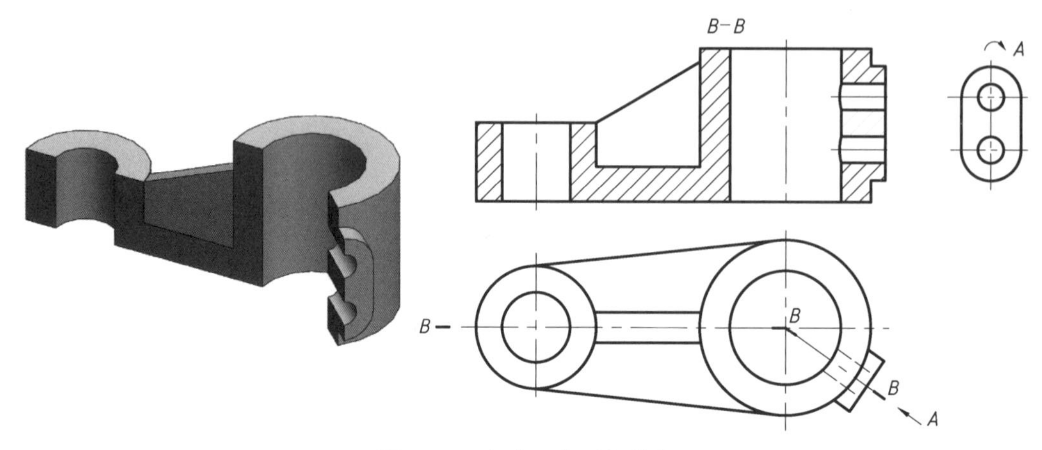

图 6－33　机件立体图与答案

【问题十五】　投影面倾斜面如何剖切？

6－15　主视图用 $A—A$ 剖视和用 $B—B$ 剖视图代替图 6－34 中机件的左视图。

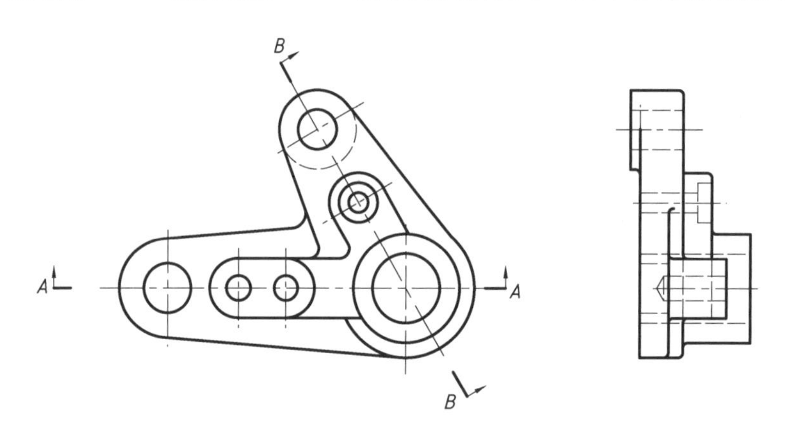

图 6－34　主视图用 *A—A* 剖视和用 *B—B* 剖视图代替左视图

【解题分析】

该机件外形呈 V 形。可分为水平和倾斜两部分。外形清楚简单，但台阶较多，开孔较多且有倾斜结构，故采用 $A—A$ 和 $B—B$ 两个全剖视图来表达原虚线较多且结构不清楚的左视图。

【作图步骤】

（1）画 $A—A$ 剖视图表达机件水平部分结构。分析原左视图，可以看出机件水平结构部分共有五个分层，绘图时注意观察各层的空间位置，注意画出剖切平面后面的可见结构轮廓线。

（2）画 $B—B$ 剖视图表达机件倾斜部分结构，注意投影及剖面符号方向，文字 $B—B$

应按水平位置书写，如图 6－35 所示。

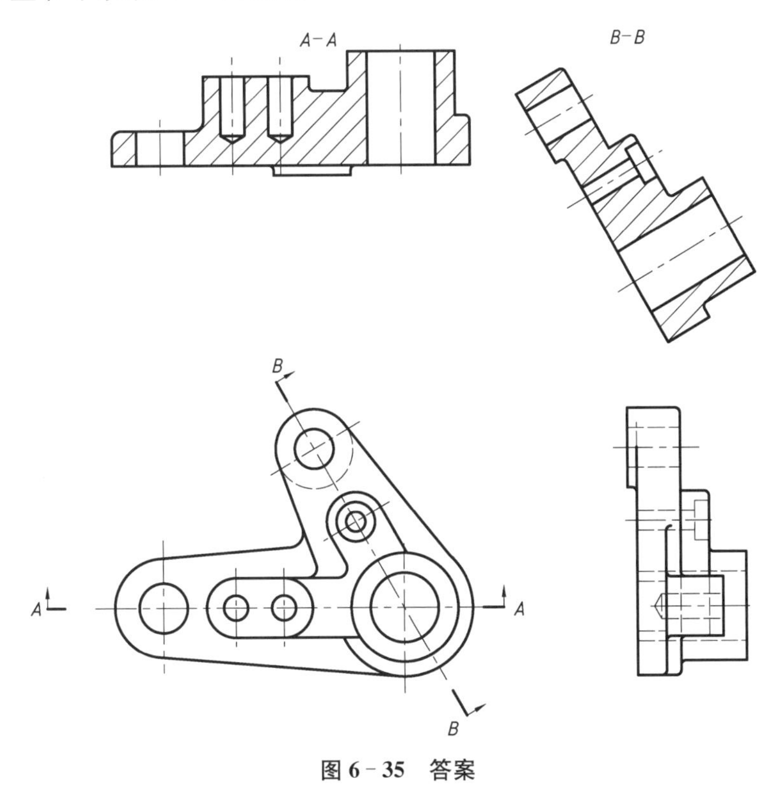

图 6－35　答案

6－16　选择适当的剖切方式来表达如图 6－36(a)所示的机件。

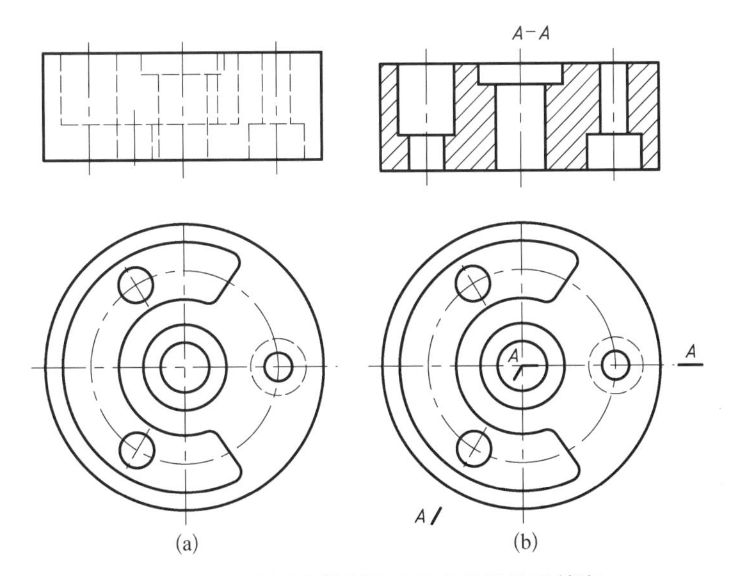

图 6－36　用适当的剖切方法表达机件及答案

【解题分析】

该机件基本形体是圆柱。开有半月形的槽并均匀分布了三个结构不同的孔，机件中部开台阶孔。为了表达孔和槽的结构，可采用两相交剖切面做全剖主视图。俯视图须标注剖切位置。

【作图步骤】

（1）先在俯视图上用标注确定剖切面位置，剖视图上方标注 $A—A$。本题可省略箭头。

（2）画全剖主视图，具体见图 6－36(b)。

6.3.3　断面图

【问题十六】　移出断面图的标注要注意什么？

6－17　有一轴类零件如图 6－37 所示，其中键槽深 4 mm，试在指定位置画出断面图。

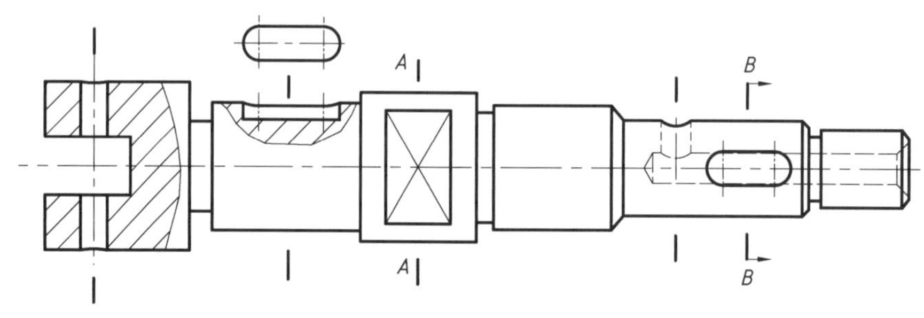

图 6－37　在指定位置画出断面图

【解题分析】

本题为轴类零件的移出断面图，画图时要注意标注及断面图按剖视图画的部分。

【作图步骤】

（1）图 6－38(a)　断面图对称，且在剖切符号的延长线上，故可省略标注，由于切开后出现完全分离的两个断面，故按剖视图画。

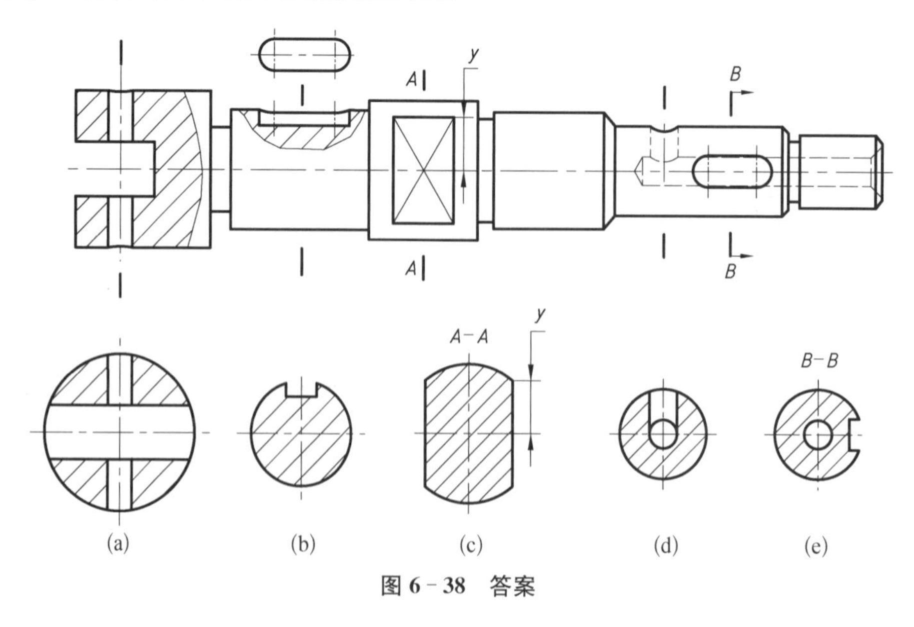

图 6－38　答案

(2) 图 6－38(b) 键槽深 4 mm,形状用局部剖视和向视图表达,断面图对称且在剖切符号的延长线上,可省略标注。

(3) 图 6－38(c) 该断面前后对称分布于两平面切口,注意平面切口尺寸 y 值的量取如图所示,由于不在剖切符号的延长线上。故需标注 $A—A$。

(4) 图 6－38(d) 由于上部孔轴线在剖切面上,故剖视图画全孔开口,该断面对称分布且在剖切符号的延长线上,故无需标注。

(5) 图 6－38(e) 根据投影箭头可知该断面前后不对称,切开后断面键槽朝前,由于不在剖切符号的延长线上,且不对称故需标注 $B—B$。

【问题十七】 怎样区别肋板的移出断面图和重合断面图?

【问题十八】 肋板的移出断面图和重合断面图可以采用局部视图或全剖视图来表达吗?

6－18 读懂如图 6－39 所示的机件视图,画出 $B-B$ 移出断面图和右面三角形肋板的重合断面图。

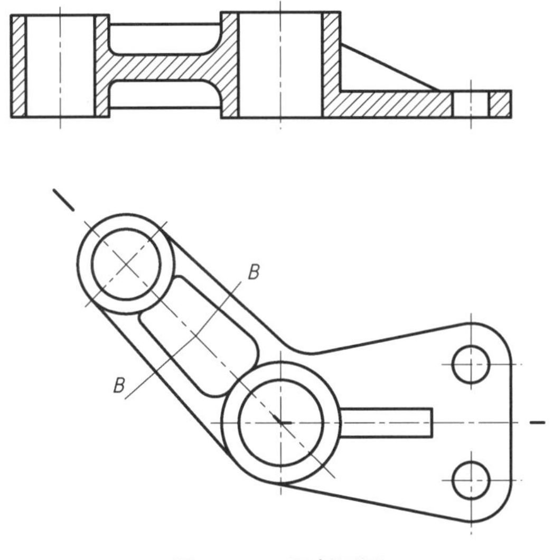

图 6－39 画断面图

【解题分析】

该机件主视图用两相交剖切平面的全剖表达了左右肋板的纵面结构,肋板横断面结构需用断面图来表达。

【作图步骤】

(1) 左面两块肋板和一块连接板形成工字形结构。但两边的肋板结构不平行,用两剖切平面分别垂直被剖部位的主要轮廓线,形成相交局部剖切,断面图中间应用波浪线断开。

(2) 右面三角形肋板的重合断面图,剖切面垂直于三角形肋板的斜边以便表达出真实的肋板横断面形状。用细线画出重合的断面图轮廓,采用局部剖表达时可以不画波浪线。对称结构的重合断面无需标注，只用断面图的对称线显示出剖切位置。如图 6－40 所示。

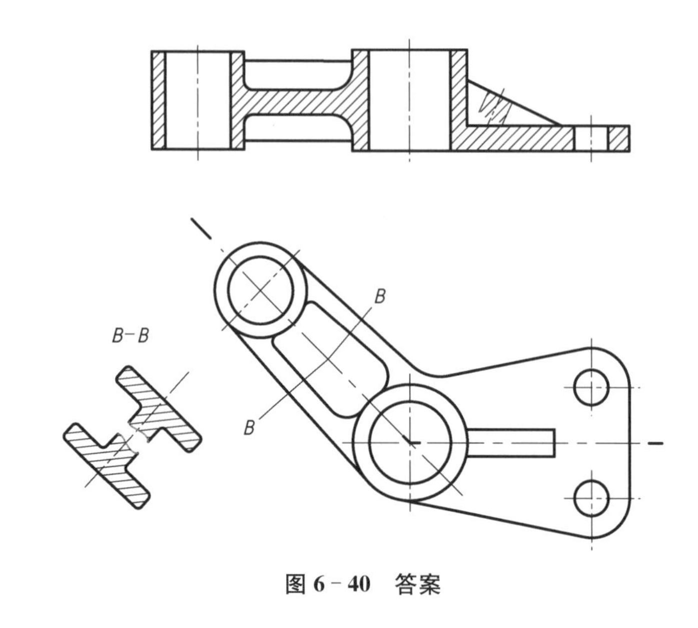

图 6－40 答案

6.3.4 视图综合表达

【问题十九】 什么叫外形图，怎么画机件的外形图？

6－19 将图 6－41 中的机件用适当的剖视图来表达。

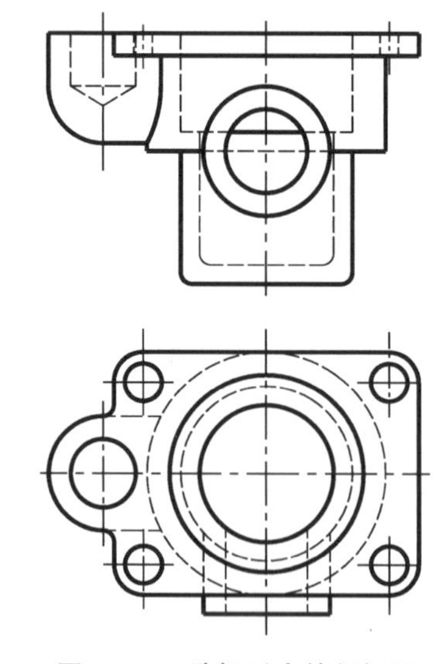

图 6－41 选择适当的剖视图

【解题分析】

该机件外形左右不对称，为了兼顾内外结构的表达主视图可采用局部剖。

【作图步骤】

画出局部剖主视图，注意采用的局部剖通孔中间无波浪线。俯视图和左视图因内部结构已在主视图表达清楚故不画虚线，只需表达外形(图 6-42)。

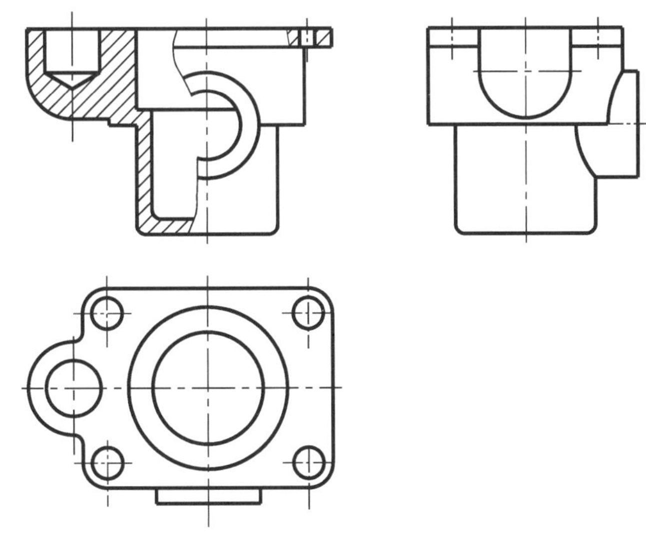

图 6-42 答案

6-20 选择适当的剖视图来表达如图 6-43 所示的机件。

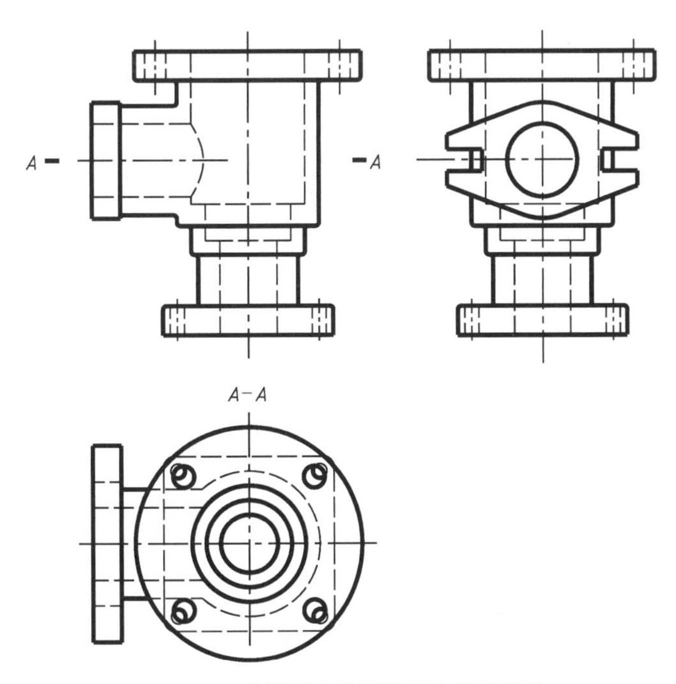

图 6-43 选择适当的剖视图来表达机件

【解题分析】

该机件主体为阶梯形圆筒，左端中部有一接管，上、下、左端各有形状不一的法兰盘（图 6-44）。原三视图中表达虚线较多，左视图重复信息较多，底部法兰在俯视图中为虚线。为了兼顾内外结构的表达，主视图采用局部剖，俯视图和左视图可用简化画法、局部视图和向视图等各种方法表达。下面给出了两种表达方案。

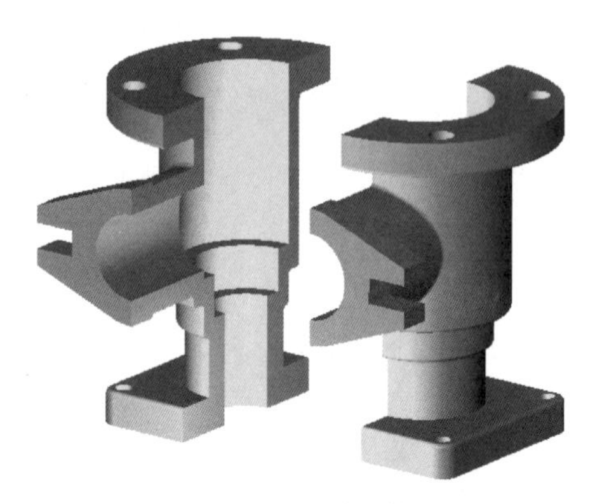

图 6-44 机件立体图

【作图步骤】

1. 用形体分析来确定需要表达的结构。

(1) 确定外形轮廓及相对位置；圆柱体的特征可用直径符号的尺寸标注体现。

(2) 接口法兰孔与圆柱体孔的贯通关系；分析小圆柱体孔与圆柱体孔的贯通关系，判断出圆柱体内部的台阶孔形状，以及上部的四个圆形法兰孔被均匀分布的贯穿。底部座体的法兰形状是正方形且有倒角。

2. 主视图的选择。

原则：较多地表达出物体的形状特征及各部分间的相对位置关系。取原主视图位置即可。

3. 确定表达方案。

(1) 方案一：主视图局部剖，表达了阶梯圆筒、内外结构及与左部内部的连接关系，同时又表达了底部法兰孔尺寸。俯视图半剖，主要表达上下法兰的形状及孔的分布。原左视图用局部视图替代，表达左边法兰形状见图 6-45(a)。

(2) 方案二：对方案一做进一步简化，将方案一中半剖的俯视图用一局部视图加简化画法替代。在主视图上将上部法兰用规定画法简化画出四孔的位置。用一向上的局部视图表达底部法兰[图 6-45(b)]。

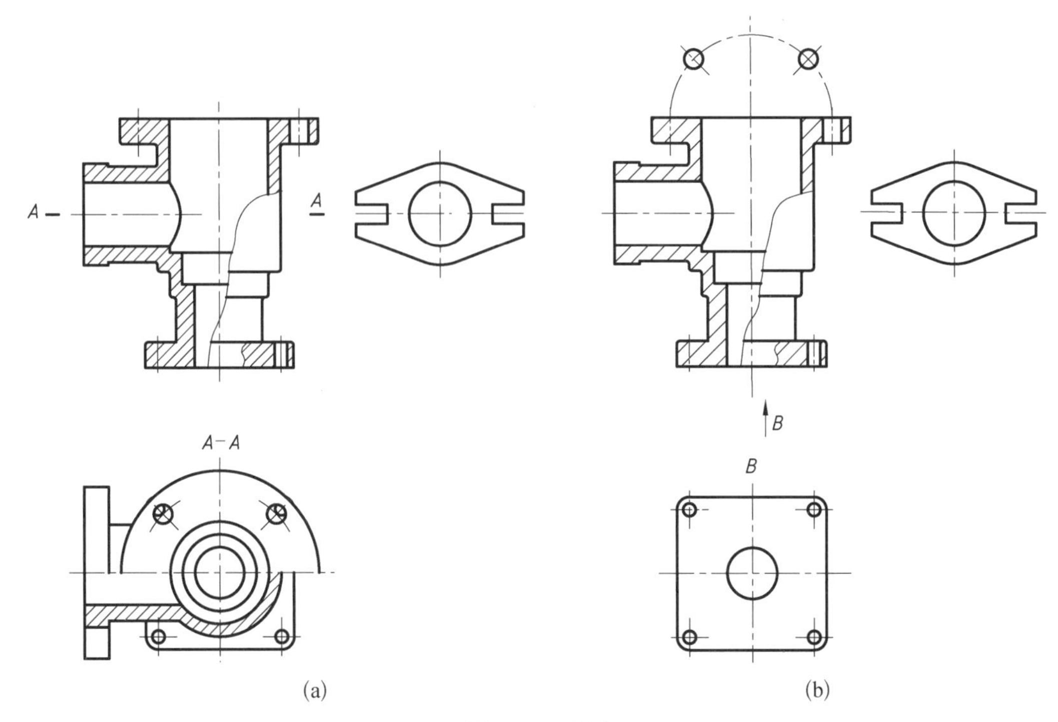

图 6-45 答案

6.4 自测题

1. 视图分为哪几种?
2. 基本视图与向视图,局部视图与斜视图的区别?
3. 剖视图分哪几种?
4. 读剖视图需注意什么?
5. 断面图分哪几种?

7 零件图

7.1 内容提要

机器或部件是由零件按一定的装配关系和要求装配而成的。根据零件在机器或部件上的作用，一般将零件分为三类：一般零件（轴套类、盘盖类、叉架类和箱体类）、常用件和标准件。零件图的基本知识，包括以下内容：

1. 零件图视图的选择原则

零件图的视图应根据零件的结构特点、作用及加工方法，选择适当的表达方法，在完整、清晰地表达零件各部分形状的前提下，力求看图方便，画图简便。它包括：主视图的选择、视图数量和表达方案的选择：

（1）主视图的选择

① 主视图的投影方向：主视图的投影方向应该能够反映出零件的形状特征。即主视图上应该较清楚和较多地表达出该零件的结构形状，以及各结构形状之间相对位置。

② 零件的安放位置：其原则是尽量符合零件的主要加工位置和工作（安装）位置，这样便于加工和安装，通常对轴套、轮盘类中回转体为主零件选择其加工位置，对叉架、箱体零件选择其工作位置。

（2）其他视图的选择

① 根据零件的复杂程度和内外结构，全面考虑所需的其他视图，使每个视图都有一个表达的重点。

② 要优先考虑用基本视图以及在基本视图上作各种剖视，在采用局部视图和斜视图时，应尽可能按投影关系配置在相关视图的附近。

③ 要考虑合理地布置视图位置，要使图样既美观又充分利用图幅。

2. 零件图上的尺寸标注

（1）合理选择基准

所谓合理地标注尺寸，主要要求保证达到设计要求和便于加工测量。尺寸的基准一般应选择下列两种基准。

① 设计基准：根据设计要求直接标注的尺寸称为设计尺寸。标注设计尺寸的起点称为设计基准。

② 工艺基准：零件在加工和测量时使用的基准称为工艺基准。

每个零件都有长、高、宽三个方向，每个方向上都有一个基准，但根据设计、加工、测量上的要求，一般还附加一些基准。决定零件主要尺寸的基准称为主要基准，附加的基准称为辅助基准，两者之间应有尺寸的联系。

(2) 常用基准的选择

① 基准面包括底板的安装面、重要的端面、装配结合面、零件的对称面。

② 基准线即回转体的轴线。

(3) 尺寸的合理标注

① 功能尺寸应直接注出。

功能尺寸是指有配合要求的尺寸，影响零件的互换性和工作精度的尺寸。

② 避免出现封闭尺寸链。

③ 考虑测量的方便。

④ 主要尺寸从设计基准标注，其余尺寸按加工顺序标注，这样便于加工和测量。

⑤ 同一方向加工面与非加工面之间，只能有一个尺寸联系。

⑥ 零件上常见结构要素的尺寸标注法。

3. 零件图上的技术要求

零件图上技术要求的内容：

(1) 零件的表面粗糙度。

(2) 零件的主要尺寸公差及形位公差。

(3) 零件的特殊加工要求、检验和试验的说明。

(4) 材料的热处理和表面修饰的说明。

(5) 材料要求和说明。

7.2 解题要领

1. 画零件图

画零件图的第一步是对零件的内外结构形状、特征及它们之间的相对位置进行分析，在此基础上，根据零件的类型、加工方法、安装位置等选择最能反映零件特征的视图作为主视图，然后再选取其他视图，并用恰当的表达方法，完整、清楚地表达该零件的所有结构形状、特征。步骤如下：

(1) 了解零件在生产中的作用，确定零件的种类。

(2) 选用视图、剖视、断面等各种表达方法，完整、清晰、简便地表达零件的形状，特别是主视图的选择及表达。

(3) 根据形体分析法标注定形尺寸、定位尺寸和总体尺寸。

(4) 运用极限与配合、表面结构特征的基本知识，正确查表并标注在图样上。

2. 读零件图

读零件图的关键是看懂零件的结构和形状。与组合体比较，零件图上增加了一些工艺结构，如铸件上的铸造圆角、机械加工零件上的倒角和退刀槽等。另外，零件图中采用了多种表达方法，剖视图也较多，利用分析线框的方法有时也显得不够用。因此，读图时对于一些工艺结构可暂不作考虑，可先按组合体读图的方法(形体分析法和线面分析法)进行，首先想出零件的整体结构，再逐步把工艺结构加上。对于表达内腔较多的零件(即剖视图较多)，先把内腔形状想象出来，再由内及外，想象出包含内腔的外部形状。

7.3　解题指导

本章的主要题型分为两类：画零件图和读零件图。

7.3.1　由轴测图画零件图

【问题一】　怎样根据零件的内外结构形状、特征及它们之间的相对位置用恰当的表达方法完整、清楚地表达零件的所有结构形状及特征？

【问题二】　怎样进行主视图的选择、视图数量的确定以及表达方案的选择，使看图方便，画图简便？

【问题三】　如何合理选择基准，如何做到正确、完整、清晰、合理地标注零件的尺寸？

【问题四】　如何正确标注零件图上的技术要求？

7-1　根据如图 7-1 所示轴的轴测图绘制其零件图。键槽深度查表确定，ϕ24 和 ϕ22 的轴的表面粗糙度为 $\sqrt{Ra3.2}$，其余表面的粗糙度都为 $\sqrt{Ra6.2}$，可不标注尺寸公差和形位公差，轴材料为 45 号钢。

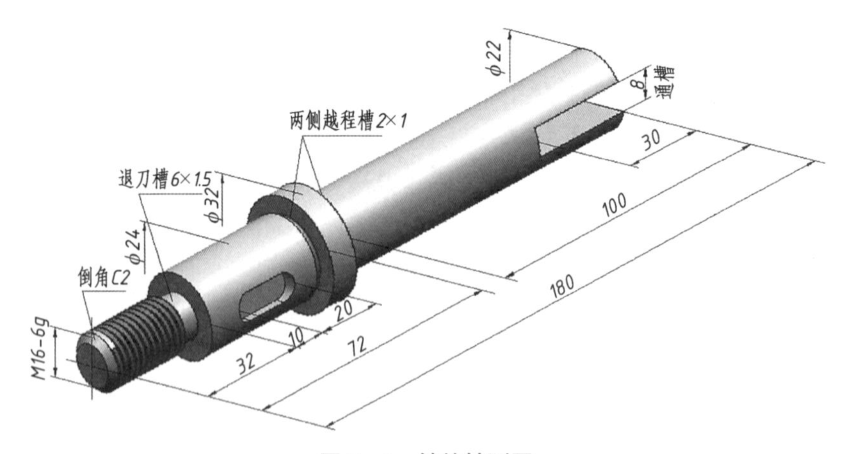

图 7-1　轴的轴测图

【解题分析】

表达零件的图样称为零件图。零件图的内容包括表达零件结构形状的一组视图，表示零件结构大小和相对位置的全部尺寸，技术要求和标题栏。

如图 7－1 所示的轴由 7 个同轴圆柱体组成，其中在 ϕ16 mm 的圆柱上加工成 M16－6g 的螺纹，M16－6g 为粗牙普通螺纹，在 ϕ24 mm 的圆柱上加工有平键槽，在最右段加工有高为 8 的通槽。由于轴类零件加工位置明显。因此应根据加工位置选择主视图，即轴线水平放置。除主视图外，还需要采用两个断面图分别表达通槽结构和键槽的结构。

【作图步骤】

(1) 画主视图，轴线水平放置，大头在左，小头在右，键槽朝前。

(2) 查表确定键槽尺寸，画两个移出断面图。

(3) 标注尺寸。

(4) 标注粗糙度，作图结果如图 7－2 所示。

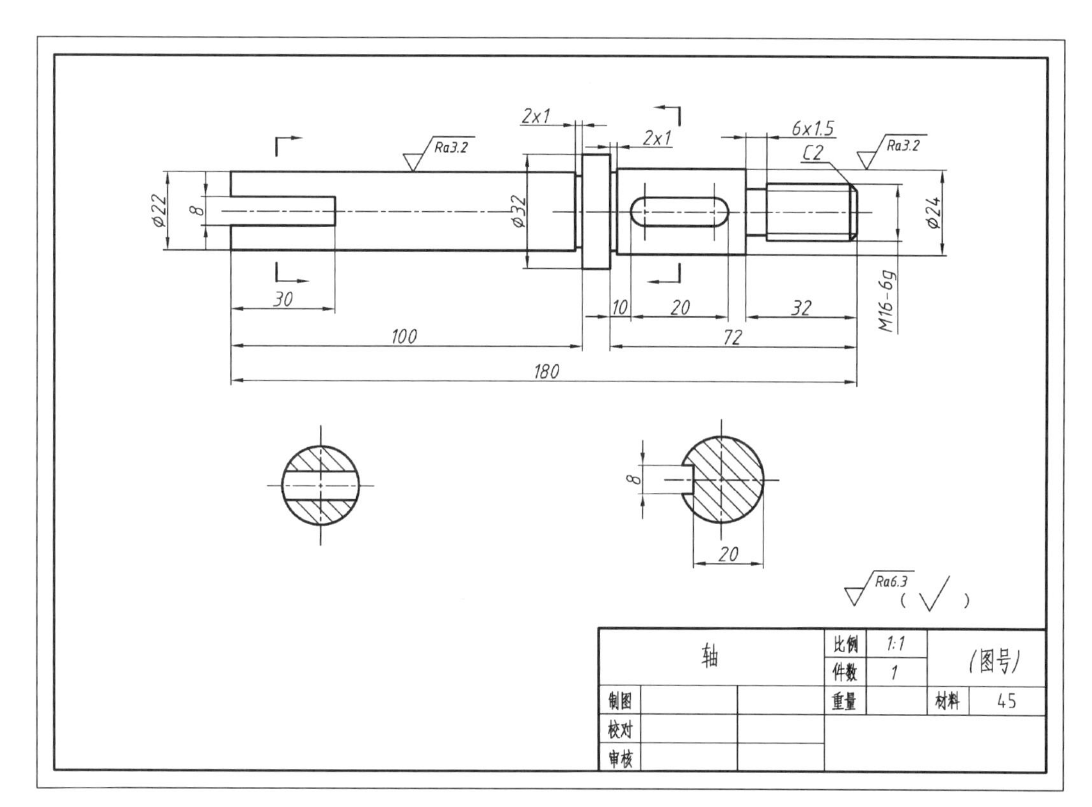

图 7－2 轴的零件图

7－2 根据如图 7－3 所示的支架轴测图画出它的零件图。材料为 HT150，未标明圆角 $R3 \sim R5$。ϕ32 孔的尺寸公差为 H7，U 形板左、右两端面及上表面、长方形板的孔及其中间两面粗糙度均为 $\sqrt{Ra6.3}$，U 形板内 U 形孔及正垂圆柱筒内孔的粗糙度均为 $\sqrt{Ra3.2}$，U 形板左、右两端面的平行度公差为 0.02，U 形板右端面对 ϕ32 孔轴线的垂直度公差为 0.002。

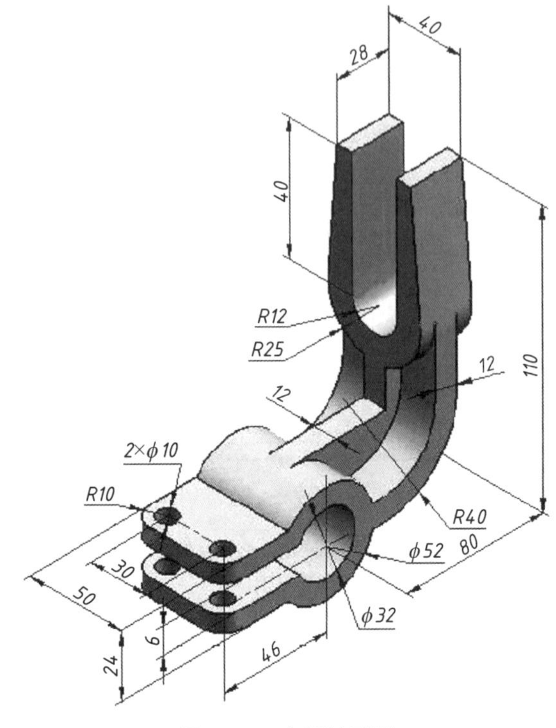

图 7－3　支架轴测图

【解题分析】

(1) 结构分析：支架属于叉架类零件，主要由正垂圆柱筒、水平长方形板以及侧平 U 形板组成，其间由弧形板及肋板连接，长方形板有上、下两块，其上有两个孔，正垂圆柱筒和水平长方形板之间有截交线，U 形板与弧形板及肋板之间也有截交线。

(2) 表达方法：主视图投影方向为从前往后看，采用局部剖视，既保留了外部形状，又表达了 U 形板上的孔和长方形板上孔的结构，还用重合断面图反映了肋板的断面形状；俯视图采用全剖加局部剖，表达了长方形板的实形及其上孔的位置，正垂圆柱筒内孔的结构，弧形丁字肋板的断面形状；A 向视图表达了 U 形板的实形以及 U 形板与弧形板及肋板的相对位置；最后注意铸件应画铸造圆角。

(3) 尺寸标注：高度和长度方向以圆柱筒的轴线为基准，宽度方向以前、后对称的正平面为基准。

【作图步骤】

(1) 画出主视图，结合局部剖和重合断面图。

(2) 画出俯视图，采用全剖和局部剖。

(3) 画出 A 向局部向视图。

(4) 标注尺寸、粗糙度、形位公差等，作图结果如图 7－4 所示。

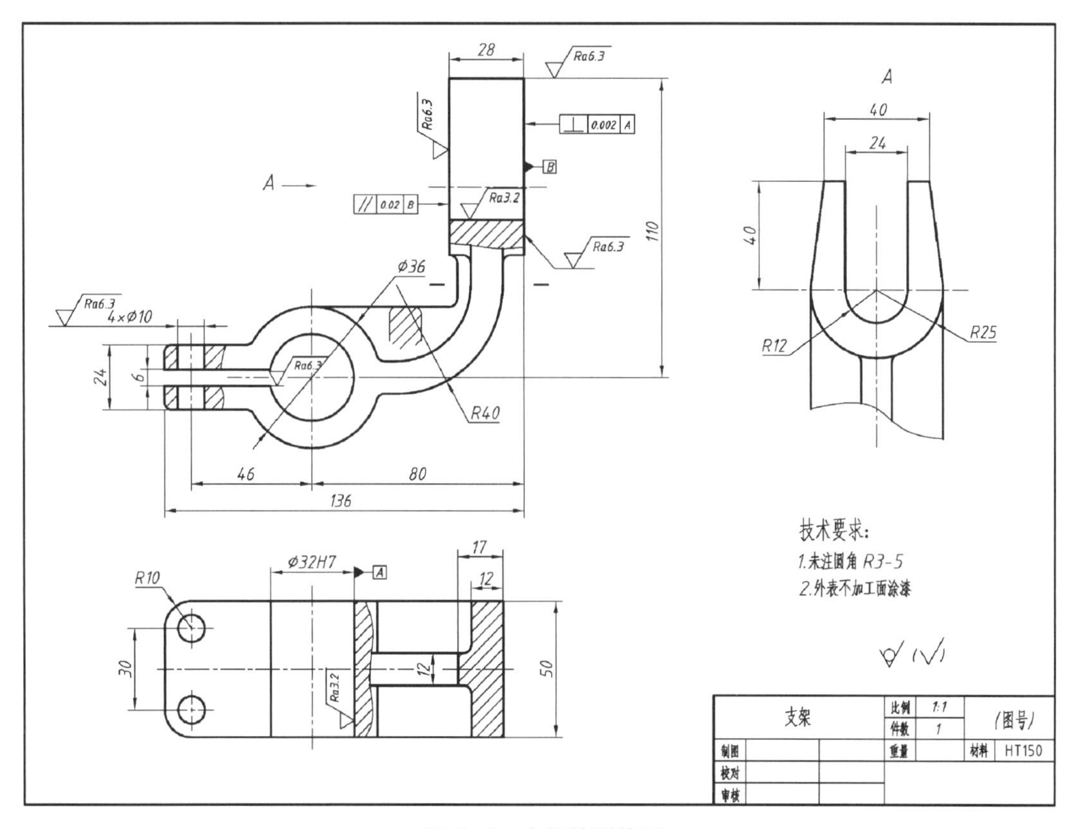

图 7-4 支架的零件图

7-3 根据如图 7-5 所示泵体的轴测图画出零件图,材料为 HT200。

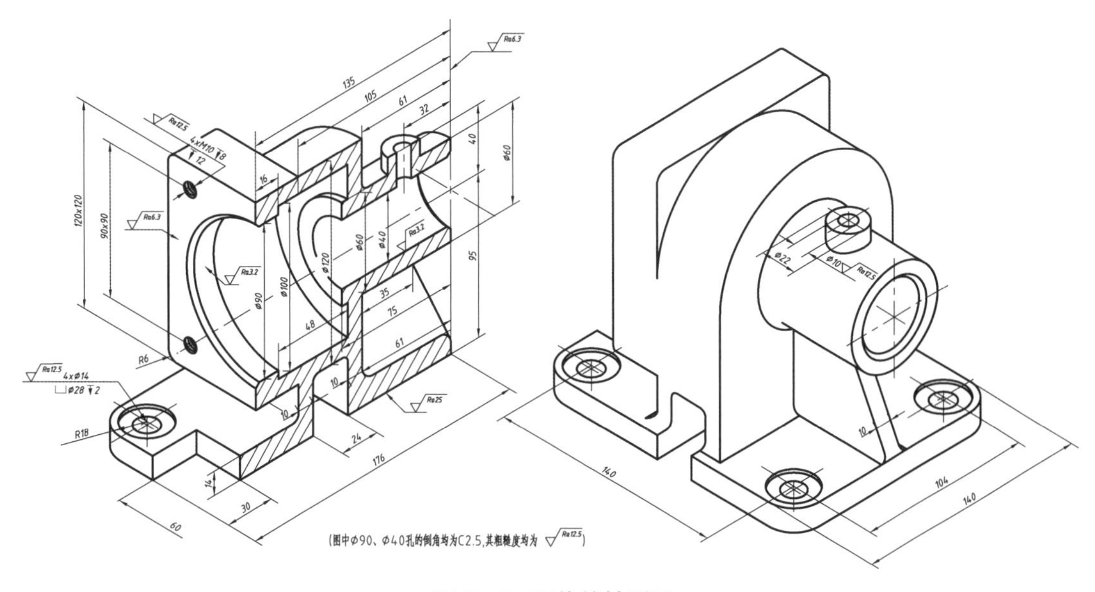

图 7-5 泵体的轴测图

【解题分析】

泵体为箱体类零件，箱体类零件一般由四部分组成，工作部分一般有一个大的空腔；安装部分一般设计有安装底板，底板上有安装孔；底板和工作部分之间有连接部分，还有加强部分由加强肋板组成。

从图 7-5 中可以看出，该泵体的工作部分由立方体、U 形体、圆柱体从左往右排列，在最右端的圆柱体上还有一个圆柱体的凸台，工作部分的中间从左往右挖了三个直径分别为 $\phi 90$、$\phi 100$、$\phi 40$ 的圆柱孔；安装部分的底板由左、右两块组成；连接部分为两块厚 10 的板组成；连接部分的右边为三棱柱状的加强肋板。

主视图采用全剖视图，以便表达工作部分中间的三个直径分别为 $\phi 90$、$\phi 100$、$\phi 40$ 的圆柱孔，以及表达工作部分、安装部分、连接部分、加强部分这四个部分的相对位置，重合断面图表达加强肋板的头部形状；俯视图采用半剖加局部剖视图，表达连接部分的断面形状、安装底板的形状以及上面圆柱体的凸台，局部剖表达螺孔结构；左视图采用半剖加局部剖视图，表示出工作部分的立方体、U 形体的外形，局部剖表达安装孔的结构。

【作图步骤】

(1) 画出主视图，进行全剖，注意加强肋板是纵向剖切，所以要用粗实线将其分离开，

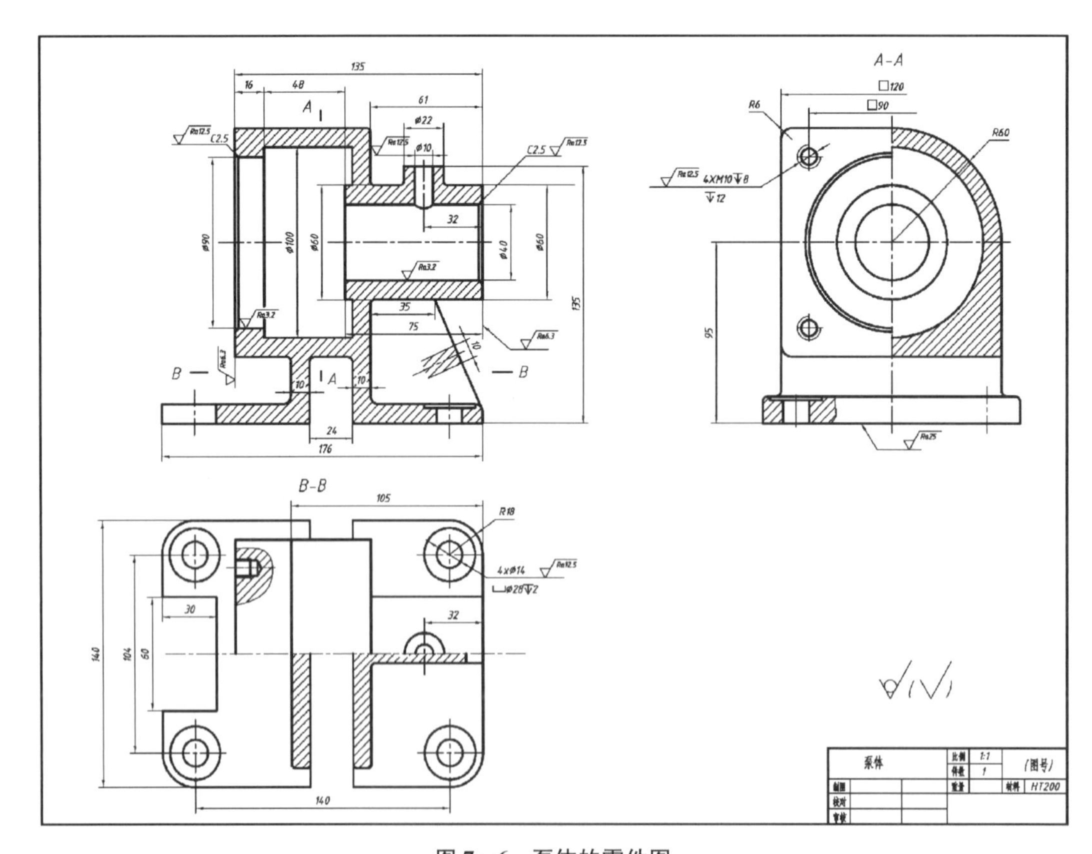

图 7-6　泵体的零件图

且其上面不打剖面符号，画出肋板的重合断面图。

(2) 画出俯视图，注意铸造圆角的表达。

(3) 画出左视图，进行局部剖。

(4) 标注尺寸。

作图结果如图 7－6 所示。

7－4 根据如图 7－7 所示阀体的轴测图画出零件图。材料为 HT200，且尺寸为 ϕ16H8 ↧ 14 的孔与尺寸为 ϕ24H8 的孔的同轴度公差为 ϕ0.02，要求在图上标出。

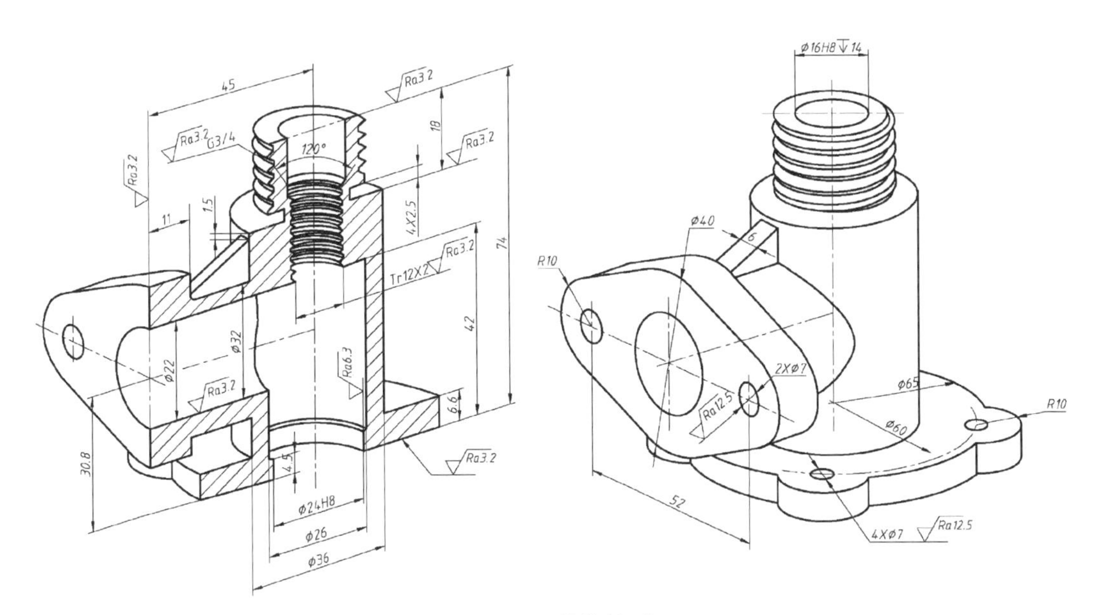

图 7－7 阀体的轴测图

【解题分析】

阀体为箱体类零件，从图 7－7 中可以看出，该阀体的工作部分由直径为 ϕ36 的圆柱和加工有尺寸为 G3/4 管螺纹的圆柱组成，中间加工有尺寸为 ϕ16、Tr12×2、ϕ26、ϕ24 的圆柱孔且从上往下排列；在圆柱体左边有一个尺寸为 ϕ32 圆柱体，再左边是厚为 11 的连接板；安装部分的底板为带有 4 个半径为 R10、厚为 6.6 的圆柱，其上加工有 4 个尺寸为 ϕ7 的安装孔；在上面还有厚为 6 的三棱柱状加强肋板。

如图 7－8 所示，主视图采用全剖视，以便表达工作部分中间的 4 个直径分别为 ϕ16、Tr12×2、ϕ26、ϕ24 的从上往下排列的圆柱孔、尺寸为 ϕ22 左右方向的圆柱孔，以及表达工作部分、安装部分、加强部分这三个部分的相对位置，重合断面图表达加强肋板的截面形状；俯视图采用全剖视图，表达安装底板的形状以及上面安装孔的周向布置情况，还有左边连接板上孔的情况；局部视图 A 表达左边连接板的外形。

【作图步骤】

（1）画出主视图，进行全剖，注意加强肋板是纵向剖切，所以要用粗实线将其分离开，且其上面不打剖面符号，画出肋板的重合断面图。

（2）画出俯视图，注意铸造圆角的表达。

（3）画出局部向视图 A。

（4）标注尺寸、粗糙度和形位公差。作图结果如图 7－8 所示。

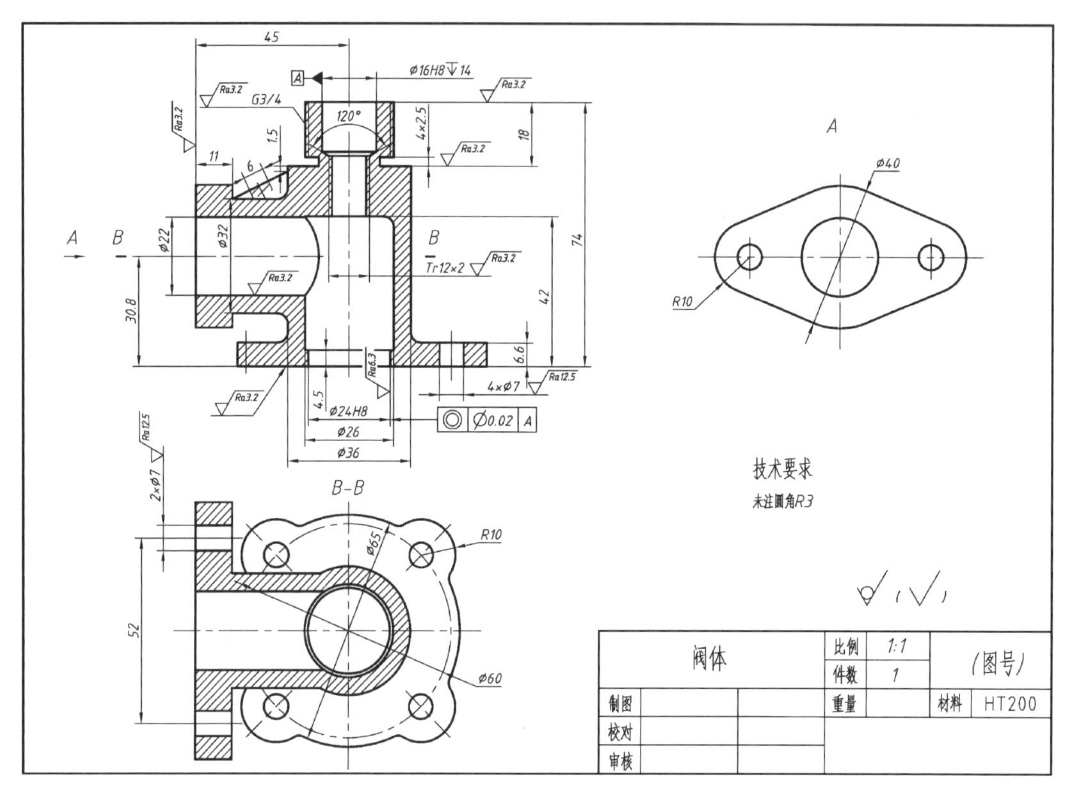

图 7－8　阀体的零件

7.3.2　表面结构的表示法

【问题五】　怎样正确标注零件的表面粗糙度？

【问题六】　如何避免常见的标注错误？

7－5　分析图 7－9 中表面粗糙度标注的错误，将正确的标注信息标注在下图上。

【解题分析】

表面粗糙度符号常见标注错误如下：

（1）注意表面粗糙度符号的尾巴方向。

（2）表面粗糙度符号的尖端或箭头必须从材料外指向材料内表面。

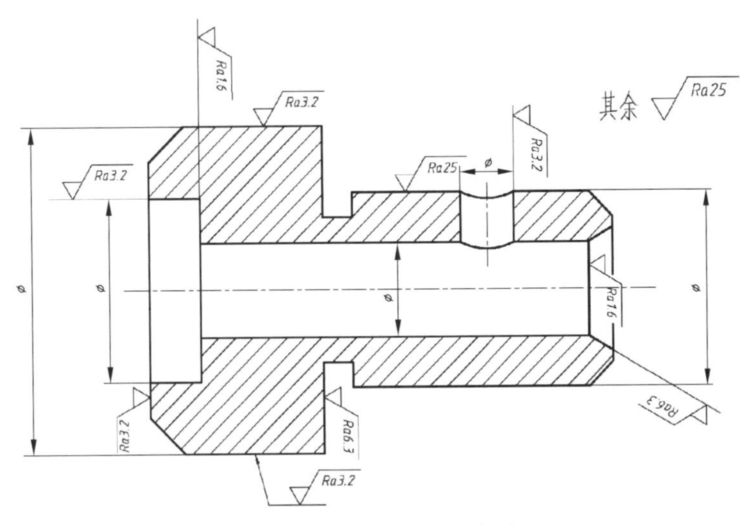

图 7－9 表面粗糙度原标注

(3) 表面粗糙度符号中的数字必须与尺寸数字的方向一致。

(4) 表面粗糙度不要重复标注。

(5) 表面粗糙度不要在非表面上标注粗糙度。

分析：如图 7－10 所示，①处的其余应该用(√)，且标注在右下角标题栏附近；②、④、⑤、⑨四处的表面粗糙度符号的尖端头必须从材料外指向材料内表面；③处与其余重复；⑥处的尾巴方向错；⑦处重复标注；⑧处在右侧的应用指引线；⑩处为非表面，不能标注。

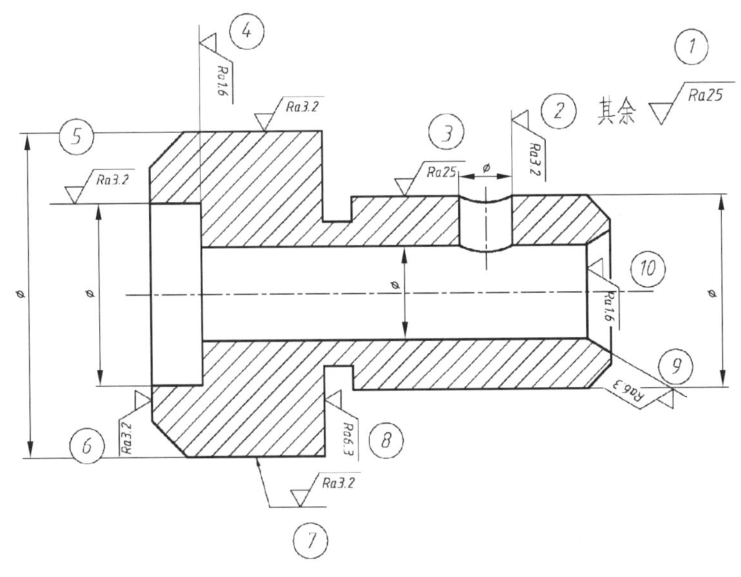

图 7－10 表面粗糙度分析

【作图步骤】

作图步骤略。作图结果如图 7－11 所示。

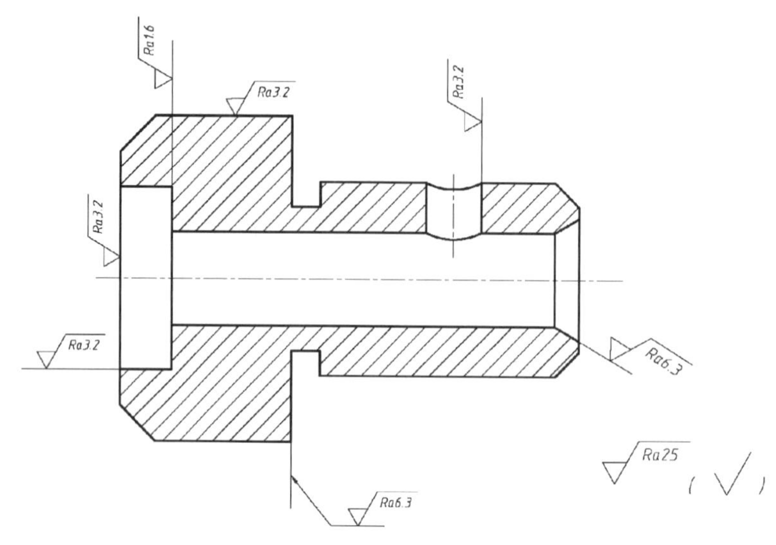

图 7-11 表面粗糙度的正确标注

7.3.3 极限与配合

在机器装配中，将公称尺寸相同的、相互结合的孔和轴公差之间的关系称为配合。配合种类有间隙配合、过盈配合和过渡配合。配合的基准制有基孔制和基轴制。

【问题七】 怎样正确理解配合代号的含义？配合种类有哪些？

【问题八】 怎样根据配合尺寸查出偏差值并标注在零件图上？

7-6 根据如图 7-12 所示装配图的配合尺寸，解释配合代号的含义，查出偏差值并标注在零件图上，然后填空。

1. 轴套对泵体孔 $\phi 28\frac{H7}{g6}$。

公称尺寸为________，基________制。公差等级______________，________配合。

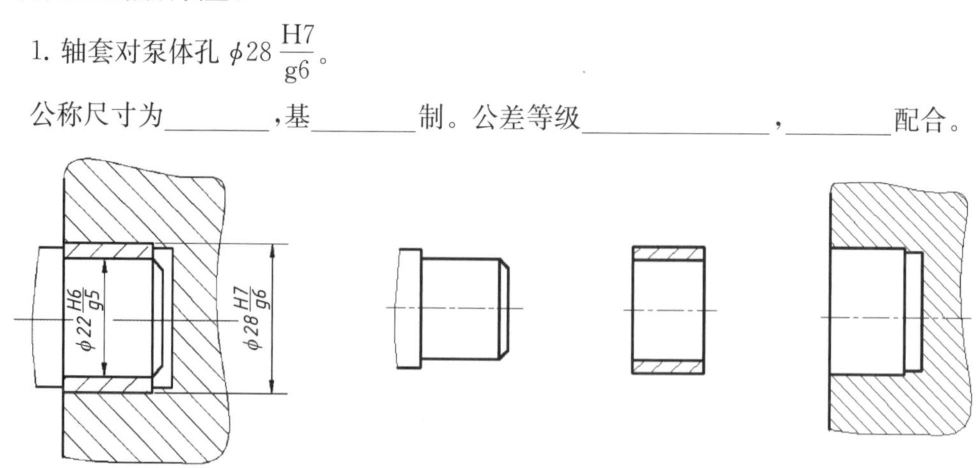

(a) 轴径、轴套、泵体的装配图　　(b) 轴径、轴套、泵体的零件图

图 7-12 装配图的配合尺寸及零件图

轴套：上极限偏差为________、下极限偏差为________。泵体：上极限偏差为________、下极限偏差为________。

2. 轴套对轴颈 $\phi 22\dfrac{H6}{k5}$。

公称尺寸为________，基________制。公差等级____________，________配合。

轴套：上极限偏差为________、下极限偏差为________。轴径：上极限偏差为________、下极限偏差为________。

【解题分析】

极限与配合是零件图重要的技术要求之一。本题已在装配图上标注有配合代号，以分数形式标注。分子为孔的公差带代号，分母为轴的公差带代号。上、下极限偏差数值由查表确定，在零件图上标注出来。

【作图步骤】

（1）查表确定上、下极限偏差数值，并在零件图上标注出来。如图 7－13 所示。

（2）读懂装配图上的标注，并填写答案。

1. 轴套对泵体孔 $\phi 28\dfrac{H7}{g6}$。

公称尺寸为 $\phi 28$ ，基 孔 制。公差等级 孔 7 级 ， 轴 6 级， 间隙 配合。

轴套：上极限偏差为 -0.007 、下极限偏差为 -0.020 。泵体：上极限偏差为 $+0.021$ 、下极限偏差为 0 。

2. 轴套对轴颈 $\phi 22\dfrac{H6}{k5}$。

公称尺寸为 $\phi 22$ ，基 孔 制。公差等级 轴套 6 级，轴颈 5 级 ， 过渡 配合。

轴套：上极限偏差为 $+0.013$ 、下极限偏差为 0 。轴径：上极限偏差为 $+0.011$ 、下极限偏差为 $+0.002$ 。

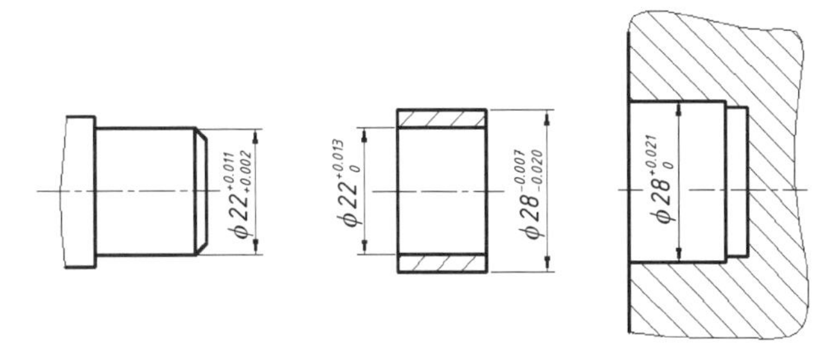

图 7－13 轴径、轴套、泵体的零件图上尺寸的标注

7.3.4 读零件图

读零件图就是根据已给的零件图，经过思考、分析，想象出零件图中所示的结构形状，弄清零件的尺寸大小和制造、检验的技术要求。

基准是指零件在机器中或在加工及测量时，用以确定其位置的一些面、线和点。

【问题九】 怎样正确读懂零件图的结构和形状？

【问题十】 怎样正确理解零件尺寸的基准？

【问题十一】 如何正确理解零件的尺寸大小、制造和检验的技术要求？

7－7 读如图 7－14 所示的轴套零件图，在指定位置分别画出 $D—D$ 和 $C—C$ 移出断面图，并填空。

(1) 该零件是________类的零件，其主视图上轴线一般应________放置。

(2) 图中的尺寸 $\phi\,48^{+0.013}_{+0.002}$ 的公差值为________。

(3) 轴套左端面分布有________个螺孔，它们的定位尺寸是________。

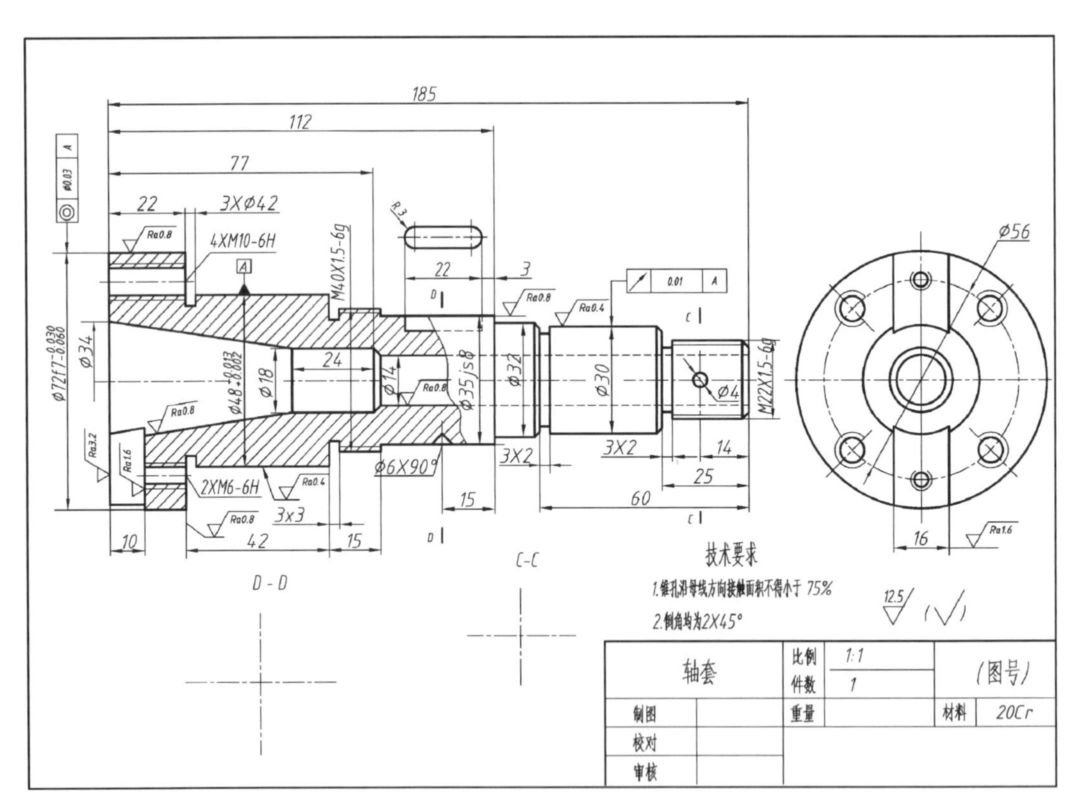

图 7－14　轴套的零件图

【解题分析】

轴套零件是以圆柱为主体的同轴回转体，其立体图如图 7－15 所示。从主视图结合左视图看，轴套左端面上钻有 4 个 M10 的螺孔，其定位尺寸 ϕ56 mm，从上往下还加工有宽 16

深 10 的方槽，在方槽内还有 2 个 M6 的螺孔；轴套内从左往右加工有尺寸为 ϕ34 mm、ϕ18 mm 的圆锥孔，尺寸为 ϕ18 mm 和尺寸为 ϕ14 mm 的圆柱孔；轴套右端加工有 M22×1.5 的螺纹，距右端 14 mm 处钻有 1 个 ϕ4 mm 的孔，在轴径为 ϕ35js8 mm 的圆柱上加工有键槽和圆锥孔。

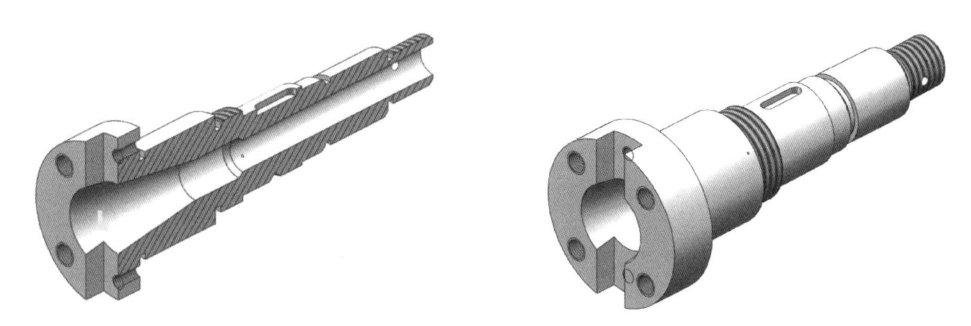

图 7-15 轴套立体图

【作图步骤】

(1) 读懂题目给出的图形，画出 D—D 和 C—C 移出断面图，如图 7-16 所示。

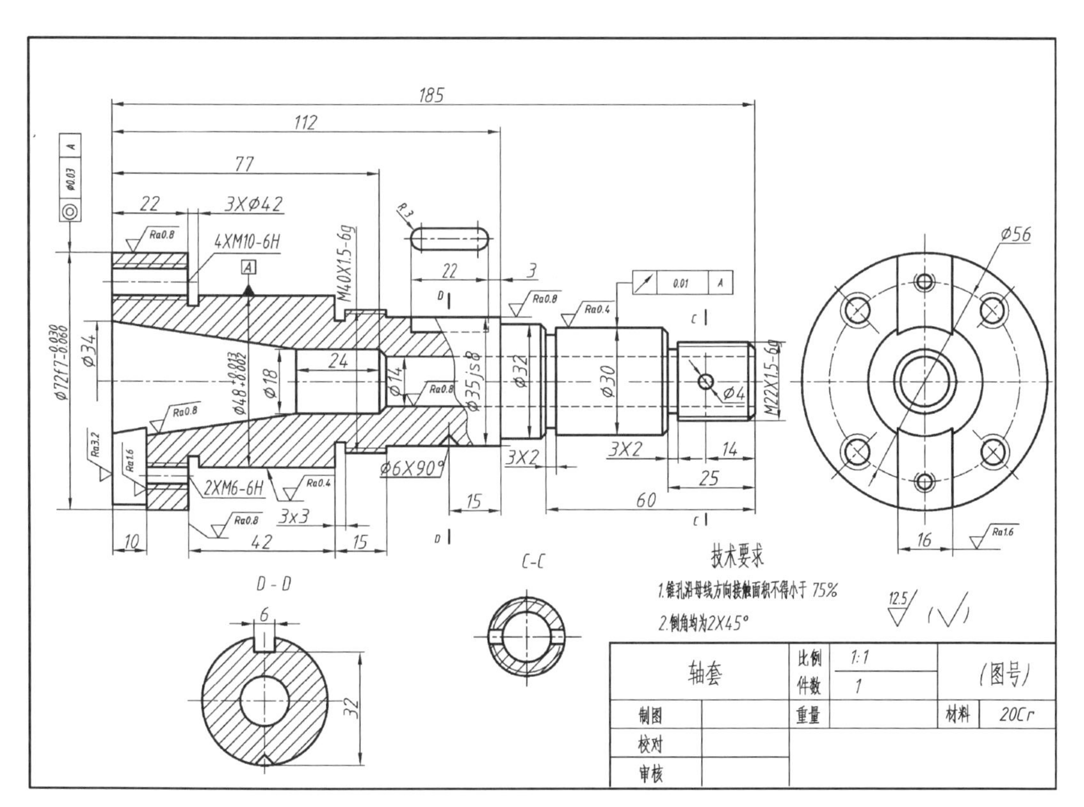

图 7-16 轴套零件图答案

(2) 填充：

① 该零件是 轴套 类的零件，其主视图上轴线一般应 水平 放置。

② 图中的尺寸 $\phi 48^{+0.013}_{+0.002}$ 的公差值为 0.011 。

③ 轴套左端面分布有 4 个螺孔，它们的定位尺寸是 ϕ56 mm 。

7-8　读端盖零件图(图 7-17)，回答问题，并在指定位置画出右视图。

(1) 主视图采用了________剖视。

(2) 在视图上用文字和指引线指出轴向尺寸基准和径向尺寸基准。

(3) 用箭头和指引线标注出垂直度和同轴度的测量基准。

(4) 尺寸 Rc1/4 中，Rc 表示______________，1/4 表示______________。

(5) $\dfrac{3\times \mathrm{M5}-7\mathrm{H} \downarrow 12}{3\mathrm{L} \downarrow 12}$的含义是____。

$\dfrac{6X\phi 7}{\sqcup \phi 11 \downarrow 5}$的含义是____。

(6) 根据盘盖类零件的特点，常用的表达方法归纳为：

____

____

____

____

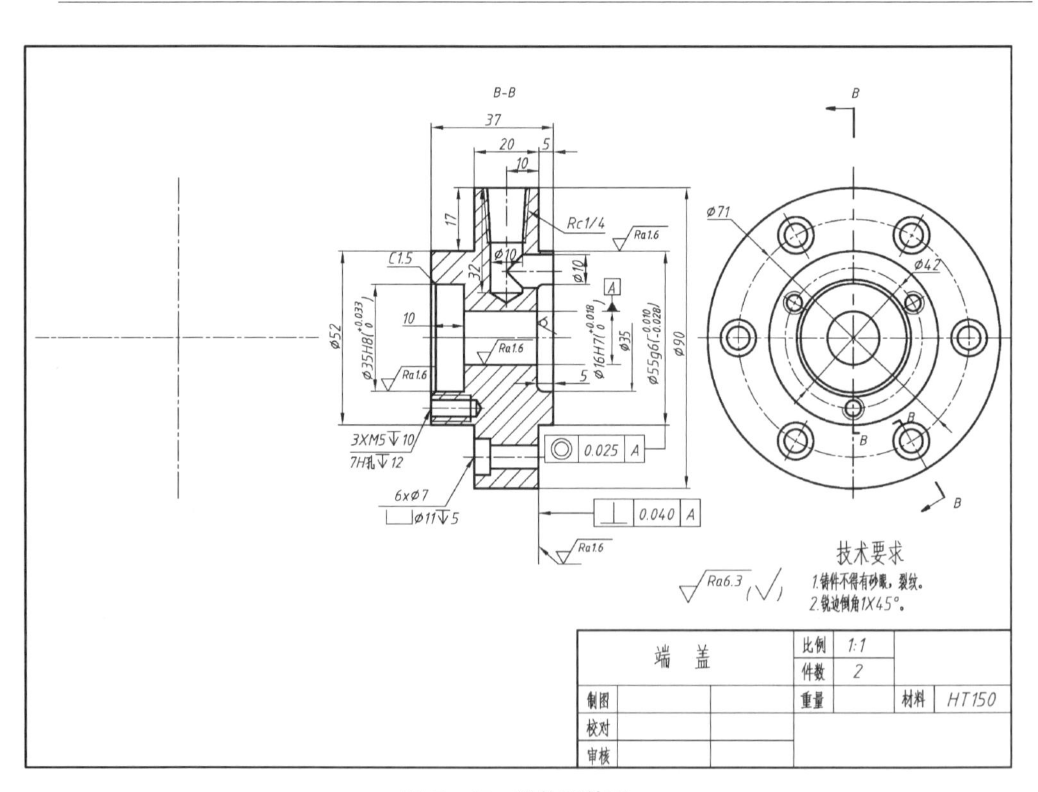

图 7-17　端盖零件图

【解题分析】

此为盘盖类零件，主体是回转体，其立体图如图 7-18 所示。为了保证零件间接触良好，零件上凡是与其他零件接触的表面一般都要加工，且主要在车床上加工，因此轴线应水平放置。该零件从左到右分别由外径为 $\phi 52$、$\phi 90$、$\phi 55$ 三圆柱组成，中间从左到右分别加工有内径为 $\phi 35$、$\phi 16$、$\phi 35$ 的圆柱孔，在直径为 $\phi 90$ 的圆柱上加工有 Rc1/4 螺纹密封的圆锥内螺纹，和直径为 $\phi 10$ 的圆柱孔，并在其端面上钻了 6 个小径为 $\phi 7$、大径为 $\phi 11$ 的沉孔，用于穿过螺栓与其他零件连接所用。在零件左端面上还加工有 3 个 M6 的螺孔。

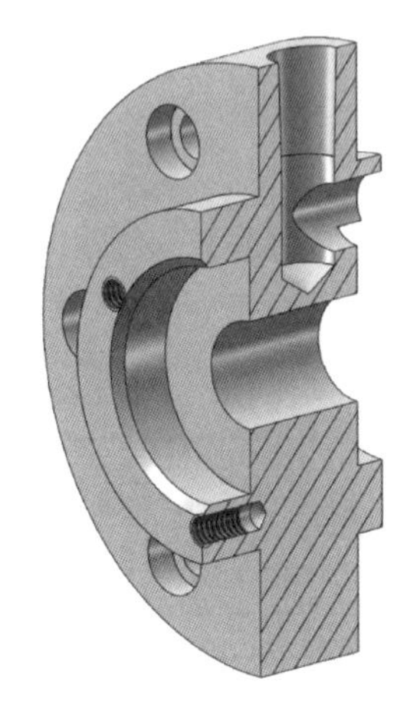
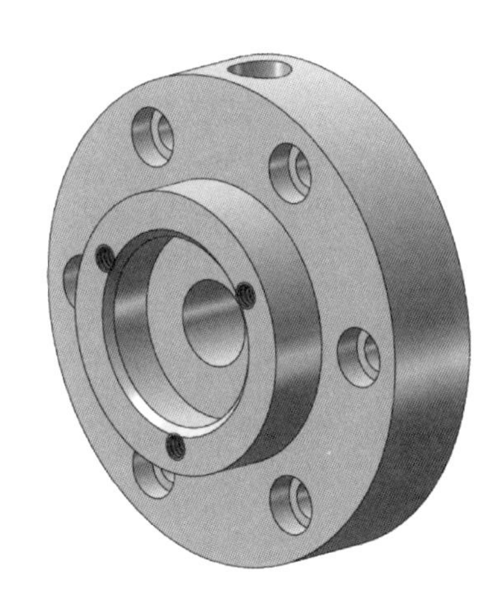

图 7-18 端盖的立体图

【作图步骤】

1. 填写答案：

(1) 主视图采用了 复合全剖 剖视。

(2) 在视图上用文字和指引线指出轴向尺寸基准和径向尺寸基准(图 7-19)。

(3) 用箭头和指引线标出垂直度和同轴度的测量基准(图 7-19)。

(4) 尺寸 Rc1/4 中，Rc 表示 螺纹密封的圆锥内螺纹 ，1/4 表示 尺寸代号 。

(5) $\dfrac{3\times M5-7H\ ↧\ 10}{孔\ ↧\ 12}$ 的含义是 直径为 5 均匀分布的 3 个普通粗牙螺孔，螺纹精度为 7H，螺纹深为 10，孔深 12，公差代号为 7H 。

$\dfrac{6\times\phi 7}{⌴\ \phi 11\ ↧\ 5}$ 的含义是 均匀分布的 6 个沉孔，柱形沉孔的小直径为 7，大直径为 11，深度为 5 。

(6) 根据盘盖类零件的特点，常用的表达方法归纳为：

① 以车削为主，选择主视图时一般将轴线放成水平位置；不以车削为主，选择主视图时则可按工作位置安放。

② 一般采用两个基本视图，主视图常用剖视表示孔、槽等结构；另一视图表示零件的外形轮廓和各组成部分，如孔、肋、轮辐等的相对位置。

2. 读懂题目给出的图形，画出右视图(图 7-19)。

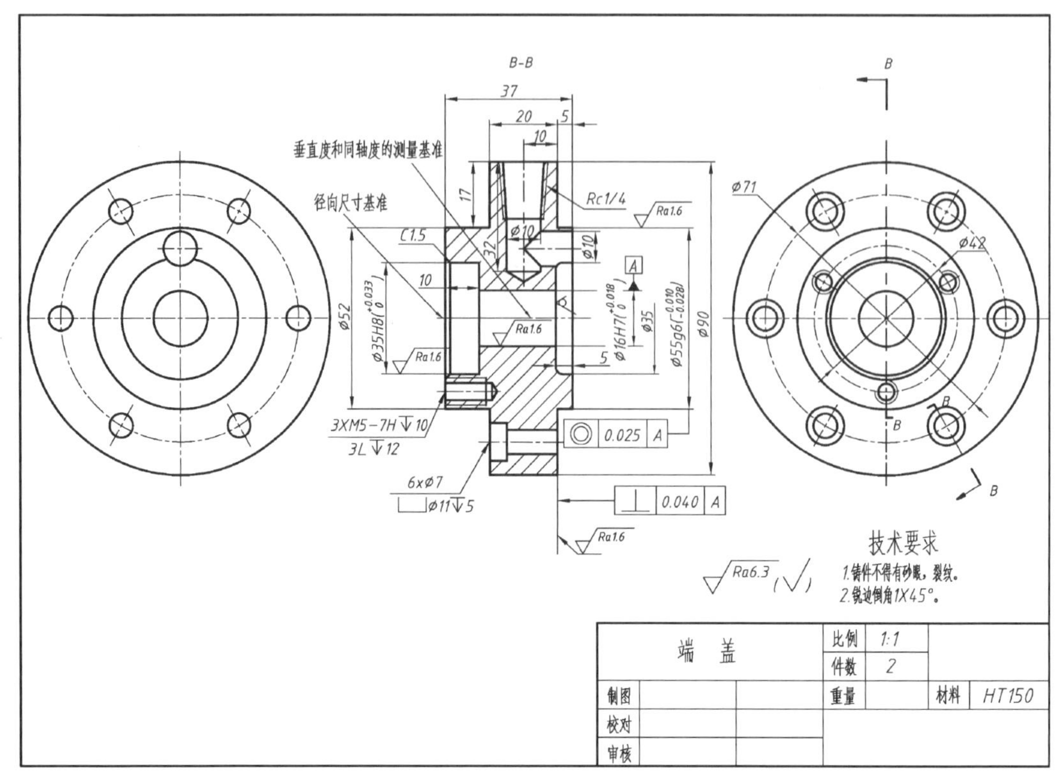

图 7-19　端盖零件图答案

7-9　读懂如图 7-20 所示的拨叉零件图，想象形状，补画俯视图（只画可见部分），并完成填空。

（1）本图中采用了______________视图，其中主视图采用__________剖视。

（2）符号 $\sqrt{Ra3.2}$ 表示零件的表面是用__________方法获得的表面粗糙度。

（3）尺寸 86±0.05 中，上极限偏差为__________，下极限偏差为__________，公差为________。

（4）尺寸 40H11 中，H 表示__________，11 表示______________。

【解题分析】

此为叉架类零件，叉架类零件一般都是铸件或锻件毛坯，毛坯形状较为复杂，需经过不同的机械加工，而且加工位置难定主次，所以在选择主视图时，主要按形状特征和工作（或自然）位置确定。叉架类零件一般都是形状较为复杂，需要两个以上的视图来表达，对倾斜的结构常用斜视图、斜剖视来表示，对一些细小结构可采用局部剖、放大等方法表示。

拨叉的立体图如图 7-21 所示。主视图采用了全剖加局部剖视图和重合断面图（表达肋板厚度），左视图采用了局部剖视图和重合断面图，从两个视图中可以看出该零件的上半部分主体是尺寸为 $\phi 28$ 的圆柱，中间加工有 $\phi 19$ 的圆柱孔，其左边还叠加有尺寸为 $\phi 20$ 的圆柱，中间加工有尺寸为 M10×1-6H 的螺纹孔；下面部分是一个类似于八棱柱的类拉伸体，在其前后分别加工有尺寸为 $R22$ 和 $R18$ 的半圆柱孔；中间连接部分为厚 6 的薄板，并有厚为 6 的加强肋板；并注意到下面部分类拉伸体和中间连接部分薄板的左、右

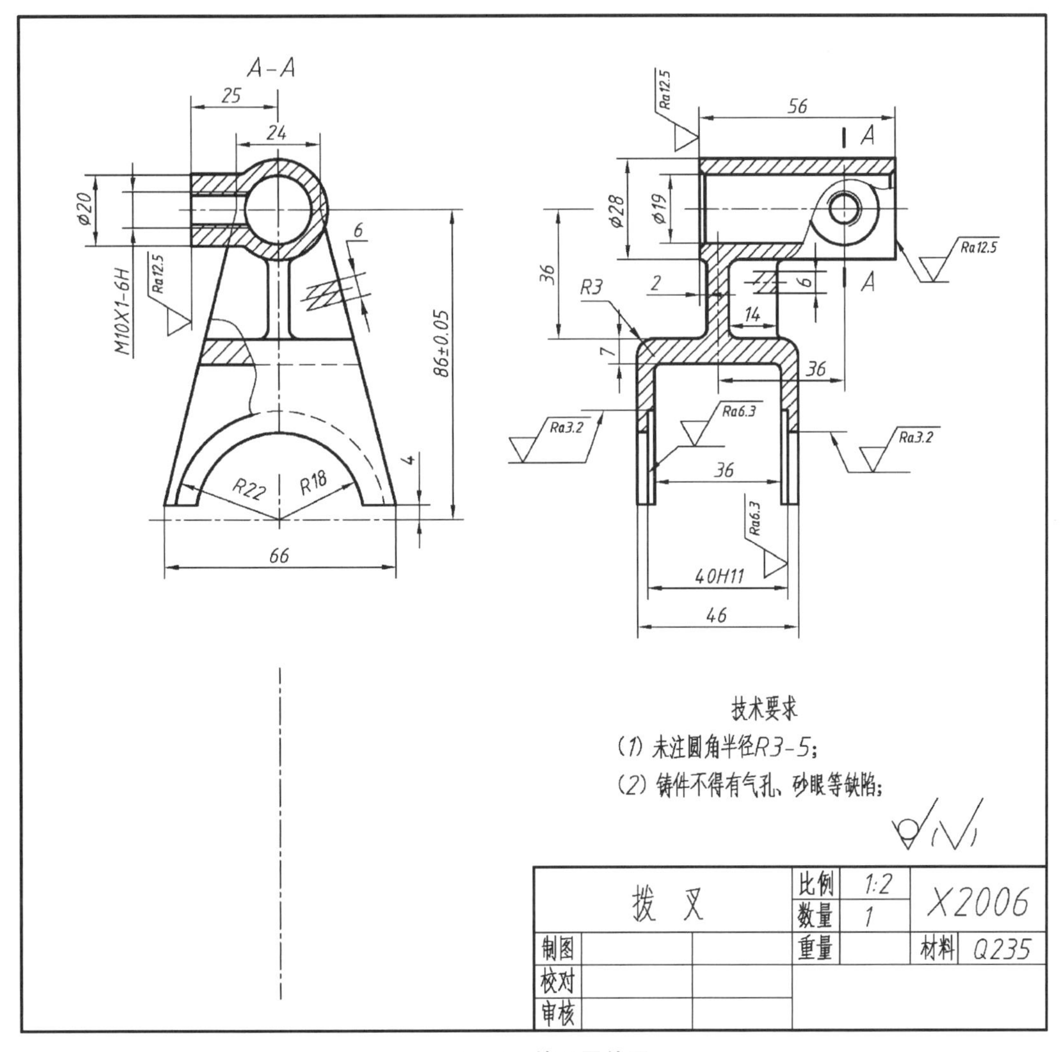

图 7-20 拨叉零件图

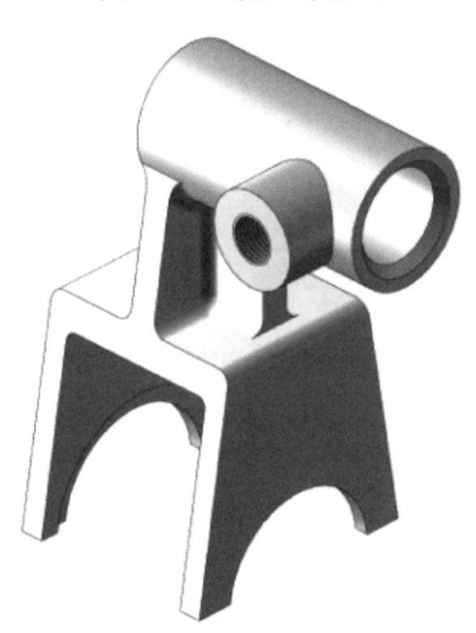

图 7-21 拨叉立体图

两斜面表面平齐，在画俯视图时应该有一个与左视图上对应的类似形出现。

尺寸方面，以其基本对称平面作为长度方向尺寸基准、ϕ28 轴线为高度方向尺寸基准，类拉伸体的中间对称平面为宽度方向基准，如图 7－22 所示。

【作图步骤】

1. 读懂题目给出的图形，完成俯视图（图 7－22）。

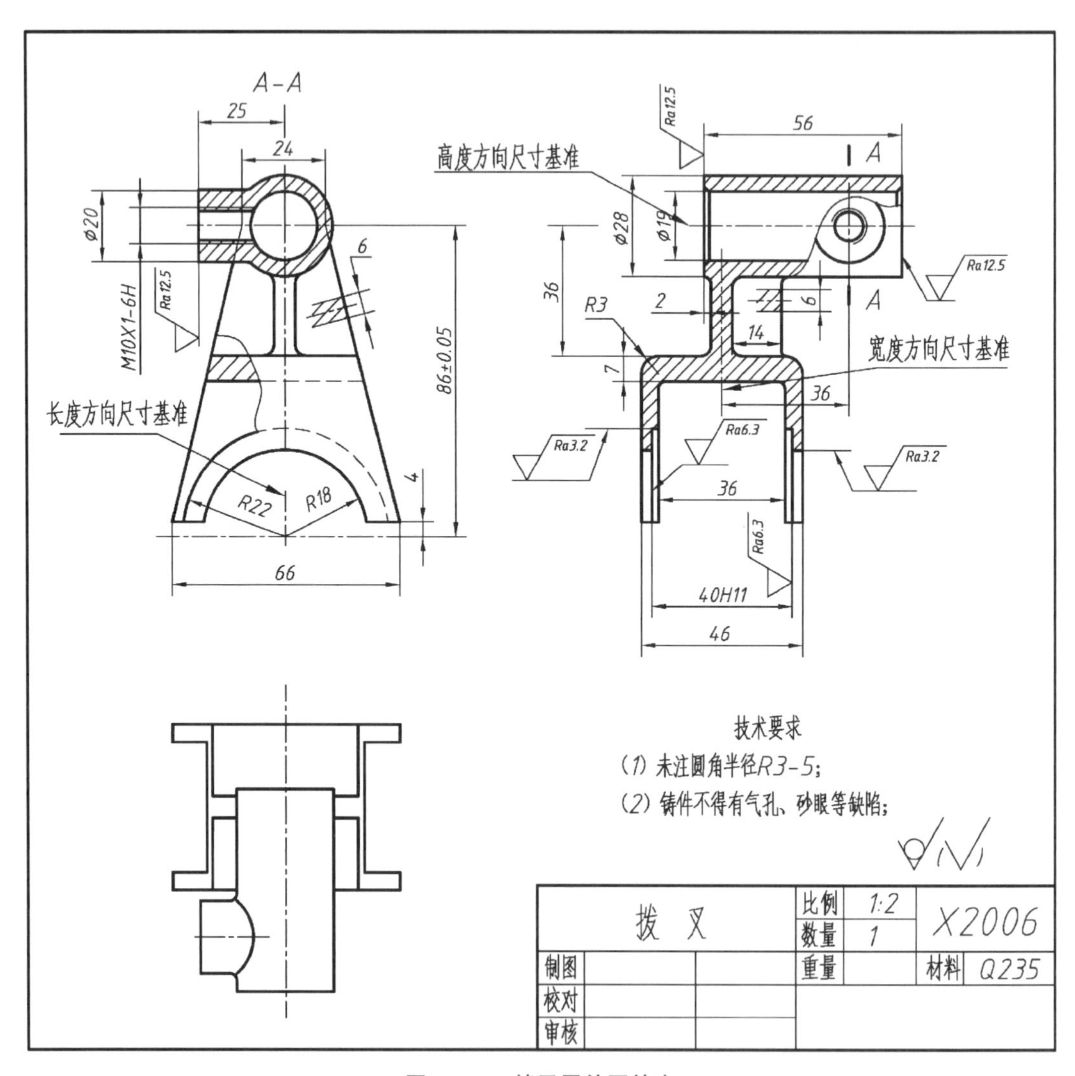

图 7－22　拨叉零件图答案

2. 填空：

（1）本图中采用了<u>　主视图和左视图　</u>视图，其中主视图采用<u>　全剖加局部　</u>剖视。

（2）符号$\sqrt{Ra3.2}$表示零件的表面是用<u>　去除材料的　</u>方法获得的表面粗糙度。

（3）尺寸 86±0.05 中，上极限偏差为<u>　＋0.05　</u>，下极限偏差为<u>　－0.05　</u>，公差为<u>　0.10　</u>。

（4）尺寸 40H11 中，H 表示<u>　基本偏差　</u>，11 表示<u>　公差等级　</u>。

7-10　看懂如图7-23所示的轴架零件图，想象出形状。补画A—A剖视图，并完成填空。

(1) 左视图中标有①所指两个圆，其直径分别为________、________。

(2) 左视图中标有②、③、④三个面，它们的粗糙度代号分别为：

②是________，③是________，④是________。

(3) 主视图中标有a'、b'两点的投影，在左视图中找出它们的投影a''、b''。

(4) 补画A—A剖视图。

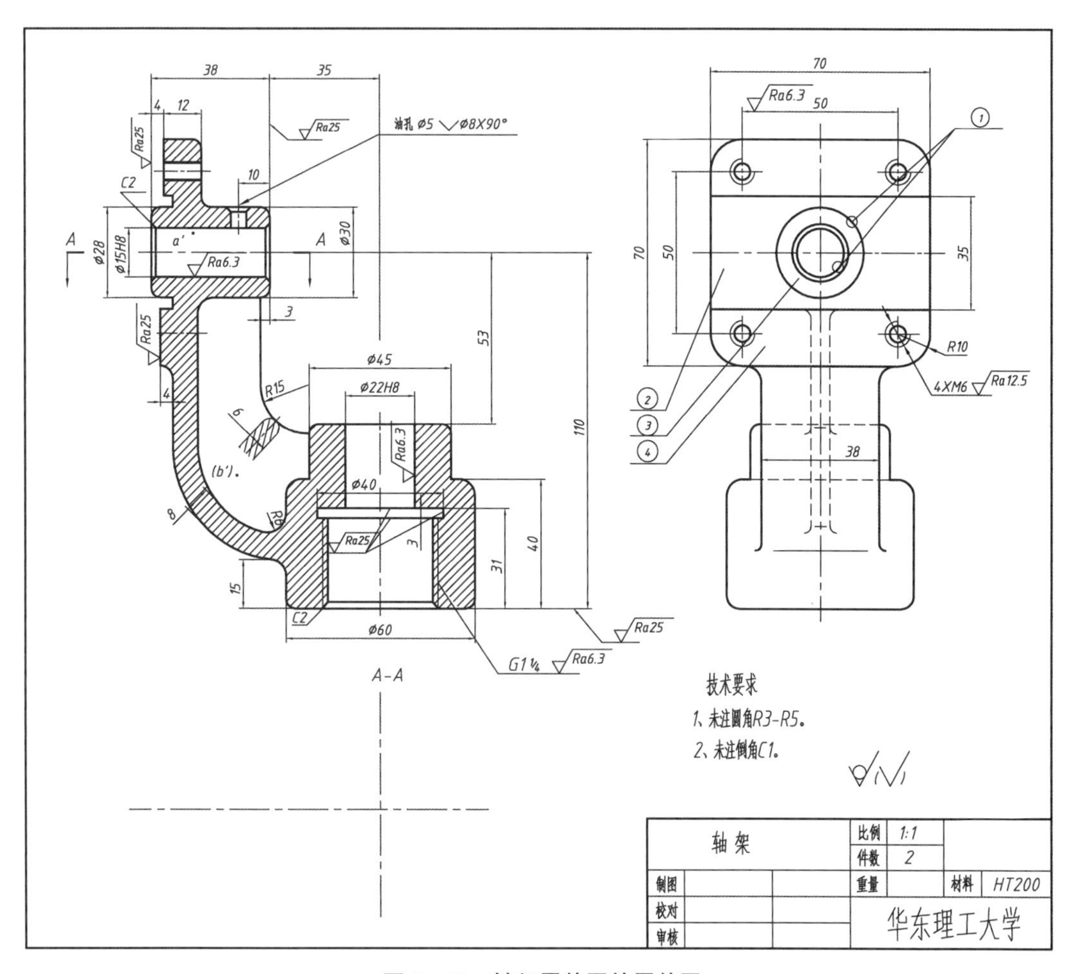

图7-23　轴架零件图的零件图

【解题分析】

此为叉架类零件，其立体图如图7-24所示。主视图采用了全剖视图加重合断面图，左视图为外形图，并保留少数虚线，以显示肋板的宽度。从主视图中可以看出轴架的左上部分是尺寸为70×70的方形板，其中间是尺寸为ϕ28的圆柱体，圆柱体中间为ϕ25H8的圆柱孔，圆柱体右上部还有一个油孔；轴架的右下部分是尺寸为ϕ45、ϕ60的圆柱体，其中间从上往下开有尺寸为ϕ22H8、ϕ40、G1 1/4的孔；中间部分为厚8的L形板将两者连接起来，中间还有一块厚度为6的加强肋板。

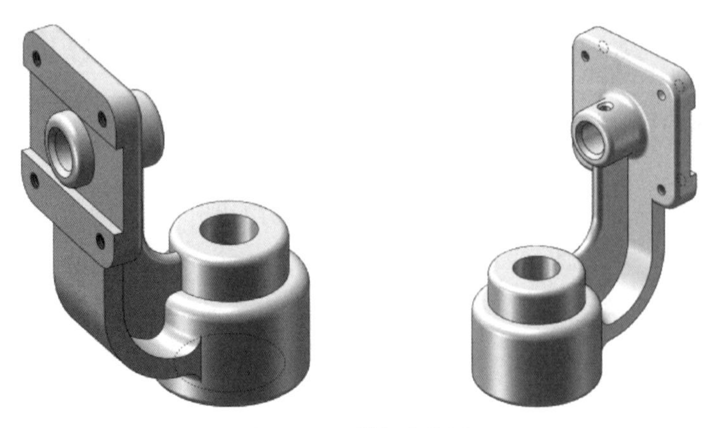

图 7－24 轴架立体图

【作图步骤】

1. 先画点、画线和轴架的右下部分圆柱体的投影，再画左上部分的带孔圆柱以及方形板的剖视图，最后画连接板，完成 $A—A$ 剖视图(图 7－25)。

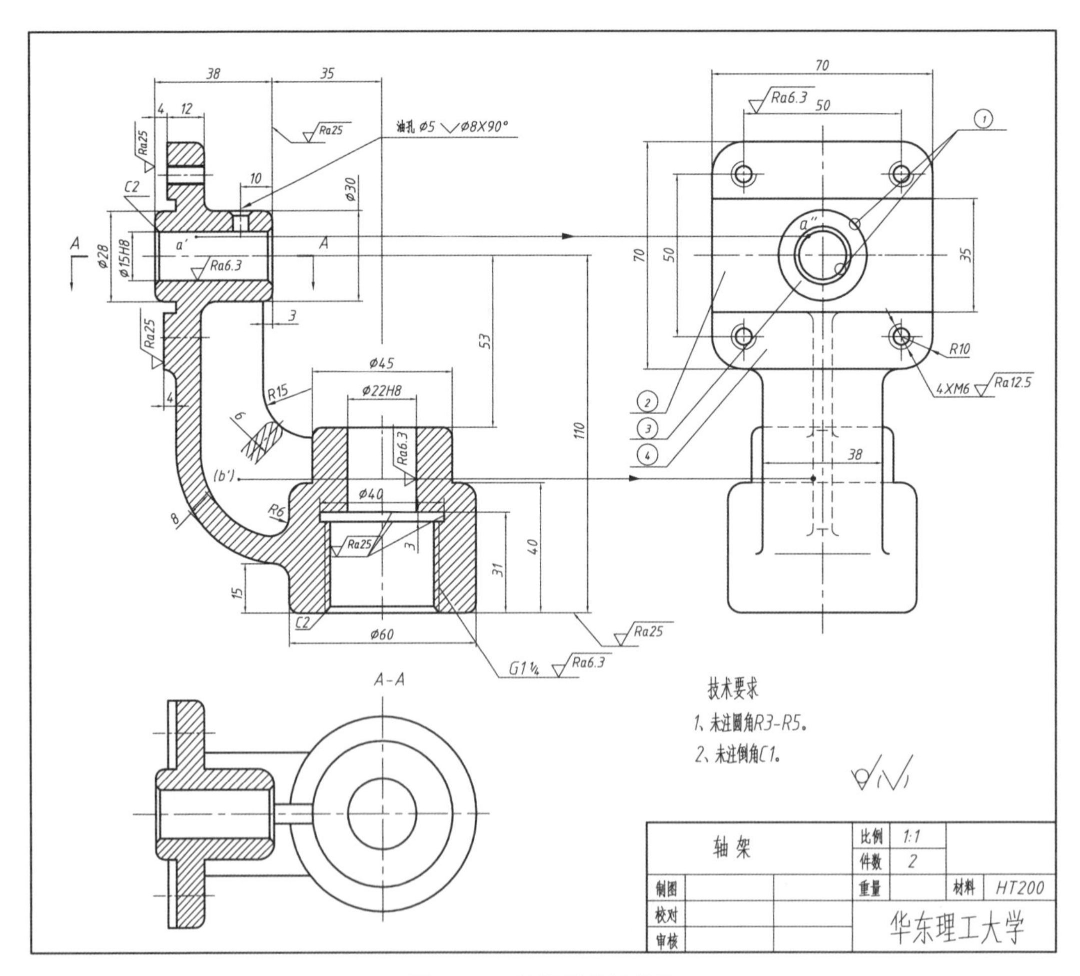

图 7－25 轴架零件图答案

2. 填空。

(1) 左视图中标有①所指两个圆，其直径分别为 <u>$\phi 28$</u> 、<u>$\phi 15$</u> 。

(2) 左视图中标有②③④三个面，它们的粗糙度代号分别为：

②是 $\overset{\circ}{\sqrt{}}$ ，③是 $\sqrt{Ra25}$ ，④是 $\sqrt{Ra25}$ 。

(3) 主视图中标有 a'、b' 两点的投影，在左视图中找出它们的投影 a''、b''，如图 7-25 所示。

7-11 看懂如图 7-26 所示的阀体零件图，要求完成如下读图任务：

(1) 该零件的表达采用了_______、_______和_______；主视图用了_______剖视。

(2) 零件采用_______材料制造。未标注的铸造圆角为_______。

(3) 零件上表面粗糙度要求最高为_______，未标注的表面粗糙度要求为_______。

(4) 在图中用文字和指引线标出长、宽、高三个方向的主要尺寸基准。

(5) 尺寸"2×ϕ11 通孔"中，2 表示_______；ϕ11 表示_______；通孔表示_______。

(6) 补画出零件的俯视图(虚线不画)。

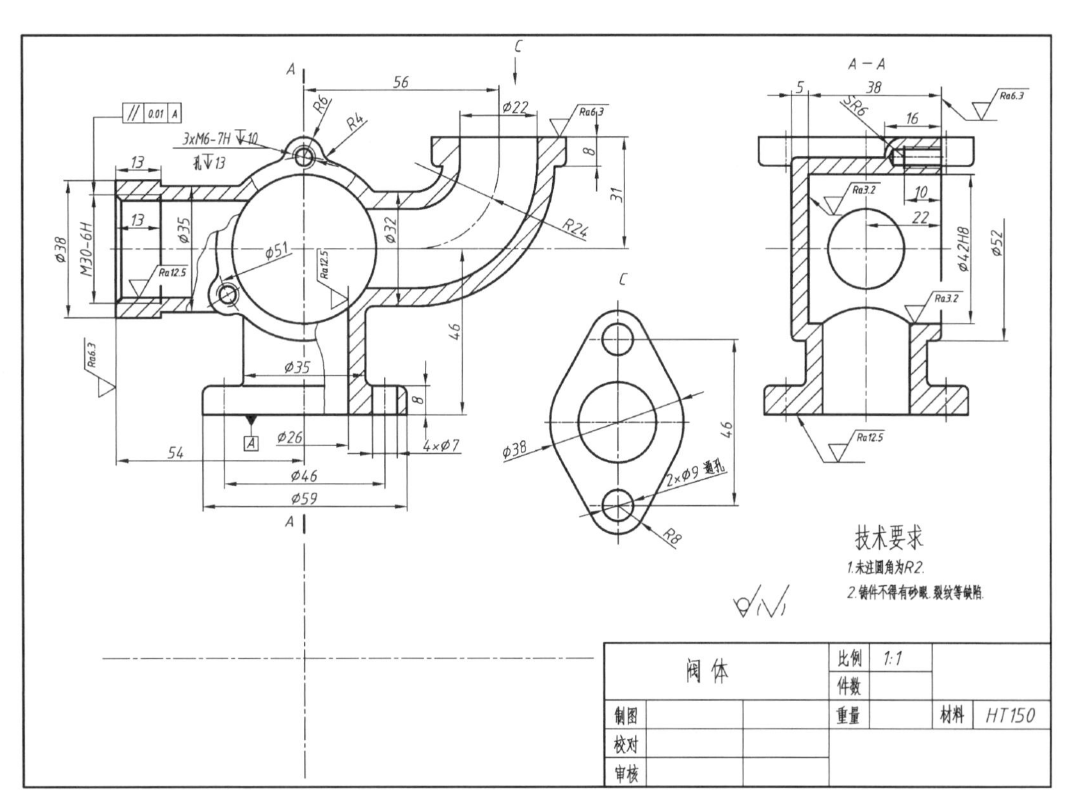

图 7-26 阀体零件图

【解题分析】

该阀体的主体是圆柱形壳体，其前部有带有三个螺孔的 U 形凸缘，左边是带有圆柱孔的两个左右排列的圆柱，右边由圆柱、四分之一圆环和连接板组成，中间加工有通孔，下部安装部分是带有四个安装孔的安装底板，中间是圆柱形连接体。其立体图如图 7－27 所示。

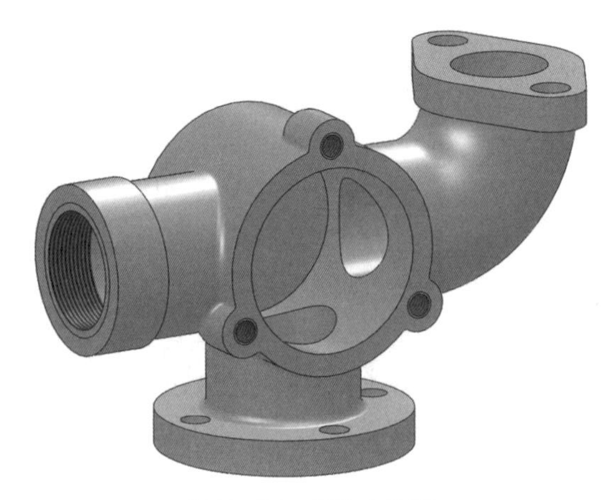

图 7－27　阀体立体图

【作图步骤】

1. 完成填空题。

(1) 该零件的表达采用了　主视图　、　左视图　和　C 向局部视图　；主视图用了　局部　剖视。

(2) 零件采用　HT150　材料制造。未标注的铸造圆角为　R2　。

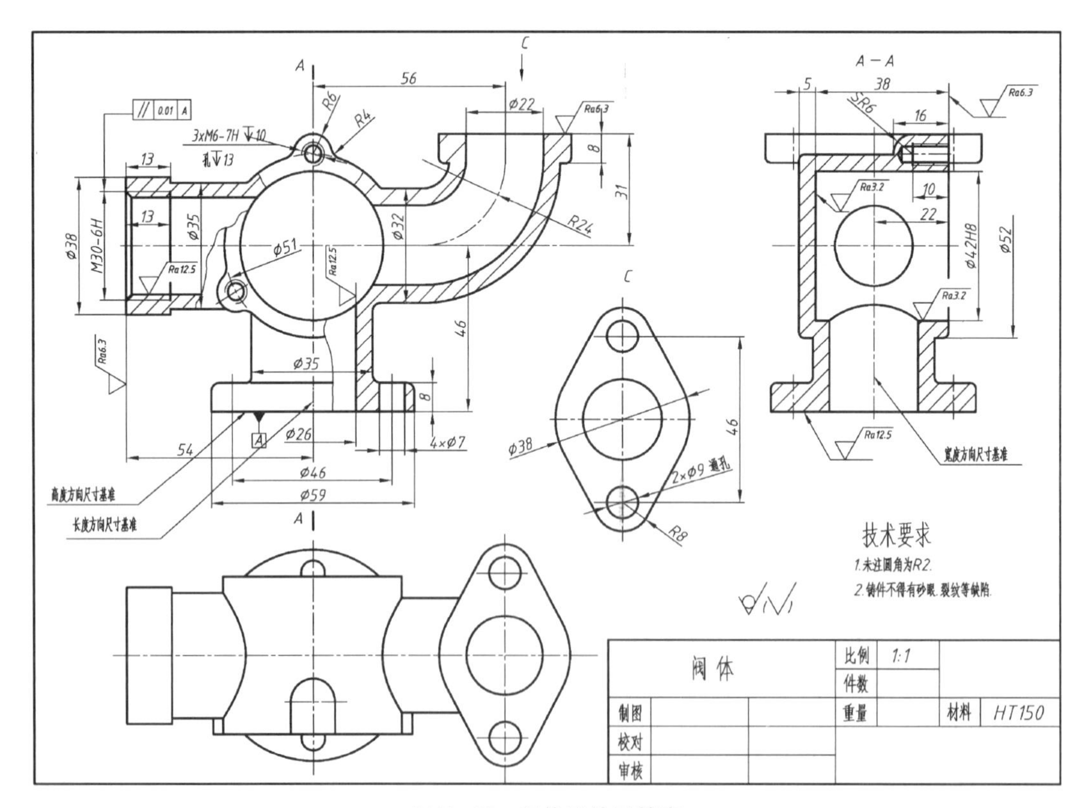

图 7－28　阀体零件图答案

(3) 零件上表面粗糙度要求最高为 $\sqrt{Ra3.2}$ ，未标注的表面粗糙度要求为 $\sqrt{}$（不去除材料）。

(4) 在图中用文字和指引线标出长、宽、高三个方向的主要尺寸基准(图 7-28)。

(5) 尺寸“2×ϕ11 通孔”中，2 表示 2个 ；ϕ11 表示 直径 ；通孔表示 穿通 。

2. 完成视图。

读懂题目给出的图形，补画出零件的俯视图，如图 7-28 所示。

7-12 读懂如图 7-29 所示的阀盖零件图，在指定位置画出 A—A 剖视图，并在零件图中标出长度、宽度、高度方向的尺寸基准，最后完成填空题。

(1) 尺寸为 ϕ30H8 孔的定位尺寸为________。

(2) 该零件的材料是________。

(3) 阀盖上机加工表面粗糙度要求最高的是________表面，其粗糙度值为________。

(4) 在图中标注的尺寸 $\phi16H7(^{+0.018}_{0})$ 中，上极限尺寸为________，尺寸公差是________，公差带位于零线的________方。

(5) 说明 ⊥ ϕ0.05 B 的含义________。

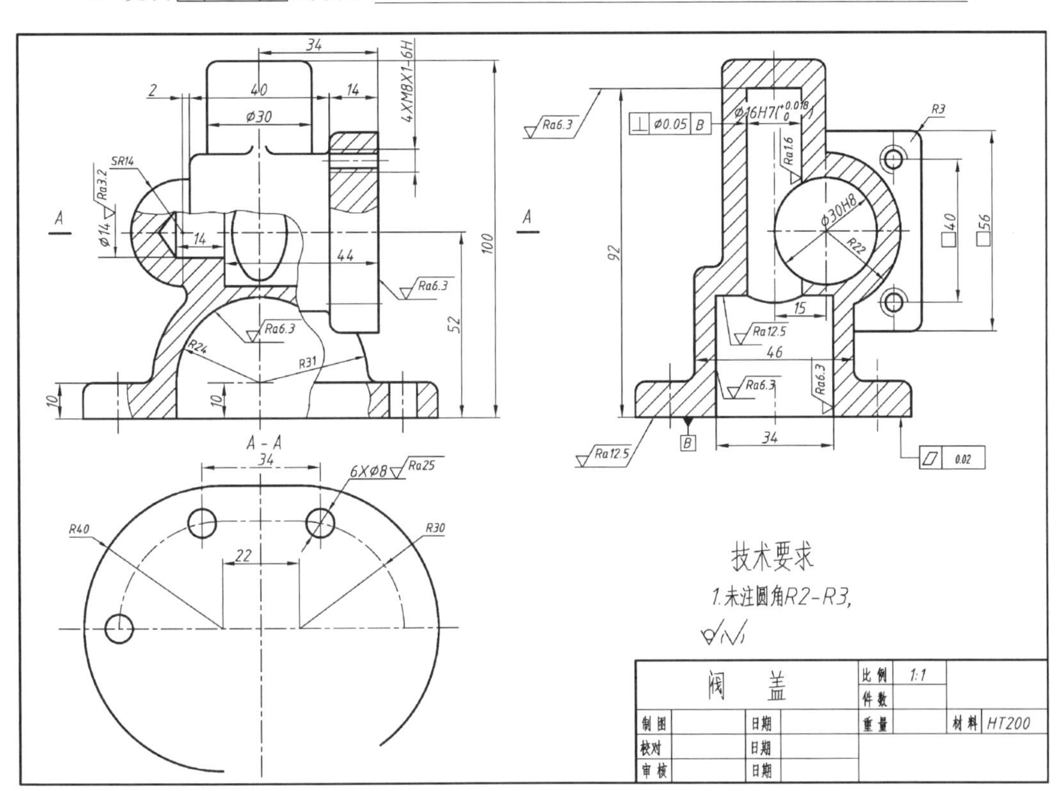

图 7-29 阀盖零件图

【解题分析】

这是一个箱体类零件，主体是由尺寸为 $R31$ 的前后放置的半圆柱和尺寸为 ϕ30 的垂直放置的圆柱体组成，其内部分别加工有尺寸为 $R24$ 的半圆柱形空腔和尺寸为 ϕ16H7

的圆柱形空腔；在主体的中间偏前叠加有尺寸为 $R22$ 的半圆柱、半圆柱右为厚 14 的 56×56 的正方形板、半圆柱左为尺寸 $\phi50$ 的圆柱和 $SR25$ 的半球体，其内部加工有尺寸为 $\phi30$、$\phi14$ 的圆柱孔，右边正方形板上有 4 个螺孔。底板是带有 6 个 $\phi8$ 安装孔的长圆形板，其立体图如图 7－30 所示。

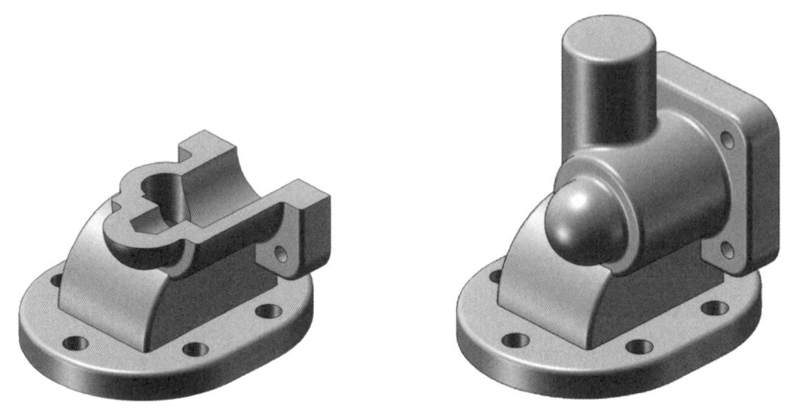

图 7－30　阀盖立体图

A—A 剖视图的剖切位置是水平通过 $\phi30$、$\phi14$ 圆柱孔的轴线（图 7－31）。

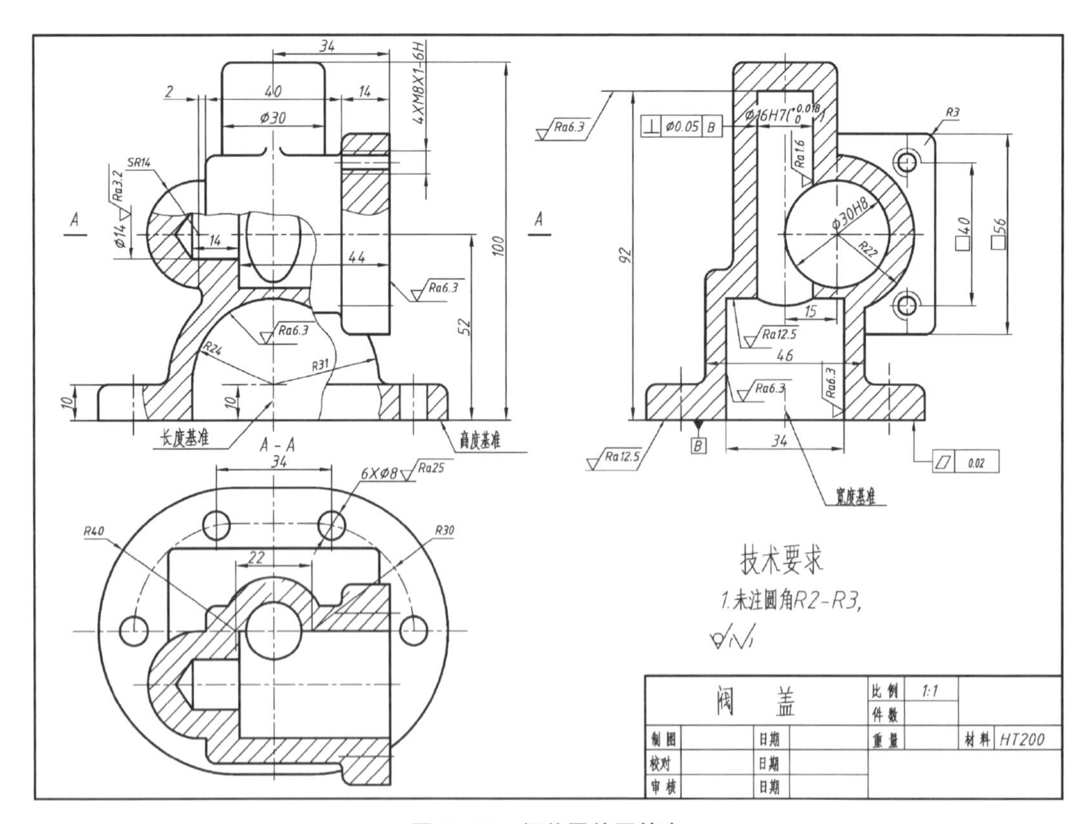

图 7－31　阀盖零件图答案

【作图步骤】

1. 通过分析并读懂题目给出的图形画出 A—A 剖视图，如图 7－31 所示。

尺寸基准：基本对称平面为长度基准，$\phi16H7$ 的轴线为宽度基准，高度基准是安装底板的底部端面（图 7－31）。

2. 填空。

（1）尺寸为 $\phi30H8$ 孔的定位尺寸为____34、15、52____。

（2）该零件的材料是____HT200____。

（3）阀盖上机加工表面粗糙度要求最高的是____$\phi16H7(^{+0.018}_{0})$圆柱孔内____表面，其粗糙度值为____1.6 μm____。

（4）在图中标注的尺寸 $\phi16H7(^{+0.018}_{0})$ 中，上极限尺寸为____$\phi16.018$____，尺寸公差是____0.018____，公差带位于零线的____上____方。

（5）说明 | ⊥ | $\phi0.05$ | B | 的含义____表示 $\phi16H7(^{+0.018}_{0})$ 的圆柱孔的轴线对安装底板的下表面的垂直度公差为 $\phi0.05$____。

7－13　看懂如图 7－32 所示的砂轮头架零件图，想象其形状。要求在图中指出长、宽、高三个方向的尺寸基准，在指定位置画出 A—A 剖视图。并完成下列填空：

（1）主视图和左视图采用的表达方案是________________。

（2）该零件的材料是____________，画图比例是________。

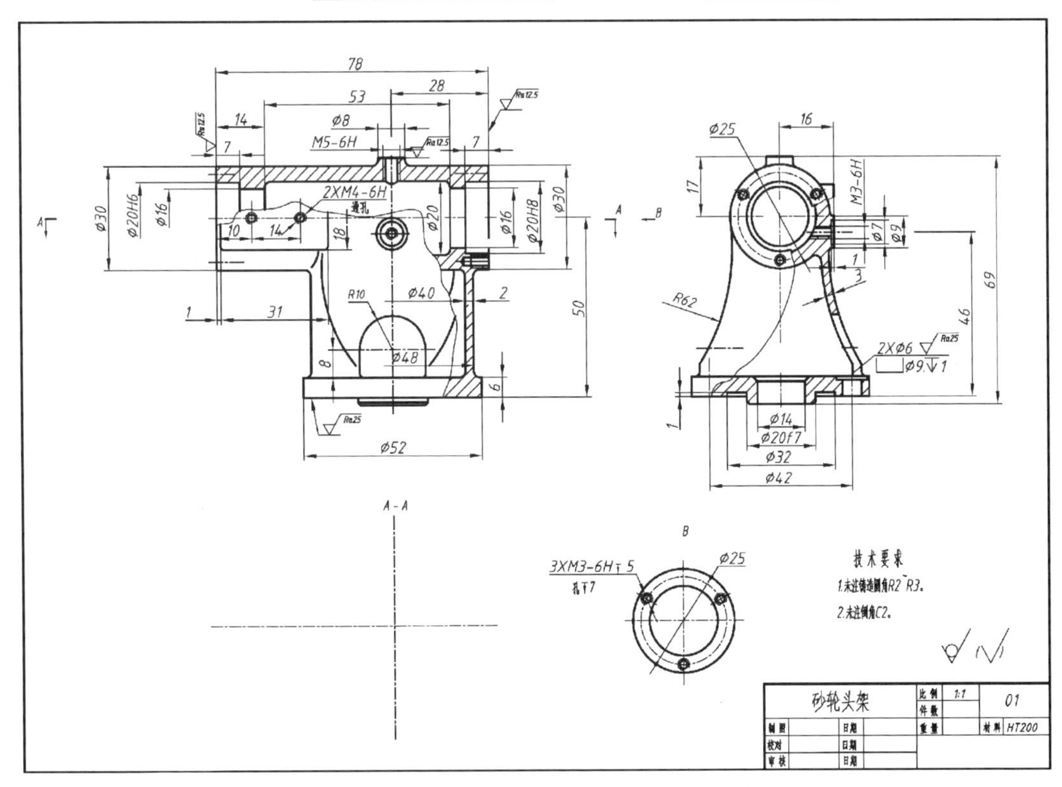

图 7－32　砂轮头架零件图

（3）2×ϕ6 指有＿＿＿＿＿＿个沉孔，沉孔大径为＿＿＿＿＿＿＿＿。

（4）ϕ20H8 表示公称尺寸为＿＿＿＿，公差带代号为＿＿＿＿，公差等级为＿＿＿＿，基本偏差代号为＿＿＿＿＿＿＿＿。

（5）2×M4－6H 螺纹孔的定位尺寸为＿＿＿＿＿＿＿＿＿。

（6）已知 ϕ20H6 孔的表面粗糙度代号为 $\sqrt{Ra3.2}$ 试标注在图上。

（7）已知 ϕ20H8 孔的轴线对 ϕ20H6 轴线的同轴度公差为 0.025，试标注在图上。

【解题分析】

这是一个叉架类零件，主体是外形为 ϕ30 的圆柱，内形从左往右排列有 ϕ20H6、ϕ16、ϕ20、ϕ16、ϕ20H8 的 5 个圆柱形空腔，其前面有一个方形和一个圆柱凸台，在方形凸台上加工有 2 个 M4－6H 螺孔，在圆柱凸台上加工有 ϕ9 圆柱孔和 M3－6H 的螺孔，主体上面还有一个 ϕ8 的圆柱凸台，内加工有 M5－6H 的螺孔；底板是带有两个 ϕ6 安装孔的圆柱体，其下还有一个尺寸为 ϕ20f7 的圆柱凸台，内有 ϕ14 的圆柱孔；砂轮头架的中部是圆筒形连接板，该连接板厚为 3，前后呈现半径为 R62 的圆柱形内弯，并在前后开有尺寸为 R10 和 8 的 U 形通孔，其立体图如图 7－33 所示。

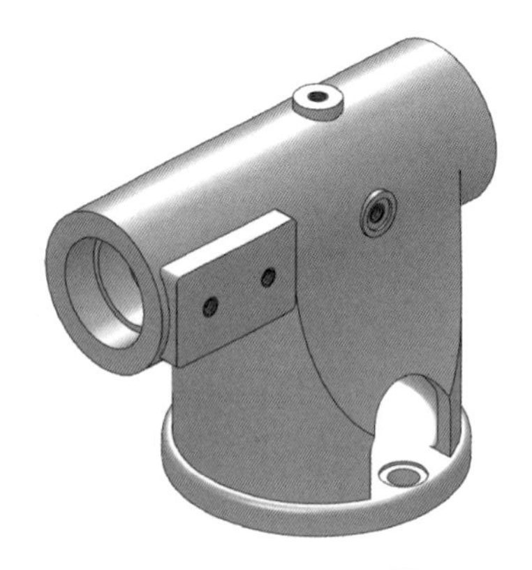
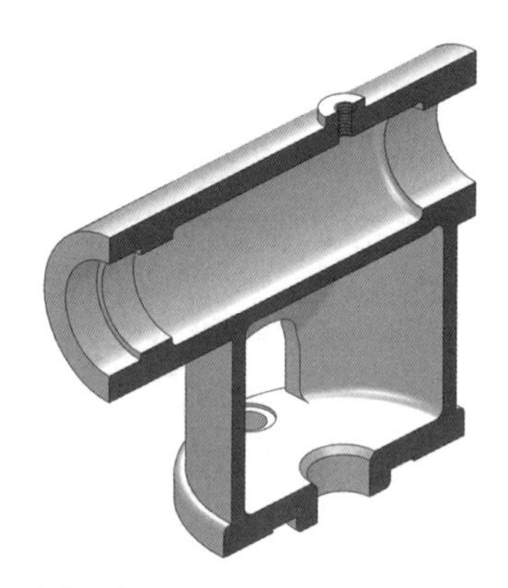

图 7－33　砂轮头架立体图

作 A—A 剖视图时注意剖切面下面的结构都要画出，特别注意该连接板上圆柱形内弯和 U 形通孔的相贯线。

【作图步骤】

1. 尺寸基准为：高度方向尺寸基准是连接板的下表面，长度方向尺寸基准是 ϕ48 圆柱轴线，宽度是零件前后基本对称面，如图 7－34 所示。

2. 填充：

（1）主视图和左视图采用的表达方案是＿局部剖视图＿。

（2）该零件的材料是＿HT200＿，画图比例是＿1∶1＿。

（3）2×ϕ6 指有＿2＿个沉孔，沉孔大径为＿ϕ9＿。

（4）ϕ20H8 表示公称尺寸为＿ϕ20＿，公差带代号为＿H8＿，公差等级为＿8＿，基本偏差代号为＿H＿。

(5) 2×M4－6H 螺纹孔的定位尺寸为 10、14、16、50 。

(6) 已知 ϕ20H6 孔的表面粗糙度代号为 $\sqrt{Ra3.2}$ 试标注在图上，如图 7－34 所示。

(7) 已知 ϕ20H8 孔的轴线对 ϕ20H6 轴线的同轴度公差为 0.025，试标注在图上，如图 7－34 所示。

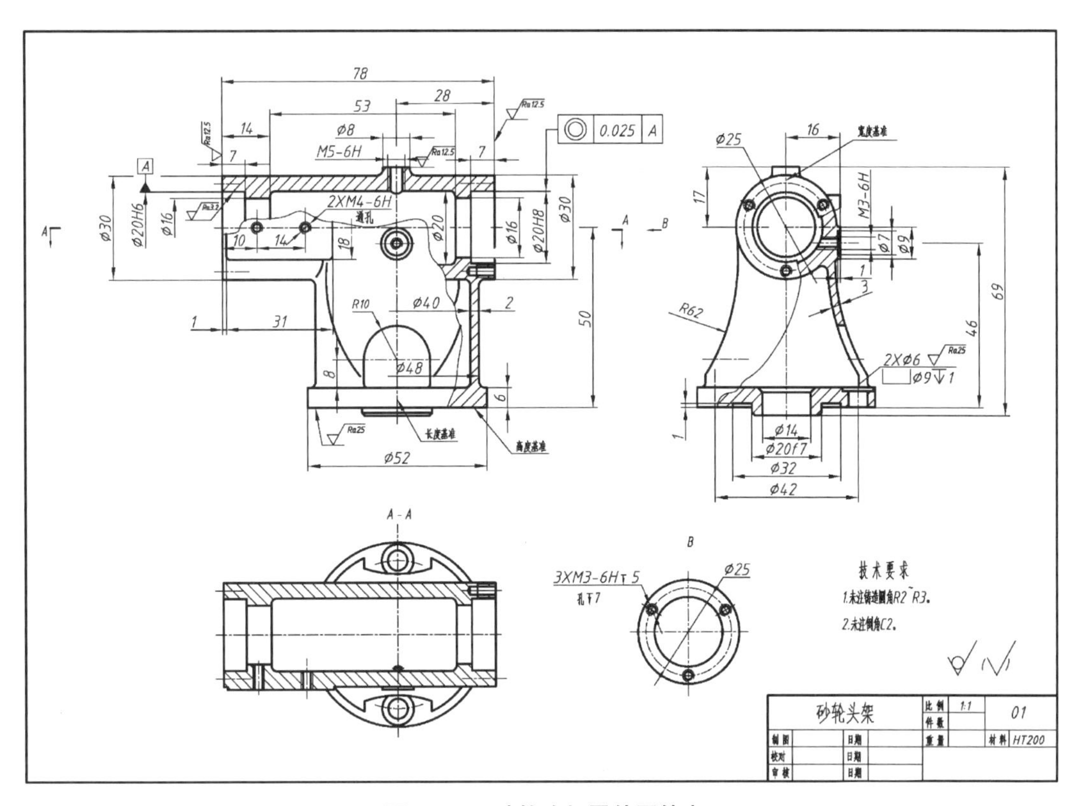

图 7－34 砂轮头架零件图答案

7.4 自测题

1. 零件图包括哪些内容，技术要求指哪些项目？
2. 零件表达方案的选择应如何进行，选择主视图时应考虑哪些因素？
3. 合理标注零件尺寸的方法与步骤是什么，尺寸基准该如何选择？
4. 什么是尺寸公差，在尺寸 ϕ50H8 中 ϕ50 是什么尺寸，H8 的含义是什么？
5. 什么是粗糙度，评定参数有哪些，标注粗糙度时应注意哪些方面？
6. 什么叫形位公差，怎样标注？
7. 读零件图的步骤是什么？

8　标准件与常用件

8.1　内容提要

在各种机械设备中，常会遇到一些通用零部件，如螺栓、螺钉、螺母、垫圈、键、销、滚动轴承等。它们的结构和尺寸都已标准化，这类零件称为标准件。还有一些广泛使用的零件，它们的部分结构也已标准化，如齿轮的齿形等，这类零件称为常用件。

标准件和常用件的某些结构形状比较复杂(如螺纹、齿轮等)，对这些结构不必按真实投影画出，可按国家标准制定的相应规定画法、代号和标记进行绘图和标注。

1. 螺纹的规定画法

螺纹的规定画法具体见表 8-1。

表 8-1　螺纹的规定画法

	一般螺纹	管螺纹
外螺纹	小径细实线画入倒角；牙顶(大径)用粗实线表示；倒角圆省略不画；大径 d；小径 d_1；按 $0.85d$ 画图；螺纹终止线；牙底(小径)用细实线表示；小侧面投影 3/4 圆	牙顶(大径)用粗实线表示；螺纹终止线；牙底(小径)用细实线表示
内螺纹	牙底(大径)用细实线表示；内螺纹终止线；牙顶(小径)用粗实线表示	牙顶用粗实线表示；倒角圆省略不画；大径 d；小径 d_1；螺纹终止线；牙底用细实线表示
内外螺纹旋合	钻孔深度；螺孔深度；约 $0.5d$；旋合长度；约 $0.5d$；旋合部分按外螺纹绘制；内、外螺纹小径线应对齐；内、外螺纹大径线应对齐	旋合部分按外螺纹绘制；余下的内螺纹部分；A；A—A；A

2. 螺纹紧固件的规定画法

螺纹紧固件的规定画法如图 8-1 所示。

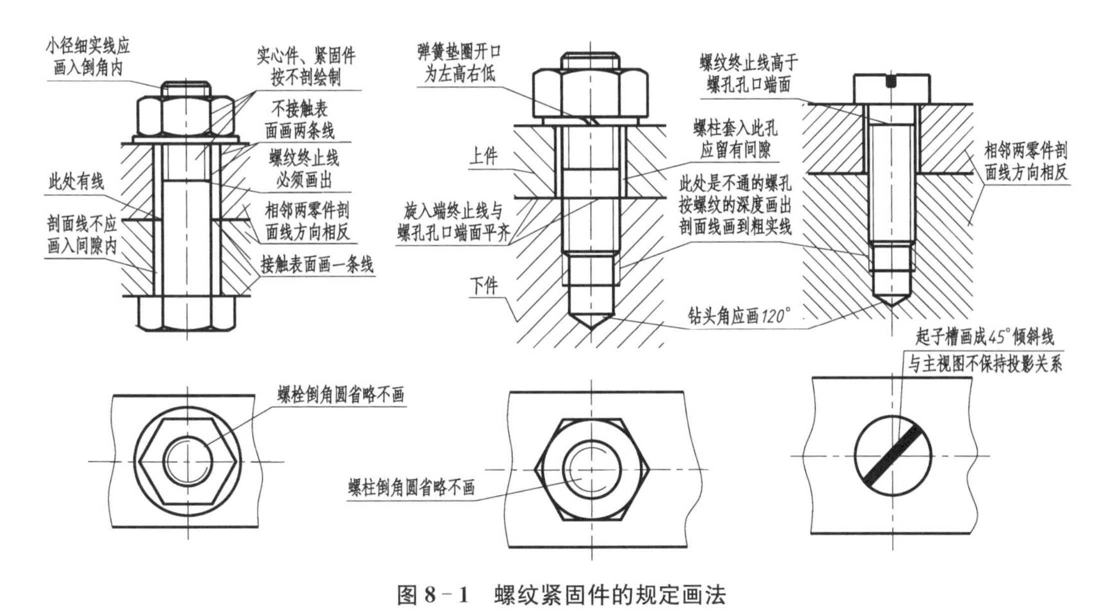

图 8-1 螺纹紧固件的规定画法

8.2 解题要领

求解这类题目时，应掌握国家标准制定的相关规定，分清真实结构和图样表达的差异，掌握规定画法、代号和标记进行绘图和标注方法，会查阅相关的国家标准手册。

重点是螺纹与螺纹连接的规定画法、直齿圆柱齿轮的图样画法。注意以下几点：

(1) 掌握螺纹的五要素基本概念、公称直径与大径的关系（一般螺纹的公称直径为大径，管螺纹的公称直径为管子的孔径）。

(2) 掌握内外螺纹、螺纹紧固件、键连接、销连接的画法。

(3) 螺纹标注的目的是表达螺纹的五个要素，应注意：单线螺纹不标注、右旋不标注、粗牙不标注螺距、管螺纹不标注螺距。

(4) 熟练掌握并查阅国家标准。螺纹紧固件应根据标准号、公称直径、计算长度；通过查阅国家标准表格来确定有效长度和其他尺寸；螺纹退刀槽则根据螺距查表得出。

(5) 键的尺寸根据轴的直径查表得出，长度则由设计确定。

8.3 解题指导

8.3.1 螺纹与螺纹紧固件

【问题一】 如何通过查阅国家标准获得螺纹大径、螺距、导程等数据？

8-1 按螺纹标注将其所表示的内容填入表8-2中的各栏空白处。

表8-2 题　目

螺纹标注	螺纹种类	内、外螺纹	大径	螺距	导程	线数	旋向	公差带代号	
								中径	顶径
M20-5g6g									
M20×1.5-6H									
Tr22×8(P4)LH-7e									
Rp1/2									

【解题分析】

根据表8-2中的螺纹标注，并查阅普通螺纹国家标准GB/T 193—2003、GB/T 196—2003，以及梯形螺纹国家标准GB/T 5796.2—2005、GB/T 5796.2—2005，查出螺纹的参数，填入表格(表8-3)。

表8-3 答　案

螺纹标注	螺纹种类	内、外螺纹	大径	螺距	导程	线数	旋向	公差带代号	
								中径	顶径
M20-5g6g	普通螺纹	外螺纹	20	2.5	2.5	1	右旋	5g	6g
M20×1.5-6H	普通螺纹	内螺纹	20	1.5	1.5	1	右旋	6H	6H
Tr22×8(P4)LH-7e	梯形螺纹	外螺纹	23	4	8	2	左旋	7e	
Rp1/2	密封管螺纹	内螺纹	20.955	1.814	1.814	1	右旋		

【问题二】 如何标注螺纹尺寸?

8-2 按给定条件，标注下列各螺纹尺寸(图8-2)。

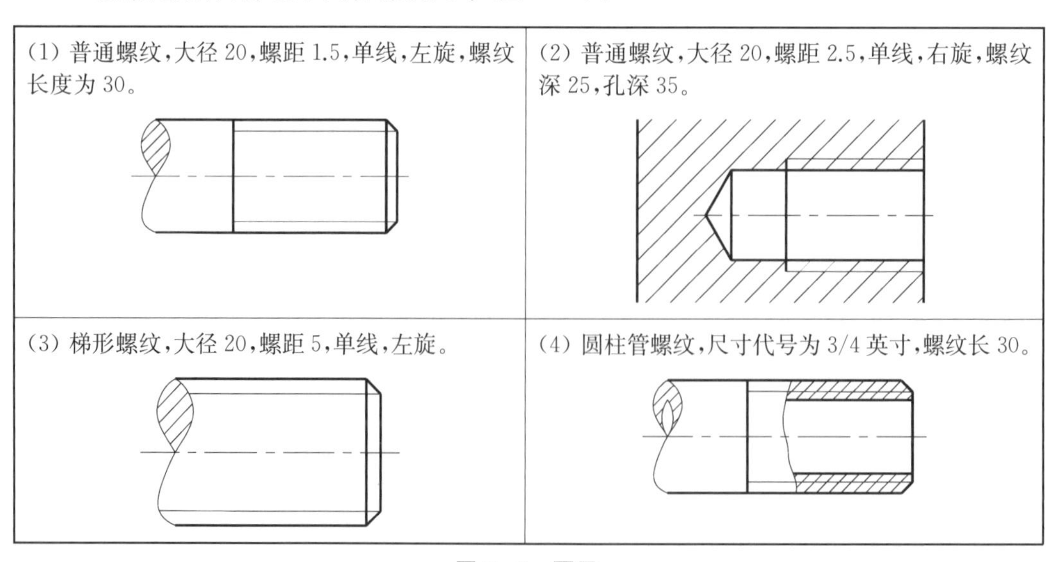

图8-2 题目

【解题分析】

熟悉螺纹的参数，根据图 8－2 中给定的螺纹参数，进行标注。对于普通螺纹的标注，应标注在大径上。螺纹标注格式如下：

【解题步骤】

具体见图 8－3。

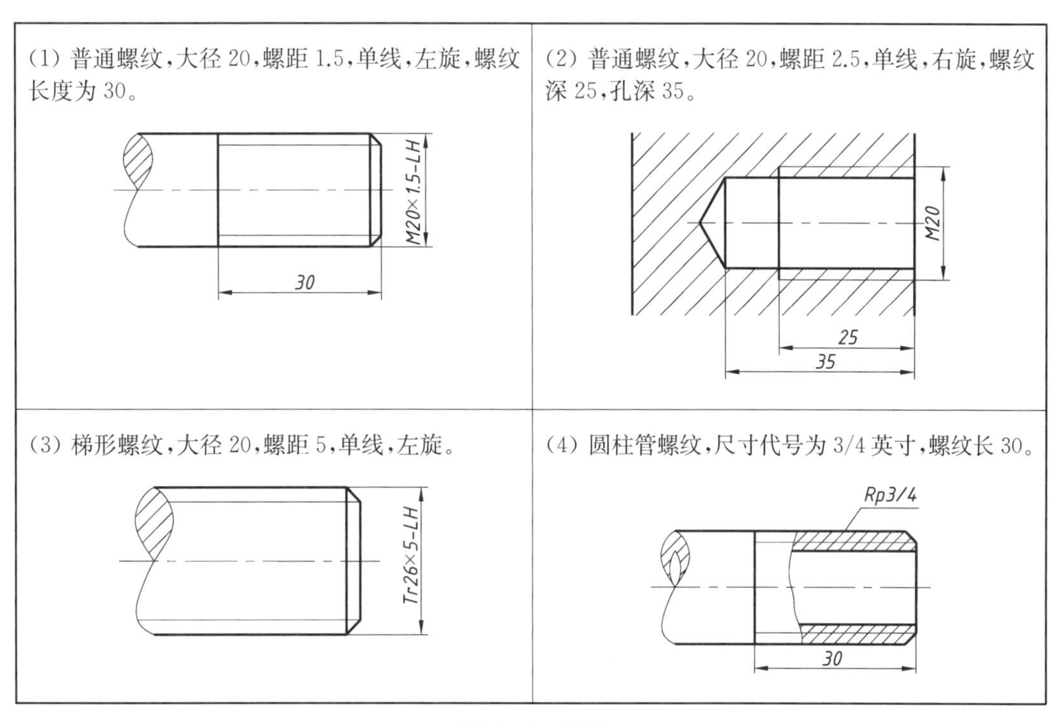

图 8－3　答案

8－3　在图 8－4 中标注出螺纹连接件的尺寸，并写出规定的标记。

(1) 六角头螺栓：螺纹规格 d＝M12，公称长度 l＝40 mm，性能等级为 8.8 级，表面氧化，A 级。

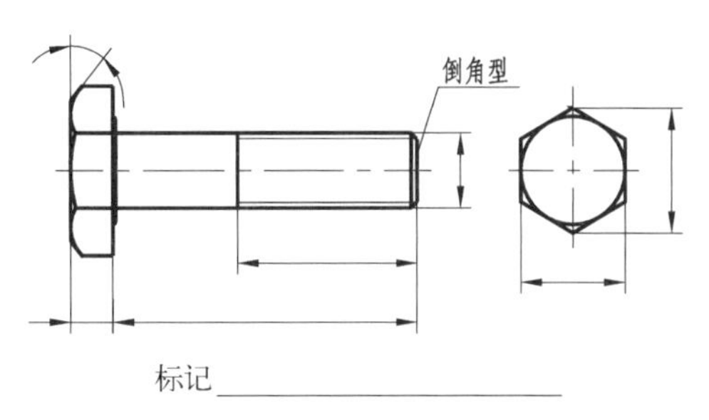

(2) 平垫圈- A 级：公称尺寸 d＝12，性能等级为 140 HV 级，不经表面处理。

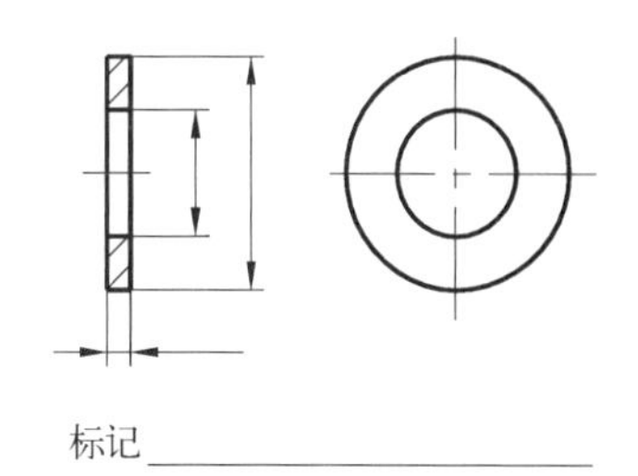

(3) 开槽圆柱头螺钉：螺纹规格 d=M10，公称长度 l=40 mm，性能等级为 4.8 级，不经表面处理。

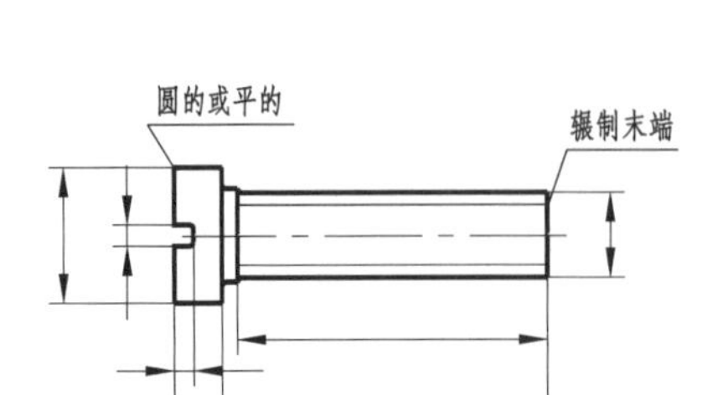

(4) I 型六角螺母：螺纹规格 D=M20，性能等级为 10 级，不经表面处理，A 级。

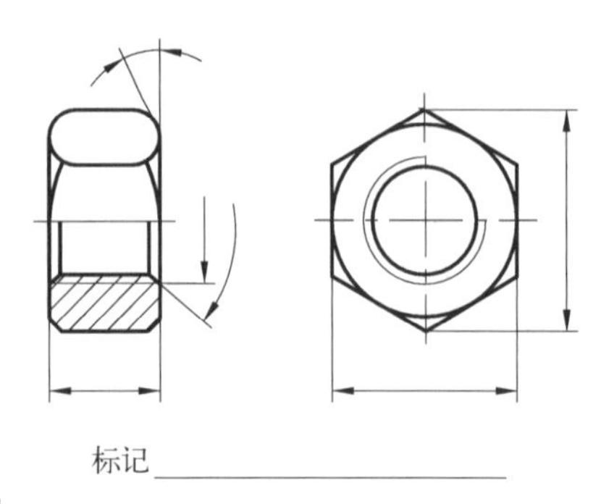

图 8-4 题目

【解题分析】

根据每小题给定的条件，查阅螺栓、垫圈、螺钉、螺母的国标表格 GB/T 5780、GB/T 97.2、GB/T 67、GB/T 41，得到相关螺纹数据。螺纹紧固件的简化标记通式为：名称 国标号 规格尺寸

【解题步骤】

见图 8-5。

(1) 六角头螺栓：螺纹规格 d=M12，公称长度 l=40 mm，性能等级为 8.8 级，表面氧化，A 级。

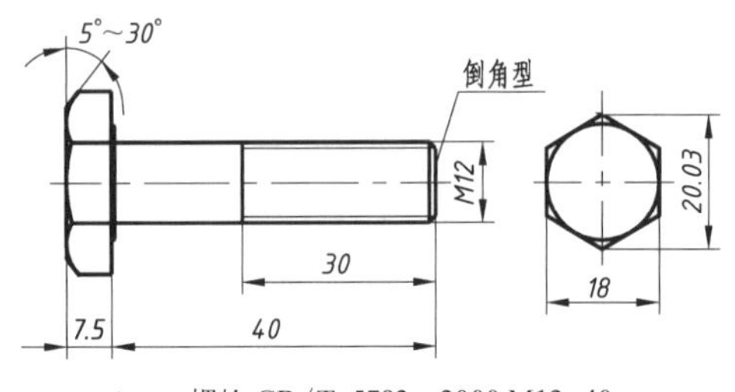

(2) 平垫圈-A 级：公称尺寸 d=12，性能等级为 140 HV 级，不经表面处理。

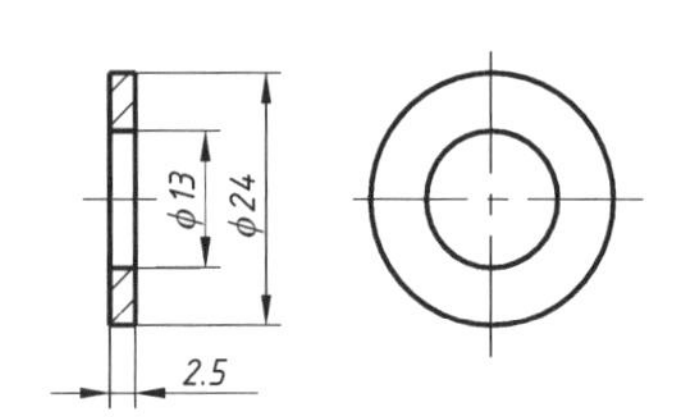

(3) 开槽圆柱头螺钉：螺纹规格 d=M10，公称长度 l=40 mm，性能等级为 4.8 级，不经表面处理。

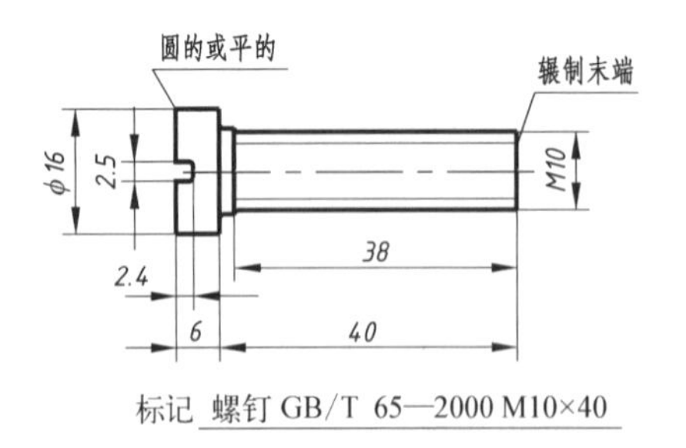

(4) I 型六角螺母：螺纹规格 d=M20，性能等级为 10 级，不经表面处理，A 级。

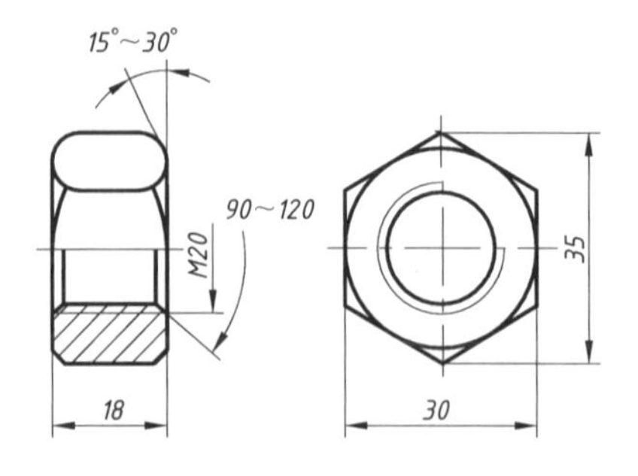

图 8-5 答案

【问题三】 绘制螺纹时常会出现哪些错误?

8-4 分析图 8-6 中螺纹及其连接画法的错误。

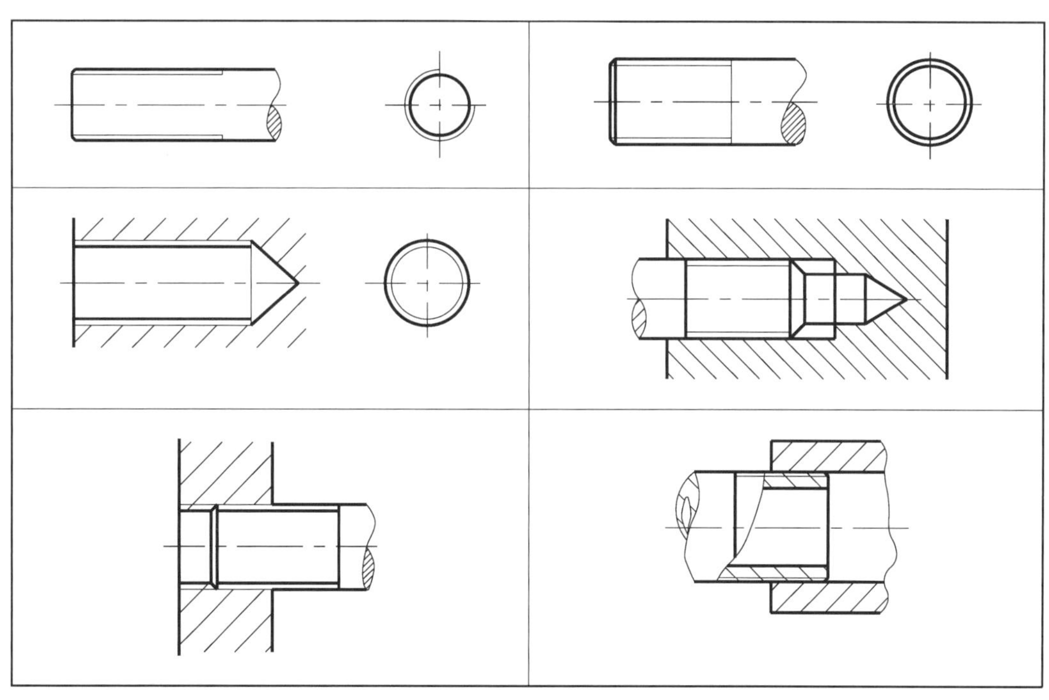

图 8-6 题目

【解题分析】

本题主要考核对内螺纹、外螺纹、内外螺纹旋合画法的掌握情况。题目中的错误画法是由于对螺纹的规定画法概念没有掌握,比如内外螺纹的大径和小径应分别相等,螺纹终止线为粗实线,剖面线画至粗实线,光孔钻头角为 120°,外螺纹小径应画至倒角,应区分螺纹大径和小径的线型等等。

【解题步骤】

在图中圈出错误,如图 8-7 所示。

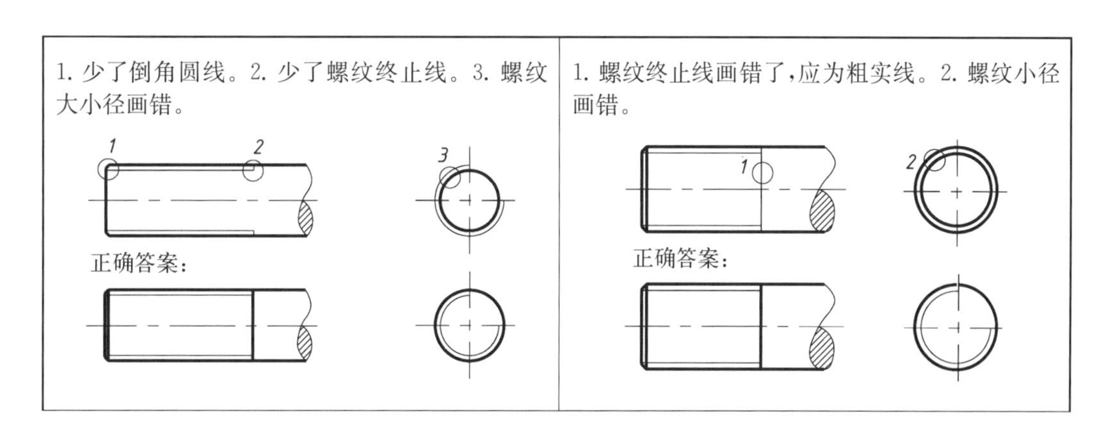

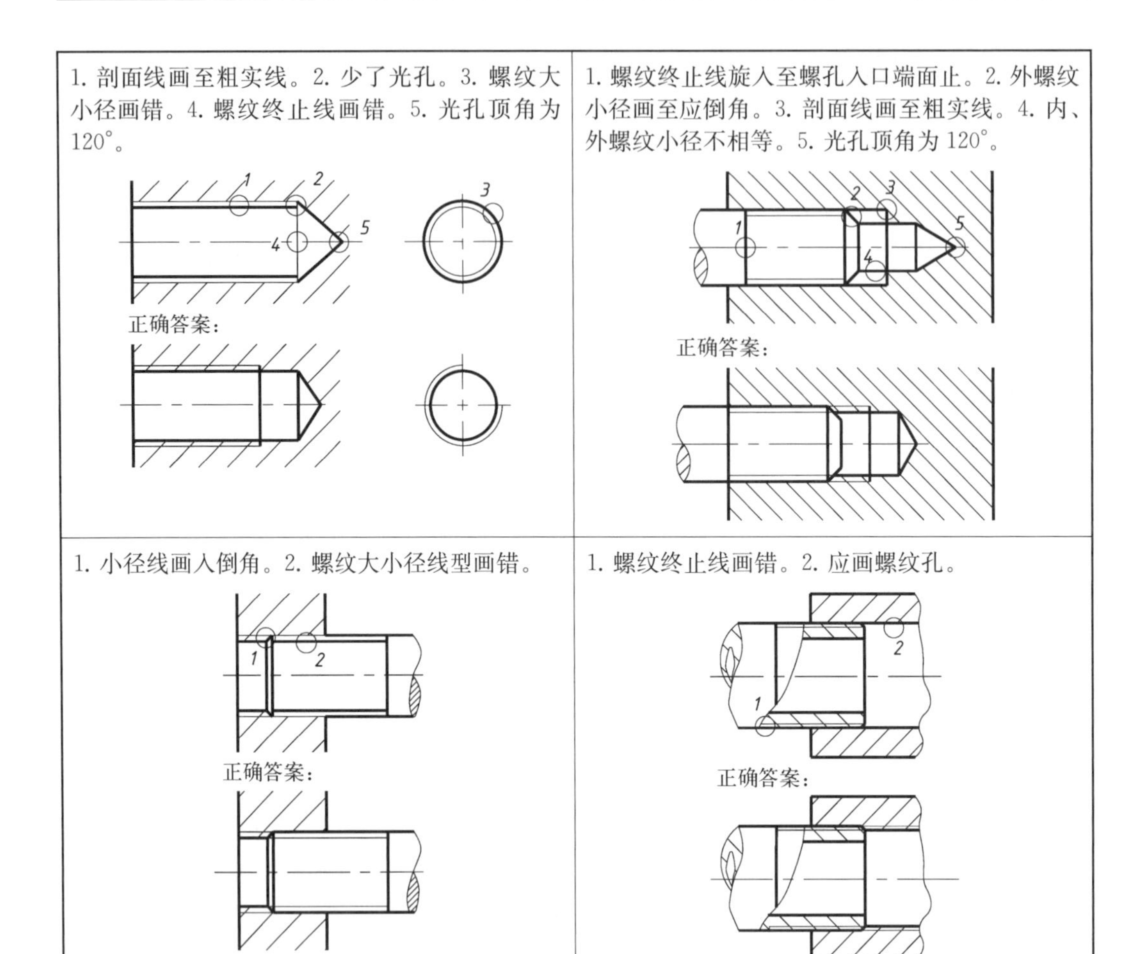

图 8-7 答案

8-5 如图 8-8 所示,分析图中螺纹连接件画法的错误,在指定位置画出正确的视图。

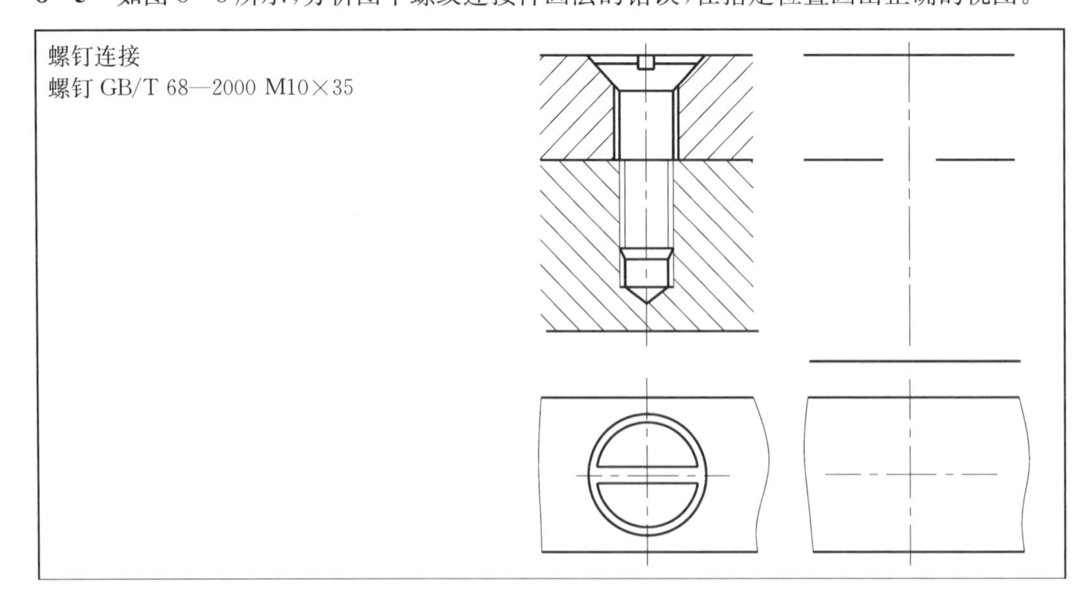

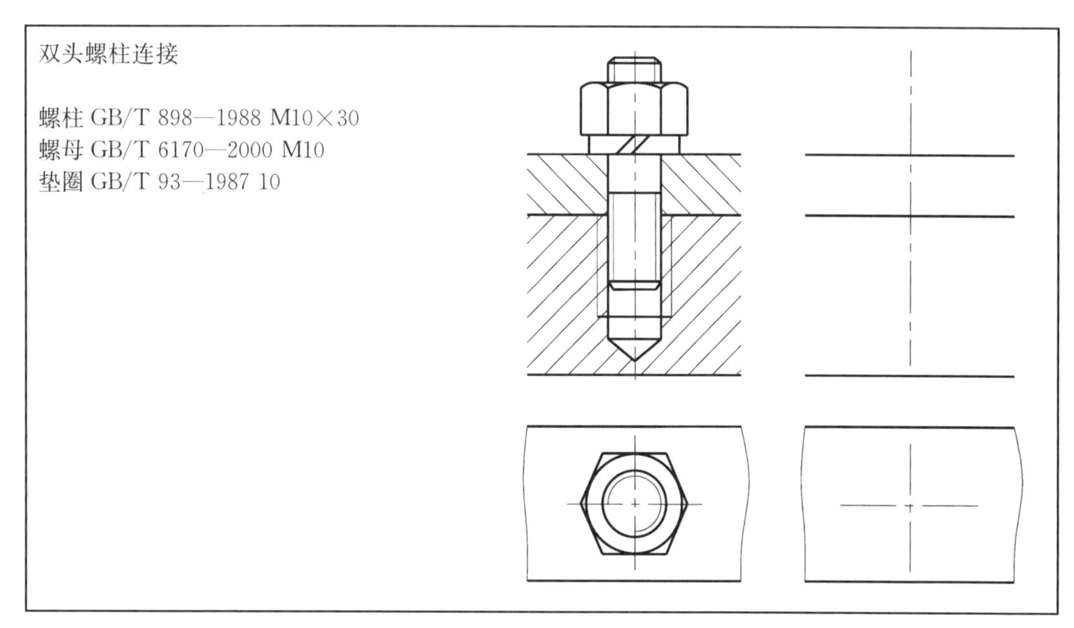

图 8-8 题目

【解题分析】

本题为螺钉连接和螺柱连接。

画螺钉连接时应注意：(1) 为了使螺钉能顺利地穿过孔结构，孔的尺寸必须大于螺钉的尺寸，即 $d_0=1.1d$，(d_0为孔的直径，d 为螺纹的大径)。(2) 为了使螺钉头部能压紧被连接零件，螺钉的螺纹终止线应高出螺孔的端面(在分界面以上)，或在全长加工螺纹。(3) 螺钉拧到位后还有多余的螺纹孔。(4) 螺钉头部的开槽，在投影图上可以涂黑表示。在主视图中要画成与投影面垂直的状态；在俯视图上，应按国标规定，将开槽画成向左下角方向 45°倾斜。

画螺柱连接时应注意：(1) 旋入端应全部旋入下部零件的螺孔内。因此，旋入端的螺纹终止线与下部零件的端面应平齐。(2) 下部零件的螺孔的螺纹深度应大于旋入端长度 b_m。绘制时，螺孔的螺纹深度可按 $b_m+0.5d$ 画出；钻孔深度可按 b_m+d 画出。(3) 弹簧垫圈倾斜方向应由左上向右下倾斜 70°。

本题目中的错误是由于对螺纹紧固件的规定画法概念没有掌握，比如：

(1) 外螺纹小径线应画入倒角处。

(2) 外螺纹大径应为粗实线。

(3) 螺孔长度比旋入长度长 $0.5d$，光孔长度比螺孔长度长 $0.2\sim0.5d$，剖面线应画至粗实线。

(4) 钻孔应画成 120°。

(5) 螺钉槽孔应倾斜 45°。

(6) 弹簧垫圈倾斜方向应由左上向右下倾斜 70°。

(7) 双头螺柱旋入端的螺纹终止线应与结合面平齐。

(8) 内外螺纹旋合时大小径线应对齐。

【解题步骤】

在图中用引线指出错误并标注，如图 8-9 所示。

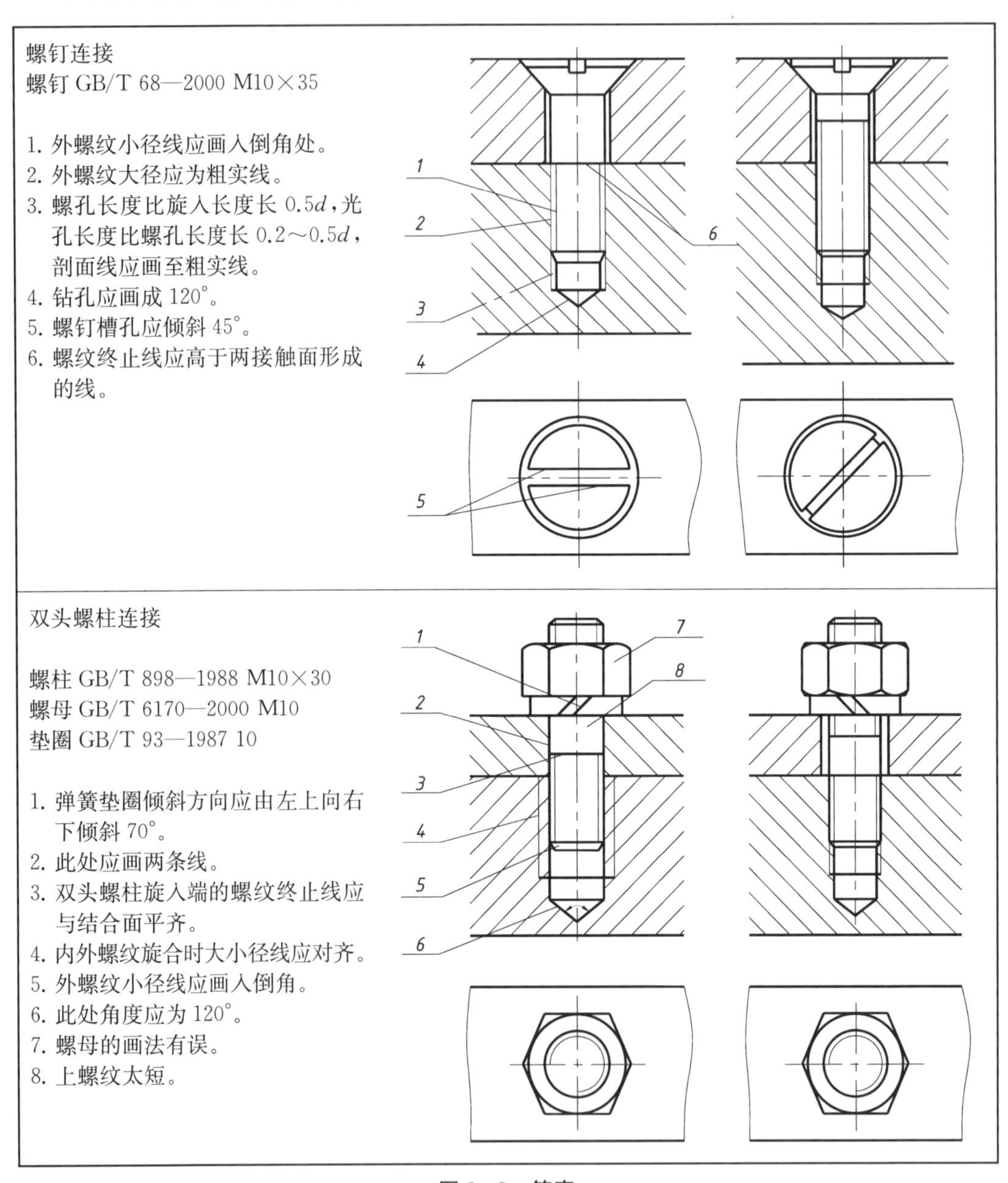

图 8-9 答案

8.3.2 齿轮

【问题四】 绘制齿轮时齿顶圆、齿根圆、分度圆的绘制有何规定？

画直齿圆柱齿轮的视图时应注意，除轮齿部分按上述规定画法绘制外，齿轮上的其他结构仍按投影画出。

8-6 画出直齿圆柱齿轮的啮合图(主视图全剖),其主要参数为:模数=2,齿数 $z_1=18$,$z_2=22$,带有平键槽的轴孔直径 $D_1=12$ mm,$D_2=15$ mm(图 8-10)。

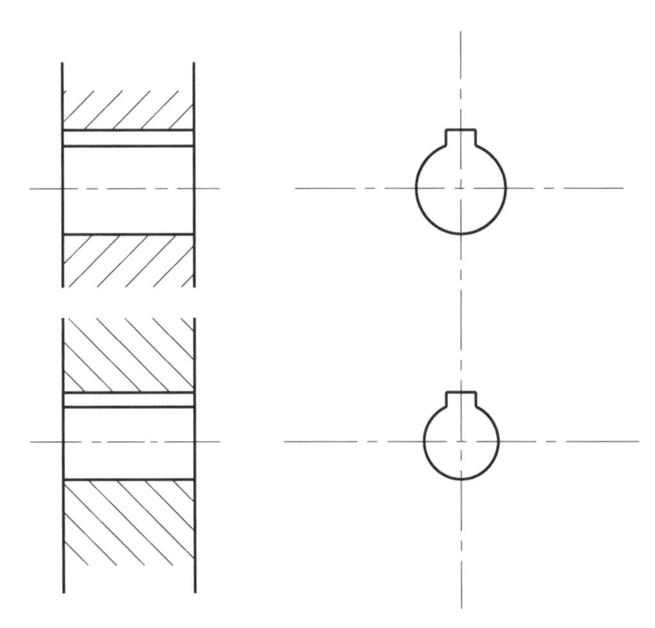

图 8-10 题目

【解题分析】

轮齿部分按下列规定绘制:

(1) 齿顶圆和齿顶线用粗实线表示。分度圆和分度线用点画线表示。齿根圆和齿根线用细实线表示,也可省略不画。

(2) 在剖视图中,当剖切平面通过齿轮的轴线时,轮齿部分一律按不剖处理。这时齿根线用粗实线绘制。

【解题步骤】

首先分别计算齿顶圆、齿根圆、分度圆直径,计算两啮合齿轮中心距,然后根据计算的直径绘图。

(1) 齿顶圆直径:$d_a=m(z+2)$。 $d_{a1}=40$,$d_{a2}=48$。

(2) 齿根圆直径:$d_f=m(z-2.5)$。 $d_{f1}=31$,$d_{f2}=39$。

(3) 分度圆直径:$d=mz$。 $d_1=36$,$d_2=44$。

(4) 两齿轮中心距:$A=\frac{1}{2}(d_1+d_2)=\frac{1}{2}m(z_1+z_2)=40$。

在投影为圆的视图中,两齿轮的分度圆(节圆)应该相切。啮合区内的齿顶圆仍画粗实线,也可省略不画。

在投影为非圆的剖视图上,啮合区内,节线重合,用点画线绘制;齿根线画粗实线;齿顶线主动齿轮画粗实线,另一个从动齿轮画虚线(也可省略不画)。非啮合区的画法与单个齿轮相同(图 8-11)。

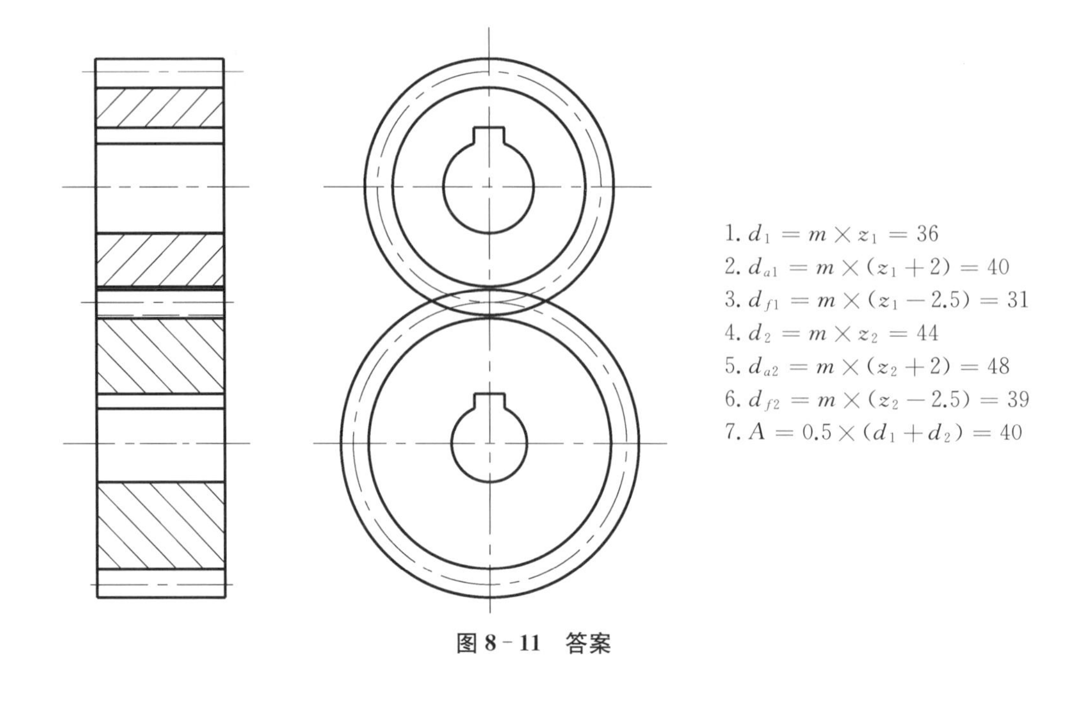

图 8－11　答案

8.3.3　轴承

【问题五】　如何按规定画法绘制轴承?

8－7　已知轴承代号 6407,用规定画法画出其轴向剖视图,并标注 D、d、B 尺寸。已知轴承代号 30310,用规定画法画出其轴向剖视图,并标注 D、d、T、B、C 尺寸。

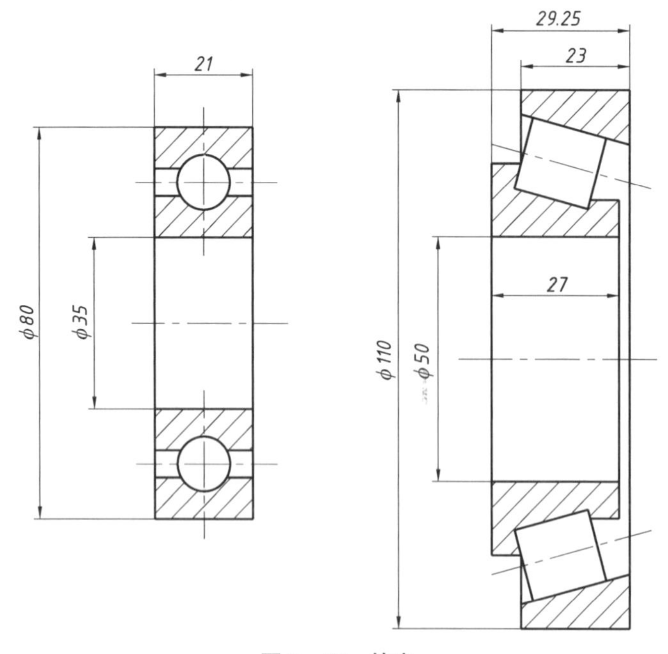

图 8－12　答案

【解题分析】

滚动轴承可以用通用画法、特征画法和规定画法绘制。由于本题要求按规定画法画，故需要查阅国家标准中关于轴承的表格。

【解题步骤】

通过查表得到轴承参数，按照轴承规定画法画出轴承轴向剖视图。滚动轴承剖视图轮廓应按外径 D、内径 d、宽度 B 等实际尺寸绘制，轮廓内可用规定画法，答案如图 8－12 所示。

8－8 解释轴承 304 的含义，并在图 8－13 中轴端安装该轴承，画出它与孔和轴的装配结构。

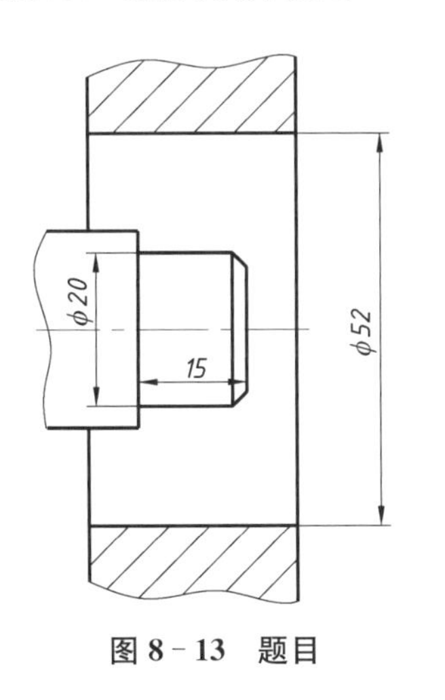

图 8－13 题目

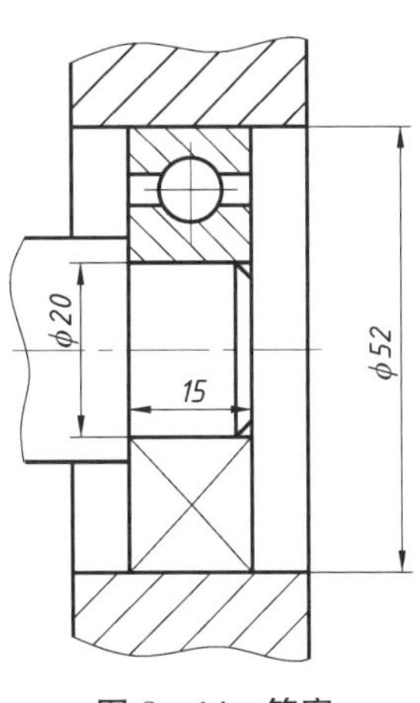

图 8－14 答案

【解题步骤】

通过查表得到轴承参数，按照轴承规定画法画出轴承轴向剖视图。滚动轴承剖视图轮廓应按外径 52、内径 20、宽度 15 等实际尺寸绘制，轮廓内可用规定画法。

答案：

304 的含义，向心球轴承，04 表示滚动轴承内径，为 20 mm，3 表示尺寸系列。

它与孔和轴的装配结构如图 8－14 所示。

8.3.4 键连接

【问题六】 绘制键连接图时应注意什么问题，如何查表绘制键连接图？

8－9 如图 8－15 所示，三角皮带轮和轴用平键连接，轴直径为 20 mm，请画出键连接图（选用 A 型普通平键，数据请查表）。

【解题分析】

绘制键连接的装配关系时应注意：（1）当沿键的长度方向剖切时，规定键按不剖绘制；当沿键的横向剖切时，键上应画出剖面线。（2）为了表示键和轴的连接关系，通常在轴上采取局部剖视。

普通平键连接时，键的两个侧面为其工作面。依靠键与键槽的相互挤压传递扭矩。装配后它与轴及轮毂的键槽侧面接触，故应画成一条线；键的顶部与轮毂底之间留有间

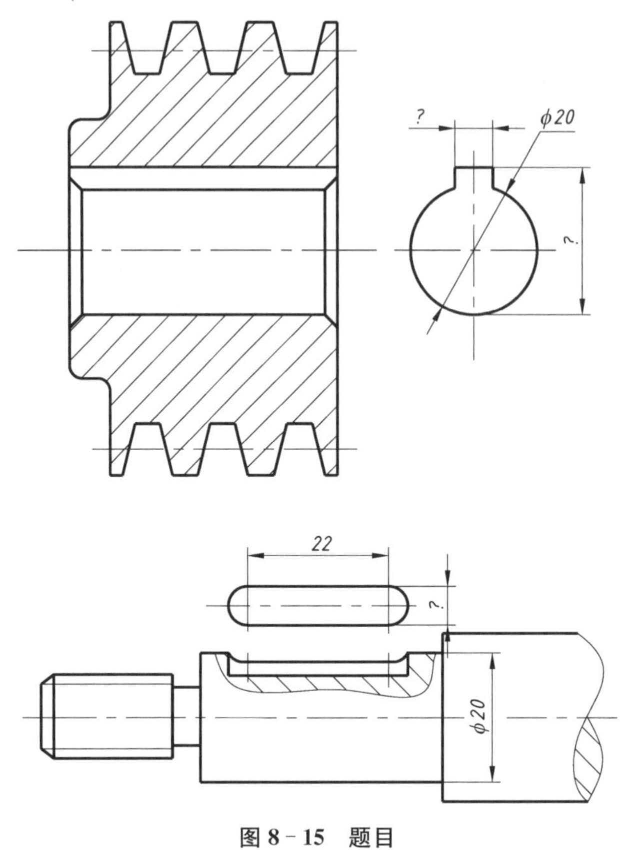

图 8-15　题目

隙，为非工作表面，应画成两条线。

【解题步骤】

根据轴的直径查键的标准 GB/T 1095—2003，得出它的尺寸 $b=6$，$h=6$，$d+t_2=22.8$，$d-t_1=16.5$。根据所查尺寸画出键连接装配图，如图 8-16 所示。

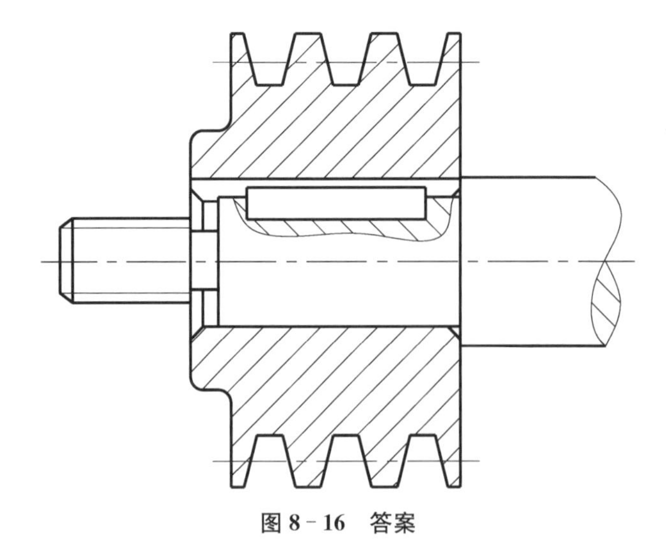

图 8-16　答案

【问题七】 绘制键、螺栓、紧定螺钉和销连接时通常容易犯哪些错误?

8-10 如图 8-17 所示,请指出图中错误并纠错,然后将正确的图画出。

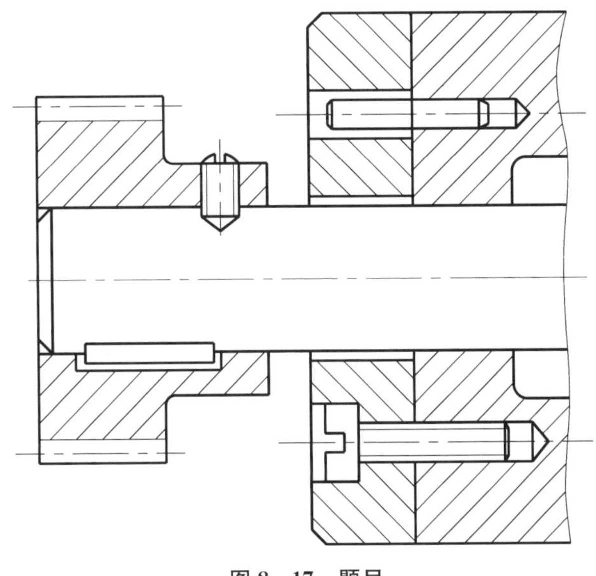

图 8-17 题目

【解题分析】

此题有螺钉连接、键连接、销连接、齿轮画法等。题目中的错误是由于对键连接、销连接、紧定螺钉、螺纹紧固件的规定画法没有完全掌握,如图 8-18 所示:

(1) 齿根线用粗实线表示。

(2) 紧定螺钉旋入轮毂的螺孔,使螺钉尾部 90°锥面与轴上的锥坑压紧,从而固定轮毂和轴的相对位置。

(3) 主视图中为了表达轴上紧定螺钉,应画局部剖视。

(4) 主视图中为了表达轴上键槽,应画局部剖视。

(5) 轮毂上键槽结构为贯通,故此处无线。

(6) 销孔直径与销直径相等时画一条线。

(7) 此处无线。

(8) 此处角度应为 120°。

(9) 沉孔直径大于螺钉头直径,应画两条线。

(10) 此处应画两条线。

(11) 应有螺孔结构,长度比旋入长度长 $0.5d$。

(12) 钻头角角度应为 120°。

【解题步骤】

在图中用引线指出错误,如图 8-18 所示。

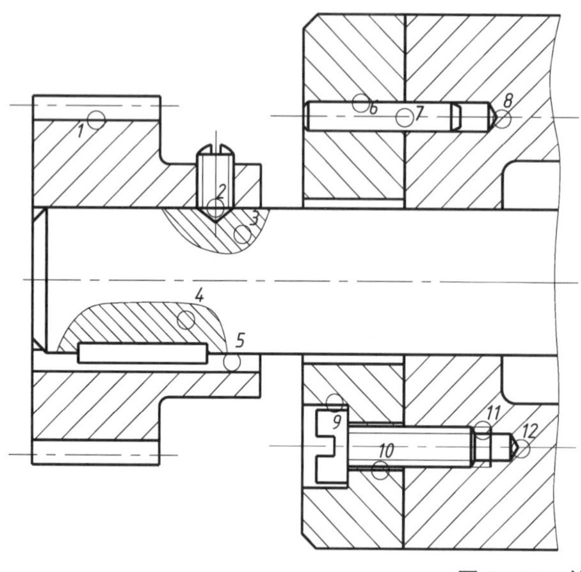

1. 齿根线用粗实线表示。
2. 紧定螺钉旋入轮毂的螺孔，使螺钉尾部90°锥面与轴上的锥坑压紧，从而固定轮毂和轴的相对位置。
3. 主视图中为了表达轴上紧定螺钉，应画局部剖视。
4. 主视图中为了表达轴上键槽，应画局部剖视。
5. 结构为通孔，故此处无线。
6. 销孔直径与销直径相等时画一条线。
7. 此处无线。
8. 此处角度应为120°。
9. 沉孔直径大于螺钉头直径，应画两条线。
10. 此处应画两条线。
11. 应有螺孔结构，长度比旋入长度长0.5d。
12. 钻头角角度应为120°。

图8-18 答案

8.4 自测题

1. 螺纹的五要素是________、________、________、________、________。只有当内、外螺纹的五要素________时，它们才能互相旋合。

2. 螺纹的三要素是________、________、________。当螺纹的三要素都符合国家标准规定的称为________螺纹；牙型不符合国家标准的称为________螺纹；牙型符合国家标准，但____________不符合国家标准的称为特殊螺纹。

3. 外螺纹的规定画法是：大径用________表示，小径用________表示，终止线用________表示。

4. 在剖视图中，内螺纹的大径用________表示，小径用________表示，终止线用________表示。不可见螺纹孔，其大径、小径和终止线都用________表示。

5. 标注为M10×1-6g的螺纹是(　　)。

A. 细牙普通螺纹　　B. 粗牙普通螺纹　　C. 管螺纹

6. 已知直齿圆柱齿轮的齿数$Z=50$，模数$m=2$，其分度圆直径是(　　)。

A. $\phi 100$　　B. $\phi 104$　　C. $\phi 96$

7. 用钻头加工不通孔时，其孔端锥角应画成(　　)。

A. 60°　　B. 90°　　C. 120°

8. 模数是(　　)。

A. 米　　B. $p \cdot n$　　C. p/π

9. 对于标准直齿圆柱齿轮，下列说法正确的是(　　)。

A. 齿顶高>齿根高　　B. 齿高=2.5 m

C. 齿顶高＝2.5 m　　　　D. 齿顶高＝齿根高

10. 已知直齿圆柱齿轮分度圆的直径 $d=105$ mm，齿数 $Z=35$，则齿轮模数 m 为(　　)。

A. 2.5 mm　　B. 4 mm　　C. 2.75 mm　　D. 3 mm

11. 锯齿形螺纹的代号是(　　)。

A. G　　B. Tr　　C. B　　D. M

12. 用于紧固的螺纹类型为(　　)。

A. 普通螺纹　　B. 梯形螺纹　　C. 管螺纹　　D. 矩形螺纹

13. 深沟球轴承主要用于承受径向载荷，也可承受部分轴向载荷，这句话是否正确(　　)。

A. 正确　　B. 不正确

9　装 配 图

9.1　内容提要

装配图是工业生产中重要的技术文件之一，是本课程学习最终所有知识的综合应用，也是学习后继课程和工作必备的基本技能，看懂装配图是了解机器工作特点的起点，画出装配图是我们表达机器结构的最终目的。

一张装配图通常有下列基本内容：一组图形、必要的尺寸、零件编号及明细栏、技术要求、标题栏。其中装配图的尺寸标注有规格(性能)尺寸、装配尺寸、安装尺寸、外形尺寸、其他重要尺寸。装配图与零件图的区别见表 9-1。

表 9-1　装配图与零件图的区别

	零 件 图	装 配 图
一组视图	以表达零件整体和各部分结构、形状为目的，要求这一组视图完全把结构、形状和各部分相对位置确定下来	以表达零、部件的连接、装配关系和工作原理为目的，各个零件结构形状不要求完全表达清楚 除了各种用于表达零件的图样画法完全可以使用外，另有规定画法、特殊画法和简化画法
尺　寸	作用是将零件整体大小(及形状)和各部分大小(及形状)完全确定。因此，要求尺寸完全，千万不可缺少尺寸	作用是表达配合关系，外廓大小，部件性能、规格和特征以及与其他零部件的安装关系，所以只需标注少量的必要尺寸
技术要求	为保证加工制造质量而设，多以代(符)号标注为主，文字说明为辅	为装配、安装、调试而说明，多以文字表述为主
其　他	有标题栏	除有标题栏外，还有零件编号、明细栏，以便于读图和管理

本章装配图的特点是内容复杂、涉及知识面广，与实际应用紧密结合。在学习中应掌握装配图画法的一些规定，装配关系的表达方法有如下规定。

1. 规定画法

(1) 两零件的接触表面和配合表面只画一条公用的轮廓线。

(2) 不接触表面和非配合表面(基本尺寸不同)，画两条线，即要画出各自的轮廓线。即使间隙很小，也必须将其夸大画出两条线。

(3) 两个(或两个以上)相互接触的零件，剖面线的倾斜方向应相反，或者方向相同但间隔不等。同一零件在各视图上的剖面线方向和间隔必须一致。

(4) 在装配图中，对于螺钉等紧固件及实心零件如轴、手柄、连杆、拉杆、球、销、键等，当剖切平面通过其轴线(沿轴线剖切)或对称平面时，这些零件均按不剖绘制。如需要特别表明零件的构造如键槽、销孔等，则可采用局部剖视。当剖切平面垂直这些零件的轴线时，则应照常画出剖面符号。

(5) 当零件厚度在 2 mm 以下时，剖切后允许以涂黑代替剖面符号。

2. 特殊画法

(1) 拆卸画法：在装配图中，当某些零件遮住了所需表达的内容时，可假想将一个或若干零件拆卸后绘制，这种方法称为拆卸画法。要记住：只有当影响装配关系和工作原理表达时才拆卸。

(2) 沿零件的结合面剖切：在装配图中，如果是沿某些零件的结合面剖切，在零件结合面上不画剖面符号，但被剖切到的其他零件仍应画出剖面符号。

(3) 单独画出某个零件：在装配图中可以单独画出某一零件的视图，但必须在相应视图的附近用箭头指明投射方向和命名，在所画视图的上方注出该零件的序号，并注上该零件的视图名称。

(4) 假想画法：与本部件有关，但不属于本部件的相邻零件(部件)，可用双点画线画出，以表示连接关系。零件运动的极限位置也可以用双点画线表示。

(5) 夸大画法：对薄片零件、细丝弹簧、微小间隙等，若按它们的实际尺寸在装配图中很难画出或难以明显表达时，都可不按比例而采用夸大画法。

(6) 展开画法：在画传动系统的装配图时，为了在表示装配关系的同时能表示出传动关系，常按传动顺序，用多个在各轴心处首尾相接的剖切平面进行剖切，并将所得剖面按顺序摊平在一个平面上绘出剖视图称为展开画法。用此方法画图时，必须在所得展开图上方标出“×-×展开”字样。

3. 简化画法

(1) 在装配图中，零件的倒角、圆角、凹坑、凸台、沟槽、滚花、刻线及其他细节等可不画出。

(2) 对于装配图中若干相同的零(组)件、部件，可以仅详细地画出一处，其余则以点画线表示中心位置即可。

(3) 在装配图中，当剖切平面通过某些标准产品的组合件，或该组合件已在其他视图上清楚地表示时，可以只画出其外形图。装配图中的滚动轴承需要表示结构时，可在一侧用规定画法，另一侧用通用画法简化表示。

(4) 被弹簧挡住的结构按不可见轮廓绘制，可见部分应从弹簧的外轮廓或从弹簧簧丝的中心线画起。

(5) 在能够清楚表达产品的特征和装配关系的条件下，装配图可仅画出其简化后的轮廓。

(6) 装配图中可省略螺栓、螺母、销等紧固件的投影，只用点画线和指引线指明它们的位置。

9.2　解题要领

本章常见题型有两大类，一类是依据已知零件图拼画装配图，另一类是读装配图并从中拆画零件图。做题时应分别注意以下几点要领。

1. 由零件图拼画装配图

主视图选择时应分析部件的功能，部件的组成，各零件的相互位置和连接、装配关系，各零件的作用，部件中的零件形成几条装配线和几个零散装配点，分清各装配线的主、辅（次）地位。装配线指的是为实现某一局部功能或动作装配在一起的一串零件（大多数情况下这串零件具有共同的轴线或中心线）。

画装配图时，根据画图顺序有以下两种方法：

（1）由内向外：从各装配线的核心零件开始，按装配关系逐层扩展画出各个零件，最后画箱（壳）体等支撑、包容零件。

（2）由外向内：先将起支撑、包容作用的体量较大、结构较复杂的箱（壳）体或支架等零件画出，再按装配线和装配关系逐次画出其他零件。

2. 由装配图拆画零件图

在设计新机器时，经常是按功能要求先设计并绘制出装配图。装配图表达了零件间的装配关系，又表达了零件主要结构。然后再根据装配图拆画零件图，将各零件结构、形状大小完全确定，以利于加工制造。根据装配图画零件图的工作称为“拆图”，拆图的过程往往也是完成零件设计的过程。

具体步骤如下：

（1）全面了解设计意图和装配体的工作原理、装配关系、技术要求及每个零件的结构形状。在读懂装配图的基础上，将要拆画的零件的结构、形状完全确定。首先从零件的序号和明细栏中找到要拆画零件的序号和名称，根据序号指引线所指的部位，找到该零件在装配图中的位置。再根据同一零件在剖视图中剖面符号一致的规定就可以把所要拆画的零件从相关的视图中分离出来。

（2）根据零件类型，选择视图表达方案。零件图上的视图表达方案需按零件图要求重新考虑，不能简单按装配图视图方案照抄而不去选择。一般情况下，箱体类零件的主视图可以与装配图一致。对于轴套类零件，一般按加工位置轴线水平放置选取主视图。

（3）按零件图绘图步骤和方法画视图。在结构形状上，一要利用零件对称性、常见结构的特点填补被遮盖结构的投影；二要填补在装配图中简化未画的倒角、圆角、沟槽等结构，并符合国标规定，可简化不画的需要做正确标注。

（4）标注尺寸，要做好抄、查、量、算、估的工作，使尺寸标注完整、合理。装配图中所注出的尺寸都是比较重要的，应在有关的零件图上直接注出这些尺寸。对于配合尺寸和某些相对位置尺寸要注出偏差值。与标准件相连接或配合的尺寸，如螺纹的有关尺寸、销孔直径等，应从相应的标准中查取。未标注的尺寸可用比例尺从装配图上直接量取标注。

对于一些非重要尺寸应取为整数。

(5) 标注技术要求。零件图上的技术要求将直接影响零件的加工质量和使用性能。此项工作涉及相关的专业知识,如加工、检验和装配等,初学者可通过查阅有关手册或参考其他同类型产品的图纸加以比较再确定。

(6) 根据装配图明细栏中该零件相应内容填写零件图的标题栏,完成全图。

解题时还应注意:

(1) 对于一个装配体,应根据零件的编号和明细栏,了解整台机器或部件所含零件的种数,并按如下分类决定是否需要绘制零件图。

① 标准件:标准件大部分属于外购件,不需要画出零件图,只要将它们的序号及规定的标记代号列表即可。

② 常用零件:应画出常用件的零件图。并且须按照装配图提供的尺寸或设计计算的结果绘图(例如齿轮等)。

③ 一般零件:一般零件是绘图的主要对象,需要绘制零件图。

(2) 当部件中某些零件具有不同形态时,在装配图中应画成工作状态或有调整余地的中间状态。例如,阀门应画成关闭截流状态;弹簧应画成受力压缩(或拉伸)状态。

9.3 解题指导

9.3.1 由零件图拼画装配图

【问题一】 由零件图拼画装配图有哪些步骤,如何选择主视图及其表达方案?

【问题二】 如何分析装配体上装配线的结构,绘制装配图时有哪些要注意的问题?

【问题三】 装配关系的表达方法有哪些规定?

9-1 拼画装配图。根据手压阀轴测图(图 9-1)、示意图(图 9-2)和零件图(图 9-3、图 9-4)拼画装配图。要求:

(1) 根据给出的手压阀零件图,仔细阅读每张零件图,想象每个零件的形状,并根据示意图和工作原理,一一查对每个零件,按尺寸找出零件之间相互关系,搞清手压阀的原理和功用。

(2) 画出手压阀的装配图。认真选定表达方案、确定比例,合理布置图面,留出标注尺寸和零件序号的空间。

【解题分析】

阀是用来在管道中控制气、液流流量大小以及开启、关闭的部件,常常由阀体、阀盖、阀门(或阀杆、阀瓣)、密封装配和操纵机构五部分构成。据此可以分析手压阀装配体的工作原理。

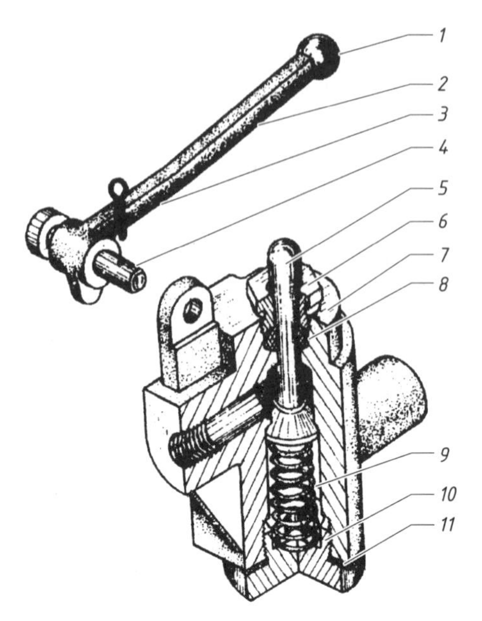

图 9-1 手压阀立体图

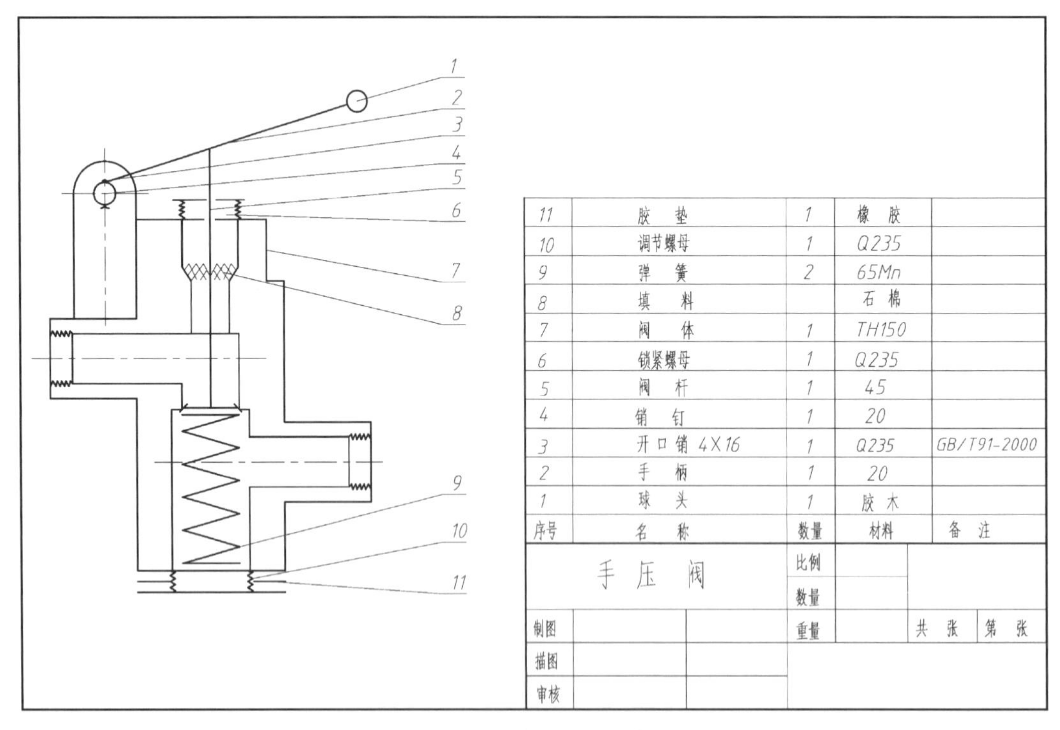

11	胶 垫	1	橡 胶	
10	调节螺母	1	Q235	
9	弹 簧	2	65Mn	
8	填 料		石 棉	
7	阀 体	1	TH150	
6	锁紧螺母	1	Q235	
5	阀 杆	1	45	
4	销 钉	1	20	
3	开口销 4X16	1	Q235	GB/T91-2000
2	手 柄	1	20	
1	球 头	1	胶 木	
序号	名 称	数量	材料	备 注

图 9-2 手压阀装配示意图

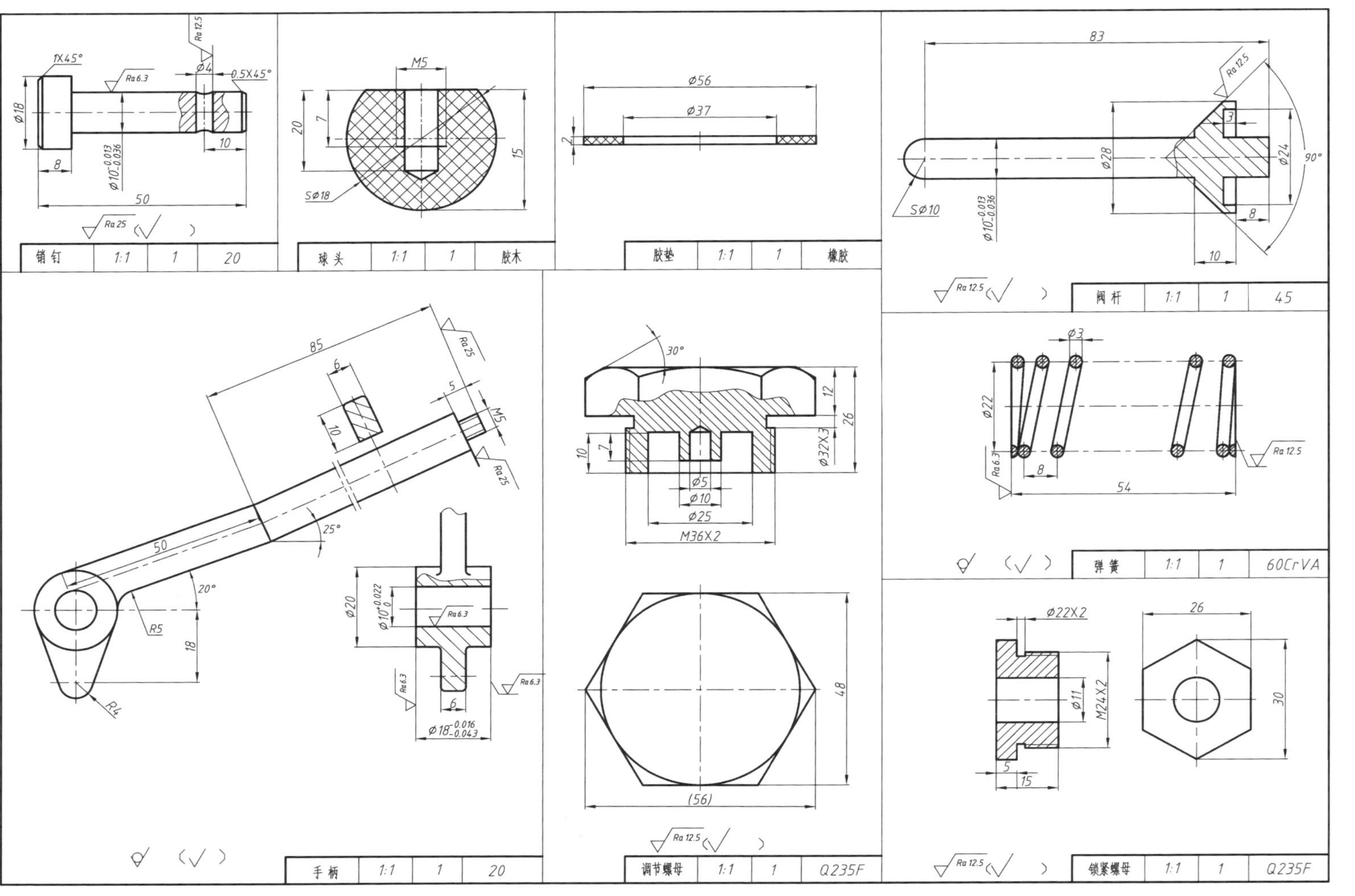

图9-3 手压阀其他零件图

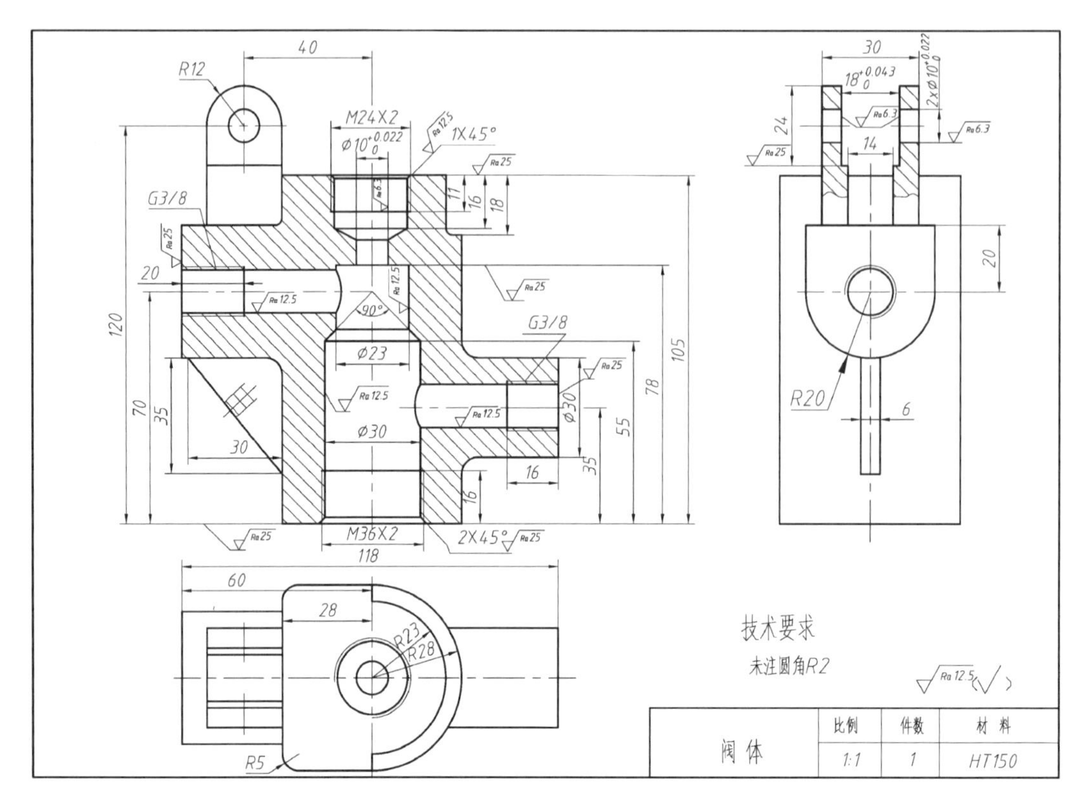

图 9-4　手压阀阀体零件图

确定手压阀的装配线，通过了解各装配线的装配关系，了解整个部件的结构和工作原理。

分析装配线步骤一般包括(以下各项可互相结合、穿插分析)：

(1) 该装配线含有哪些零件。

(2) 各零件主要结构、形状。

(3) 各零件如何定位、固定。

(4) 零件间的配合情况。

(5) 各零件的运动情况。

(6) 各零件的作用。

(7) 该装配线装、拆、调整的顺序和方法。

首先分析各零件的运动情况和部件的工作原理。零件或部件的工作状态和安装状态，零件或部件间的位置关系、安装、固定方式。

主视图应能反映部件的工作状态和安装状态；反映部件的整体形状特征；表示主装配线零件的装配关系；表示部件的工作原理；表示较多零件的装配关系。

如果不能同时满足时，应优先保证前面两项，以利于对部件全貌有所表达，为形成其他视图奠定基础，并便于与总装配图对照阅读。其他视图可采用适当的画法把未表示的内容(其他装配线、零散装配点、工作原理、对外安装关系及必要的零件结构、形状等)表示出来，从而在装配图上表达完全并确定结构形状。

【作图步骤】

1. 分析所画的装配体，了解手压阀的装配关系和工作原理。

就手压阀而言，其主要装配线是沿铅直轴线装配的阀杆等零件，另外还有一条沿销钉轴线方向上的辅助装配线。

在主要装配线上，阀体中的阀杆是关键零件，阀杆依靠其下方的弹簧顶起压紧阀体实现阀门关闭动作。阀体与阀杆之间加进填料 8 密封，并旋入填料锁紧螺母 6 进行压紧。阀体和调节螺母 10 通过螺纹拧紧连接，并用垫圈 11 密封。

阀体 1 的左、右两端螺纹连接出口、进口管。

手柄 2 通过销钉 4 与阀体上部连接，利用开口销 3 防止松动，手柄与球头 1 之间采用螺纹连接，下压手柄时，手柄压紧阀杆，阀杆克服弹簧的弹力向下移动，实现阀门打开的动作。

由此可知手压阀是一种手动开启或闭合流体通道的阀门，当握住手柄向下压紧阀杆时，弹簧因受力压缩使阀杆向下移动，液体入口与出口相通；当手柄向上抬起时，由于弹簧力的作用，阀杆向上压紧阀体，使液体入口与出口不通。

2. 确定表达方案。

将手压阀的各零件的结构及零件间的连接方式都逐一分析清楚后，就可以考虑装配图的表达方案了。

主视图的选择——一般是按照手压阀工作位置放置，主视图的投射方向看到手压阀的通路(水平位置)。主视图采用全剖视以便清晰表达各个主要零件以及零件间的相互关系。

其他视图的选择——选取俯视图和左视图补充表达手压阀的外形结构和其他装配关系。

俯视图——主要反映手压阀的外形结构，反映手柄与阀体上连接部分的关系。

左视图——作局部剖视图补充反映阀体、手柄、销钉、开口销的装配情形，左边外形部分反映阀体左端安装面的结构形状。

3. 画装配图。

确定了部件的表达方案后，则可根据部件大小与复杂程度，选取适当比例，安排各视图的位置，从而选定图幅。

(1) 画出各视图的主要轴线(装配线)、对称中心线和作图基线(某些零件的基面或端面)。注意：布局时应留有供编写零件序号、明细栏，以及注写尺寸和技术要求的位置。

(2) 先画轴线上的主要零件——阀体的轮廓线，三个视图要联系起来画。

(3) 根据阀体、阀杆的相对位置，沿铅直轴线(主要装配线)画出主要零件：阀杆、弹簧、调节螺母、锁紧螺母、填料等。

(5) 画出销钉水平轴线(次要装配线)上的其他零件：手柄、销钉、球头开口销。

(6) 视图底稿画完后，经仔细校对投影关系、装配连接关系、可见性问题后，按装配图上各相邻连接件剖面符号方向的规定画法，在所选的剖视和剖面图上加画剖面符号，注意同一零件在视图中的剖面符号应一致。

(7) 加深图线。

(8) 按装配图的要求标注尺寸：标注规格尺寸、配合尺寸、安装尺寸、重要的相对位置尺寸以及总体尺寸。

(9) 逐一编写并整齐排列各组成零件(或部件)的序号。填写明细栏、标题栏。经过最后校核后，在标题栏中签署姓名和日期。

按以上作图步骤，全部完成后的手压阀装配图如图 9－5 所示。

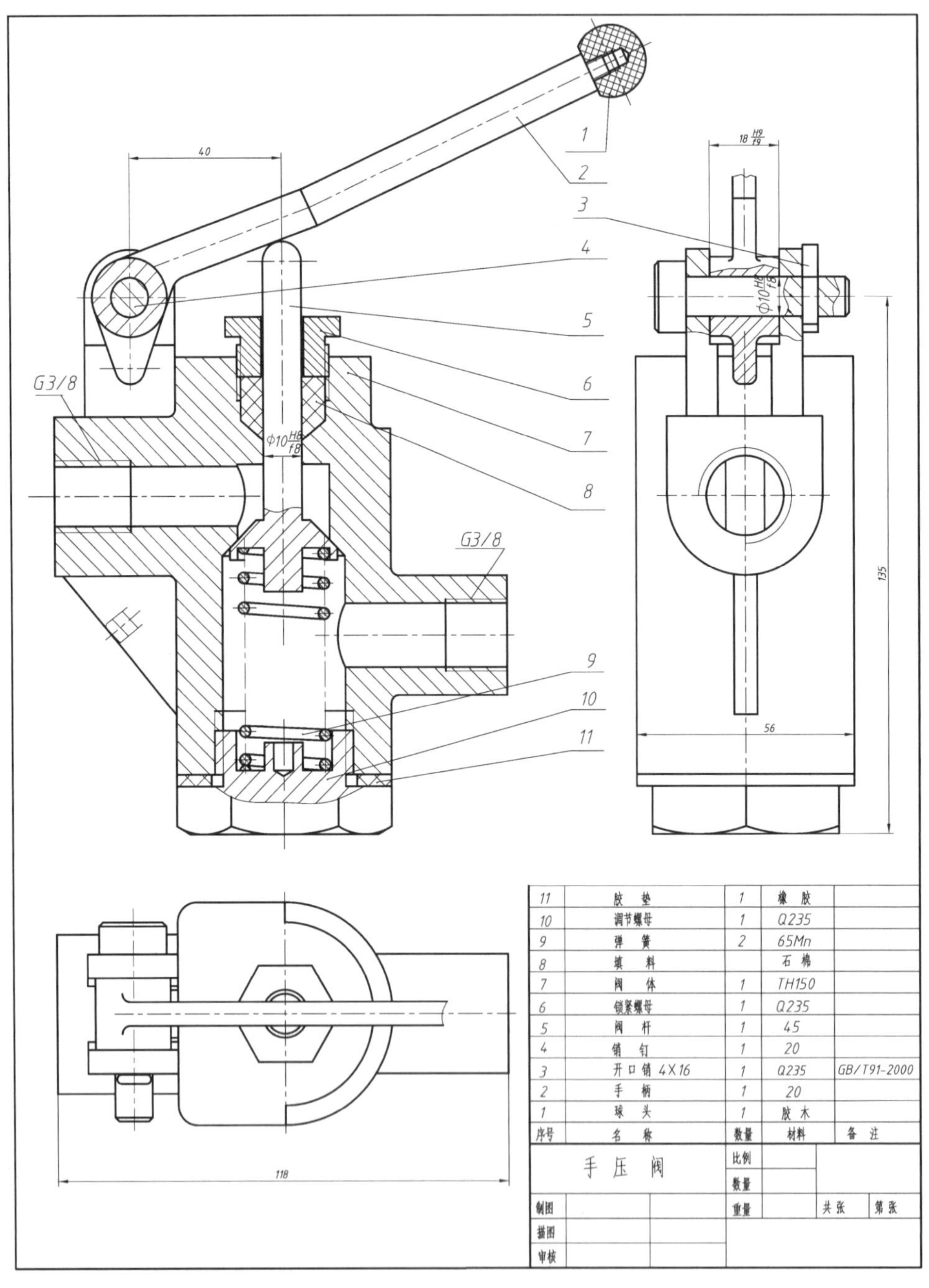

图 9－5　手压阀装配图答案

4. 注意点：

(1) 画相邻零件时，应从两零件的装配结合面或零件的定位面开始绘制，以正确定出它们在装配图的装配位置。如画阀杆时，应从阀杆的锥面（与阀体的接触面）开始画起。

(2) 画各零件的剖视图时，应注意剖和不剖、可见和不可见的关系。一般可优先画出按不剖处理的实心杆、轴等，然后按剖切的层次，由外向内、由前向后、由上而下绘制，这样被挡住或被剖去部分的线条就可不必画出，以提高绘图效率。

(3) 锁紧螺母 6 与阀体间留有间隙，若填料磨损，密封效果不佳时可以进一步拧紧锁紧螺母以调整密封状态。

9.3.2　阅读装配图和由装配图拆画零件图

【问题四】　如何阅读装配图；怎样由装配图拆画零件图；拆画零件图一般有几个步骤？

【问题五】　如何从装配图中分离各个零件，综合想象部件整体结构有哪三个原则？

9-2　看懂蝴蝶阀的装配图（图 9-6），回答读图问题，并拆画阀体的零件图。

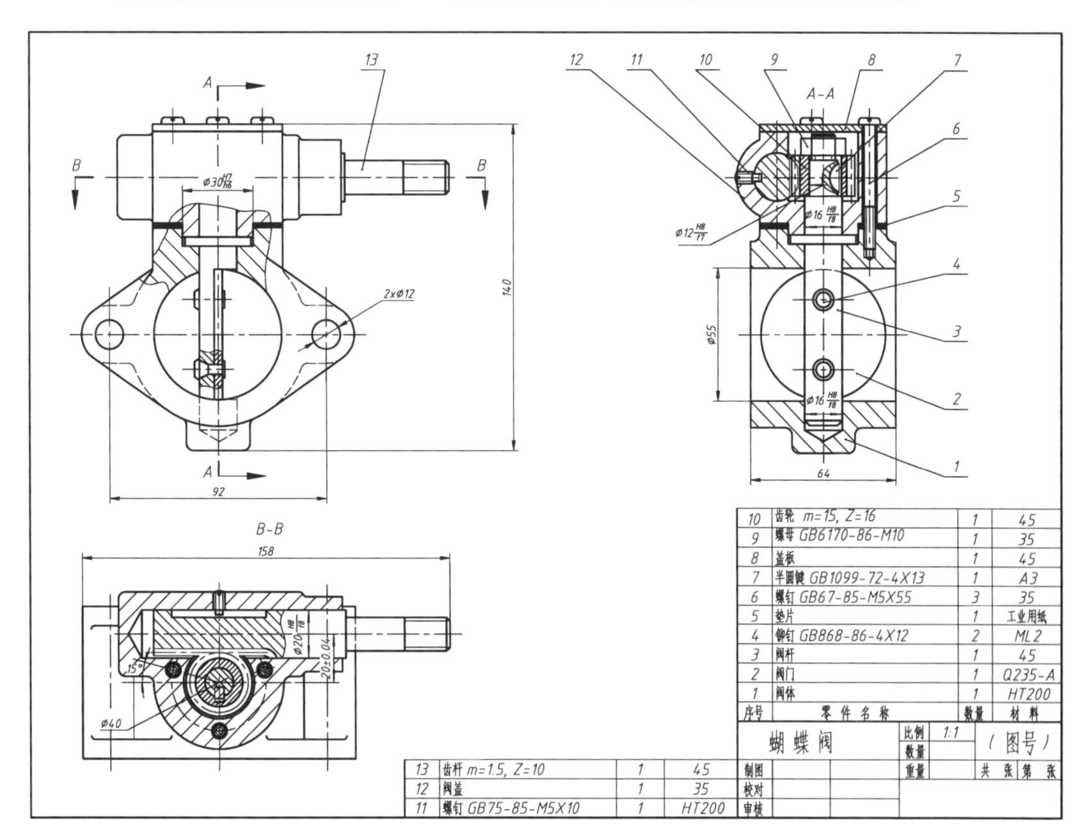

图 9-6　蝴蝶阀的装配图

【解题分析】

首先由标题栏了解零件的数量与种类，根据名称可初步判断其大致功能和结构，了解工作原理及视图表达方案，找出主视图，确定其他视图的投射方向，明确各视图所用图样画法和各视图的表达内容，了解全图表达了几条装配线和零散装配点，然后详细分析零件的装配连接关系，分析零件的形状和作用。

读装配图时应注意如下几点：

(1) 注意几个视图对照阅读。

(2) 注意区分与分析时尽可能地与部件功能和已分析出的零件的功能、作用联系，根据相邻或相关零件的功能，分析本零件的功能，并将功能分析与投影分析相结合。

(3) 注意必要时需使用尺规度量。

拆图步骤一般可分为以下五个步骤：

分离：从装配图各视图中分离出所拆零件的相关线框。

补线：补上在装配图中被遮挡住的线；补全未表达完全和未确定的结构形状。

恢复螺孔：螺纹连接部位装配图按外螺纹画，拆图后阀体、机座、壳体类零件螺纹孔处应恢复螺孔画法。

补全结构：确定装配图上未表达完全和未确定的结构形状。

其他表达方案：零件视图方案是否应作变动。

【作图步骤】

1. 概括了解。

(1) 从标题栏了解装配体名称为蝴蝶阀。

(2) 从标题栏了解绘图比例。与图形对照，可定性想象出部件大小；查看外形尺寸可定量明确部件大小。蝴蝶阀的外形尺寸约为 158×64×140。

(3) 从明细栏了解蝴蝶阀由 13 种 16 个零件组成，结构简单。其中有 4 种标准件，其余为一般零件。

(4) 了解视图数量。从图 9－6 还可知蝴蝶阀共用了三个基本视图：

主视图画外形为主，取了两处局部剖，主要表示部件的工作状态和整体形状特征，也附带表示了局部装配关系，和一处螺钉装配关系。

左视图为全剖视图，表示了一条竖直装配线的装配关系和一处螺钉装配关系，一处键连接装配关系。此为主要装配线。

俯视图也为全剖视图，表示了一条水平装配线的装配关系。

由此可知，蝴蝶阀有两条装配线，有两处螺钉装配关系，一处键连接装配关系。

2. 详细分析图中各装配线和装配点的结构。

逐条分析装配线是读装配图的关键。若读不懂各装配线的结构就搞不清整个部件的结构，也就无法分析部件功能和工作原理。

在这一步骤中，关键是区分零件，一般来说方法如下：

(1) 利用装配图的规定画法来区分。

利用相邻零件剖面符号方向不同，在左视图上很容易区分阀体和阀盖，阀盖和阀杆，阀盖和盖板。

利用实心零件不剖的规定，可区分出阀杆 3。

利用与左视图的剖面符号方向、间隔相同，确定主、俯视图中阀盖的轮廓、范围，并利用剖面符号的不同区分齿杆。

(2) 利用序号和指引线区分。

利用“4”序号和指引线可区分两个同心小圆不是阀杆 3 上的孔或台，而是不同零件(锥头铆钉)，“2”所指圆线框也不是阀杆 3 上的部分，而是另一零件(阀门)。

(3) 利用螺纹紧固件、齿轮及其啮合、键联结、滚动轴承等规定画法来区分零件和组件。

(4) 利用已具备的机械常识，分析一般零件的功能与结构、形状关系从而来区分。

对蝴蝶阀的部件结构分析如下：

以左视图为主，经过读图可知竖直装配线有阀体、阀盖、阀门、阀杆、锥头铆钉、齿轮、半圆键和螺母等 8 个零件。

阀杆是此装配线的核心零件，它是一根五段的轴。在其下部第一段圆柱上挖去一块以便于装圆片状阀门，阀门和阀杆用锥头铆钉铆合装配(参阅主视图)，故应在阀杆装入阀体后铆合。在轴向靠齿轮下端面与阀杆轴肩定位，用螺母锁固，在阀杆顶部装有齿轮，以半圆键作周向定位、固定和传递运动和力量，阀杆上端装入阀盖中，亦用 ϕ16H8/f8 配合，也可轻松自如转动，阀杆下端装入阀体孔中，用 ϕ16H8/f8 配合(间隙配合)，可轻松自如转动，整串零件可以绕轴转动以实现阀门的转动，起到截流或节流的作用。

阀盖上盖与盖板 8，实现密封，盖板用螺钉固定。阀盖与阀体的轴向间隙靠装配阀体与阀盖三个螺钉的旋紧程度，对垫片 5 压紧程度不同来调整。

根据主视图，阀体与阀盖的定位与孔轴线对中是依靠凹坑与凸台的 ϕ30H7/h6 配合表面，固定靠三个螺钉。轴向依靠阀杆中间扁平台阶轴段卡在阀体顶部 ϕ30H7 凹坑底面和阀盖 ϕ30h6 凸台底面之间实现定位和固定。阀体上两个 ϕ12 通孔应是将该阀安装到管路中的安装孔。

俯视图中的水平装配线为齿杆 13 装在阀盖孔中。齿杆 13 为两段圆柱，大直径段制有齿和一不通槽，小直径段制有螺纹。其与阀盖孔的配合为 ϕ20H8/f8(间隙配合)，应能轻松转动或移动。

3. 综合想象部件整体结构(图 9-7)。

这一步骤是分析各装配线、点的相互位置关系和接触、连接及传动关系，综合起来想象部件的整体结构。应根据如下三个原则：

(1) 端面形状一致的原则。

(2) 包容零件内外形状的匹配原则。

(3) 各零件配合面相同的原则。

蝴蝶阀的两条装配线轴线垂直交叉，是以齿杆及齿轮的齿啮合来接触和传递运动和动力的。

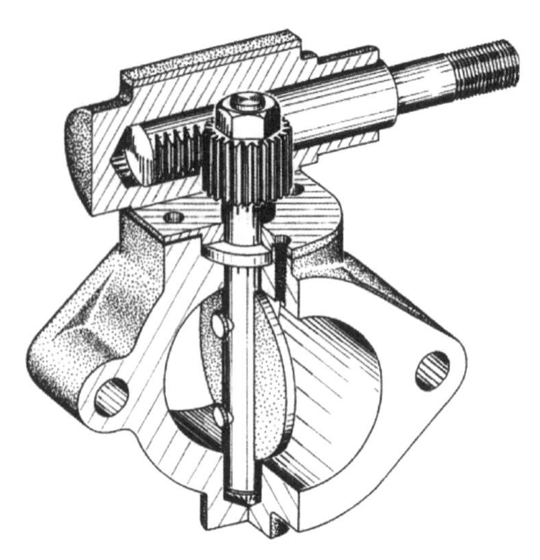

图 9－7　蝴蝶阀的立体图

4. 分析部件的综合动作与运动情况，分析工作过程原理，确认部件功能。

蝴蝶阀其动作过程和工作过程为：推、拉齿杆时，齿杆驱动齿轮旋转，齿轮用半圆键带动阀杆转动，阀杆带动与其铆在一起的阀门转动，阀门堵小或增大阀体上 $\phi55$ 孔道的流通面积就可以实现节流和增流。该阀的性能尺寸为孔道口径 $\phi55$。

对于气、液来讲，蝴蝶阀是不能完全截流的。这是因为盘状的阀门(其几何形状为圆柱)要想能在柱状孔道中自由转动，其直径须比孔道口径小，即当阀门“横截”住孔道时，圆周一圈尚有一定缝隙，气、液尚能漏过。对于一定大小的颗粒流，可以截流。这是对该蝴蝶阀功能的最后确认。

5. 由装配图拆画阀体零件图(图 9－8)。

(1) 分离视图。

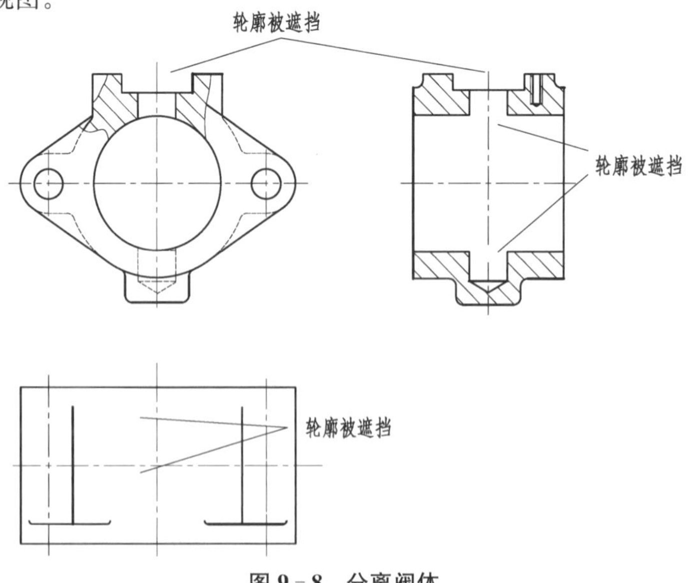

图 9－8　分离阀体

(2) 从零件的序号和明细栏中找到要拆画阀体零件的序号和名称，再根据同一零件在剖视图中剖面符号一致的规定分离出阀体零件。

分离出零件的图形后，对遮挡的轮廓应补齐，具体见图 9－8。顶部凸台与阀盖、垫片相连接，其形状未定。根据装配图俯视图提供的阀盖断面形状，可知阀盖前半部分为半圆柱形。为了使阀体、阀盖连接处表面光滑，所以阀体顶部凸台前半部分亦应为半圆柱。它的后半部分可以为同一圆柱的后半部分或棱柱。考虑到阀盖上包容齿杆的圆柱体在后部，为了减少悬空，使支撑结合牢固，后半部分为棱柱更合理一些，即该凸台的形状为一 U 形块，具体见图 9－9。

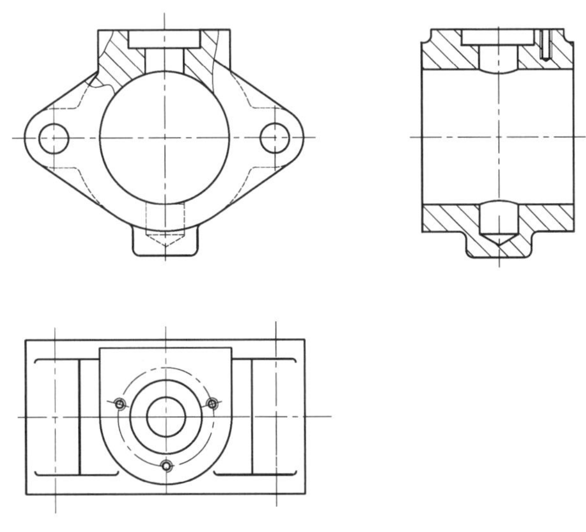

图 9－9 补充阀体轮廓线

(3) 选择视图表达方案。按零件类型要求重新考虑视图方案，不能简单地按装配图视图方案进行照抄，具体见图 9－10。

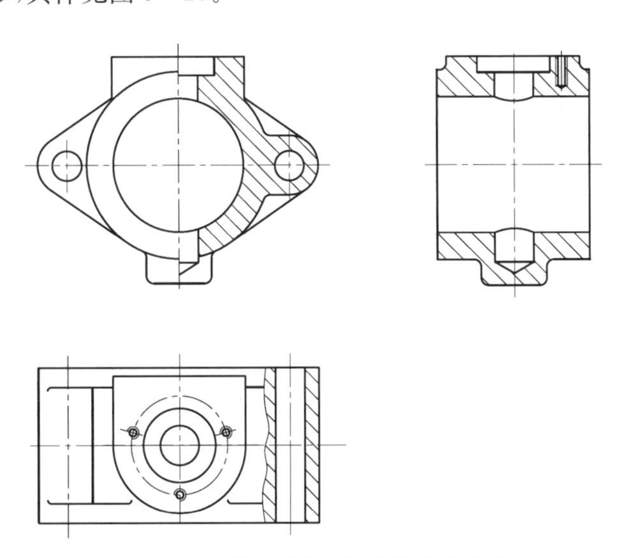

图 9－10 恰当选择阀体视图表达方案

主视图：画半剖视图，反映工作状态及形状特征。

左视图：画全剖视图，表示 ϕ55 通孔及其与 ϕ16 孔的连接状况。

俯视图：画小范围局部剖视图，既完整表示出顶部凸台形状及 3 个 M6 螺孔分布情况，又较形象地反映了 ϕ12 通孔状况，具体见图 9－10。

注意还需要按零件图绘图步骤和方法画视图，在装配图中简化未画的倒角、圆角、沟槽等结构，在零件图中一般均应画出，符合国标规定的，可简化不画的，要作正确的标注。

6. 标注尺寸。

(1) 从装配图上拆下来。凡装配图中已标注了的该零件尺寸可以直接“拆”下来。如图 9－11 所示的尺寸。拆时应注意配合代号中孔、轴公差带代号的顺序正确拆取。

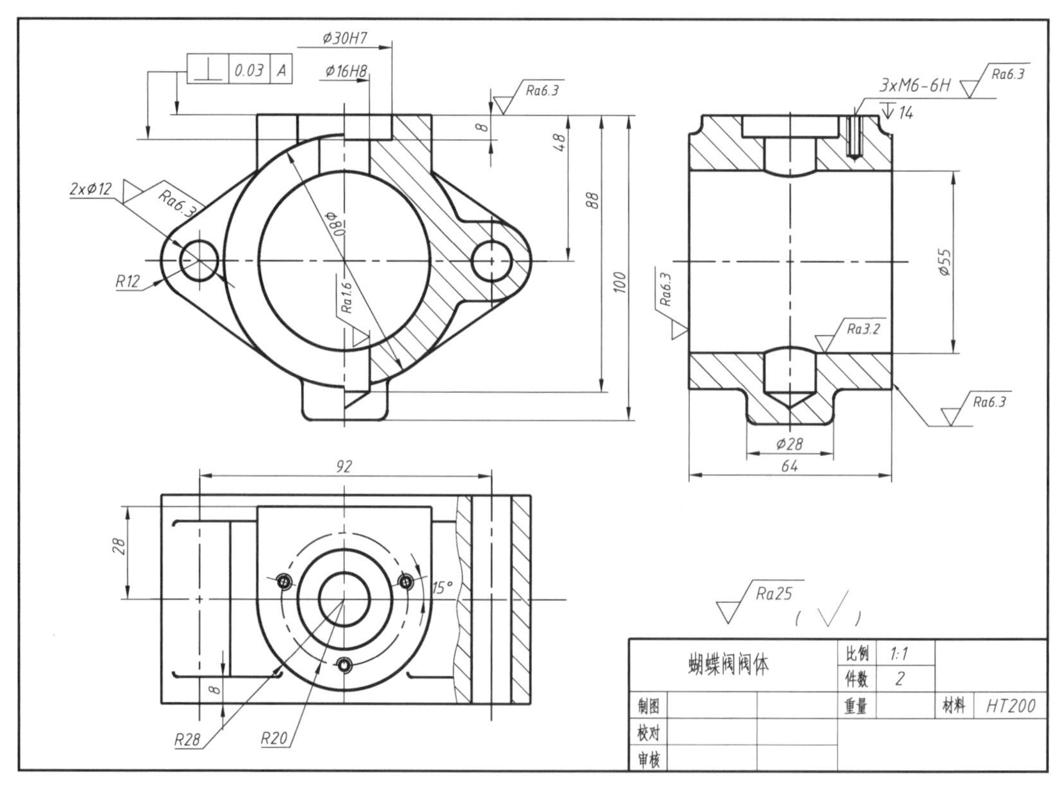

图 9－11　标注阀体零件图尺寸

(2) 根据明细栏或相关标准查出来。凡与螺纹紧固件、键、销和滚动轴承等装配之处的尺寸均需如此。对于常见局部功能结构如 T 型槽、燕尾槽、三角形槽等，以及局部工艺结构如退刀槽、圆角等，标准中也有规定值或推荐值，应查阅确定后再标注。

阀体上 3 个螺孔大径(M6)按明细栏所注螺钉 6 的规格确定，其深度按规范确定。

(3) 根据公式计算出来。例如，拆画齿轮零件图时，其分度圆、齿顶圆均应根据模数、齿数等基本参数计算出来。

(4) 从装配图中按比例量出来。零件上的多数非功能尺寸都是如此确定的，如阀体

的定形尺寸 $\phi80$、$R12$ 及 $R28$ 等都是按比例量出来的。

(5) 按功能需要定下来。对于那些装配图中未给定的结构形状，在设定形状结构后将其尺寸定下来。对于某些量出来的尺寸，也尚需根据功能准确确定数值。

阀体上部凸台后半部分的宽度 28 就是按功能需要确定的。

7. 标注技术要求。

(1) 根据各表面作用确定其粗糙度要求。

(2) 按公差带代号查表标注尺寸公差或标注公差带代号。

(3) 确定形位公差要求并标注。

8. 根据装配图明细栏该零件相应内容填写零件图标题栏，完成全图，具体见图 9-11。

9-3 读懂如图 9-12 所示的柱塞泵装配图，学习由装配图拆画零件图的方法和步骤，提高读图能力和画零件图的能力。

柱塞泵工作状况：柱塞泵是用来提高输送液体压力的供油部件。当柱塞泵往复运动时，液体由下阀瓣(件 13)处流入，上阀瓣(件 12)处流出。当柱塞(件 7)在外力的推动下向左移动时，腔体内体积增大，形成负压，液体在大气压的作用下推开下阀瓣进入腔体，而上阀瓣在负压作用下紧紧关闭。当柱塞向右移动时，腔体内体积减小，压力增大，下阀瓣关闭，上阀瓣打开，液体流出。由于柱塞的往复运动，液体不断地输入润滑系统或其他需要的地方。

要求：

1. 填空回答下列问题：

(1) 柱塞泵主视图的表达方案是______________________________。

表达重点是____。

(2) 柱塞泵俯视图的表达方案是______________________________。

表达重点是____。

(3) 说明衬套(件 6)的拆卸顺序______________________________。

说明下阀瓣(件 13)的拆卸顺序____________________________。

(4) 主视图中尺寸 166 属于________尺寸。

(5) $\phi36\dfrac{\mathrm{H7}}{\mathrm{js6}}$属于________尺寸，属于________制__________配合。 H 表示________________，7 表示______________，js 表示______________。

2. 读懂柱塞泵装配图，拆画泵体(件 5)、管接头(件 9)、螺塞(件 10)、上阀瓣(件 12)的零件图(要求用合适的表达方法表示形体，尺寸从装配图中量取，尺寸标注、表面粗糙度代号、尺寸公差等可以不标注)。

【解题分析】

(1) 从标题栏了解到装配体有 16 种零件，其中有 4 种标准件，其余为一般零件。绘图比例 1∶2，外形尺寸约为：(260～270)×180×166。

(2) 了解视图数量。从图 9-12 可知，柱塞泵共用了三个基本视图和两个断面图。

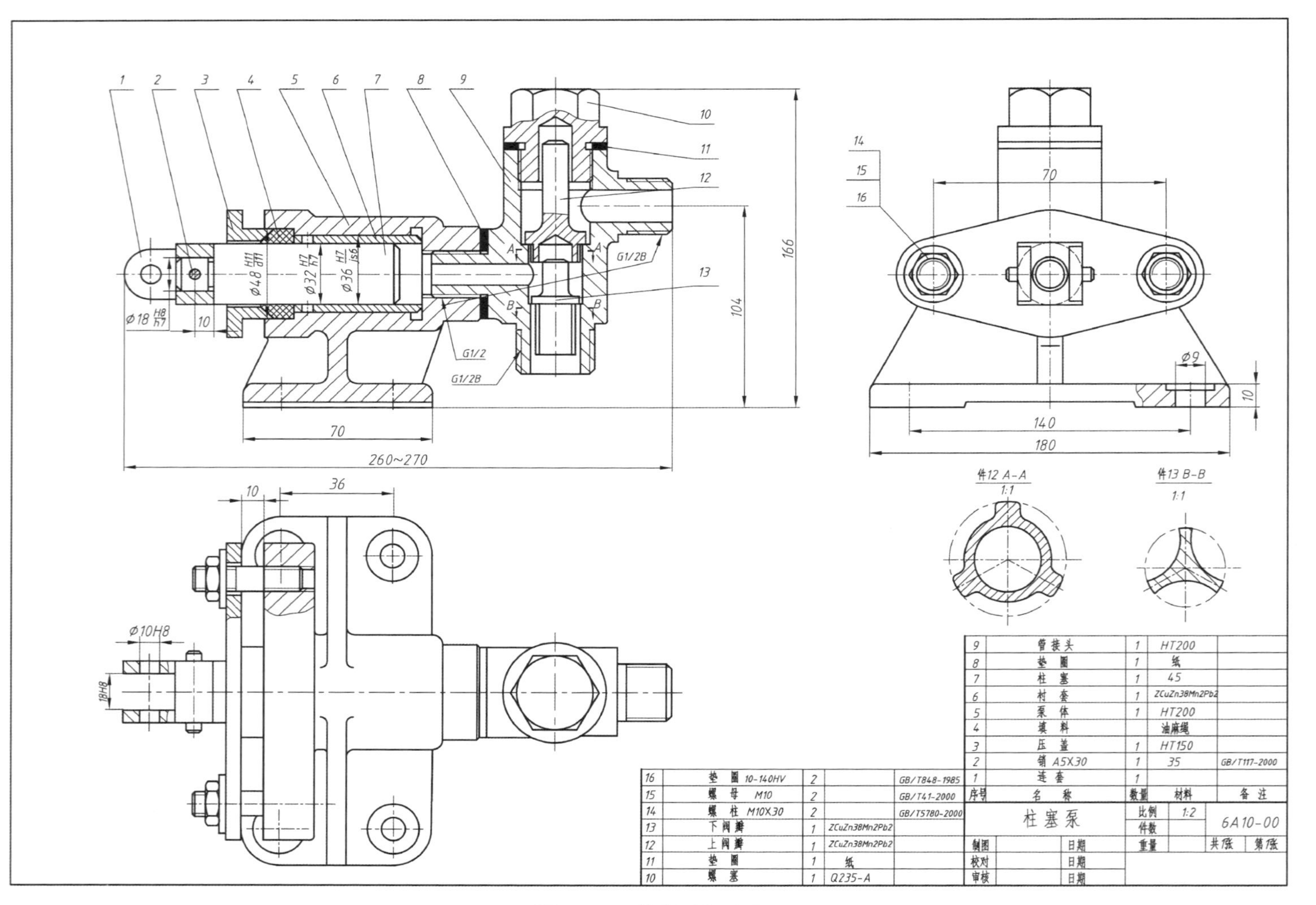
件12 A-A 1:1
件13 B-B 1:1
9 管接头 1 HT200
8 垫圈 1 纸
7 柱塞 1 45
6 衬套 1 ZCuZn38Mn2Pb2
5 泵体 1 HT200
4 填料 油麻绳
3 压盖 1 HT150
2 销 A5X30 1 35 GB/T117-2000
1 连套 1
16 垫圈 10-140HV 2 GB/T848-1985
15 螺母 M10 2 GB/T41-2000
14 螺柱 M10X30 2 GB/T5780-2000
13 下阀瓣 1 ZCuZn38Mn2Pb2
12 上阀瓣 1 ZCuZn38Mn2Pb2
11 垫圈 1 纸
10 螺塞 1 Q235-A
序号 名称 数量 材料 备注
柱塞泵
比例 1:2
6A10-00

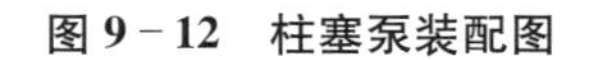
图 9－12　柱塞泵装配图

主视图为局部剖视图，表示了一条水平装配线和一条竖直装配线的装配关系。

左视图以表达外形为主，主要表示部件的左端面形状特征，有一处局部剖表示安装孔结构。

俯视图也以外形为主，表示了装配体上部和底板的外形以及前后对称关系，有一处局部剖视图表示压盖 3 和泵体 5 的螺柱连接关系。

两个断面图分别表达了下阀瓣、上阀瓣的阀瓣结构。

(3) 了解装配线。水平装配线中，泵体左侧与压盖通过螺柱连接，泵体右侧与管接头之间通过垫片密封，泵体水平装配线从左至右由连套、销、压盖、柱塞、填料、衬套零件组成。通过柱塞左右往复移动，调节腔体内体积和压力。

竖直装配线在管接头内部，从下至上由下阀瓣、上阀瓣、垫圈、螺塞等零件组成。通过水平装配线的压力调节控制下阀瓣、上阀瓣的关闭和打开动作。

【作图步骤】

1. 填空题。

(1) 柱塞泵主视图的表达方案是 全剖加局部剖 。

表达重点是 表达柱塞泵的工作原理和主要的装配关系 。

(2) 柱塞泵俯视图的表达方案是 局部剖 。

表达重点是 表达压盖与泵体的连接关系、安装底板的形状、其他零件的外形 。

(3) 说明衬套(件 6)的拆卸顺序 15－16－14－3－7－4－6 。

说明下阀瓣(件 13)的拆卸顺序 10－12－13 。

(4) 主视图中尺寸 166 属于 外形 尺寸。

(5) $\phi 36\frac{H7}{js6}$属于 装配 尺寸，属于 基孔 制 过渡 配合。H 表示 孔的基本偏差 ，7 表示 孔的公差等级 ，js 表示 轴的基本偏差 。

2. 拆画零件图。

以拆画泵体零件图为例说明拆画步骤：

(1) 分离泵体(件 5)零件(根据投影、表达方法、剖面线等)，并画出该零件的投影轮廓。

(2) 选择表达方法，由于泵体加工位置多变，将其工作位置作为泵体的安放位置，以形状特征为主选择投影方向，此处投影方向与装配图主视图投影方向一致，主视图选择全剖视图，俯视图以表达外形为主，有一处局部剖视图表达螺纹孔结构，左视图以外形为主加上一处局部视图来表达安装孔的沉孔结构。

(3) 补上装配图中被遮住的投影轮廓，主视图中应根据螺纹连接关系补全内螺纹，并补画被挡住的投影。

(4) 补画出泵体的工艺结构(倒角、铸造圆角等)，完成后的泵体零件图如图 9－13 所示。

其余管接头(件 9)(注意补充退刀槽等工艺加工细节)、螺塞(件 10)、上阀瓣(件 12)的零件图如图 9－14 所示。

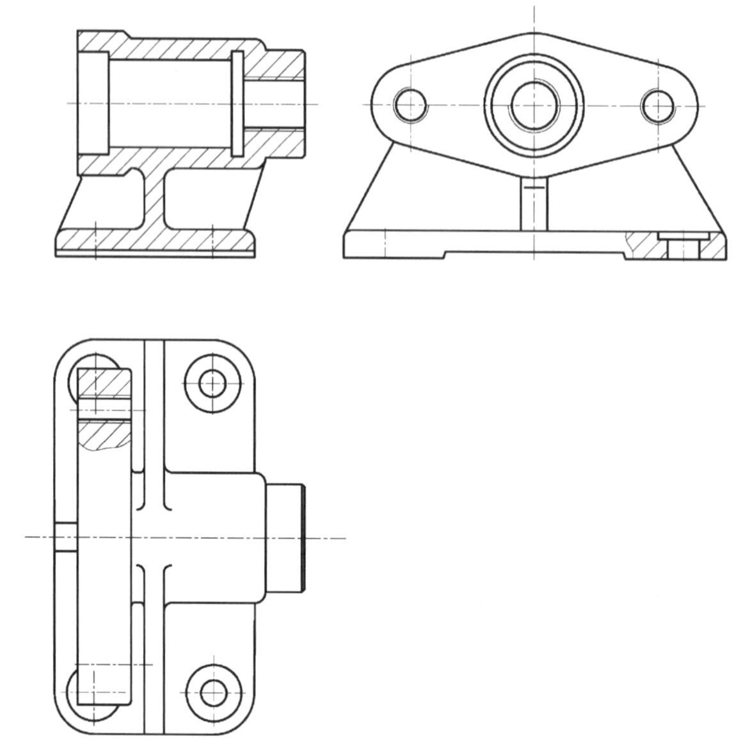

图 9-13　拆画泵体的零件图

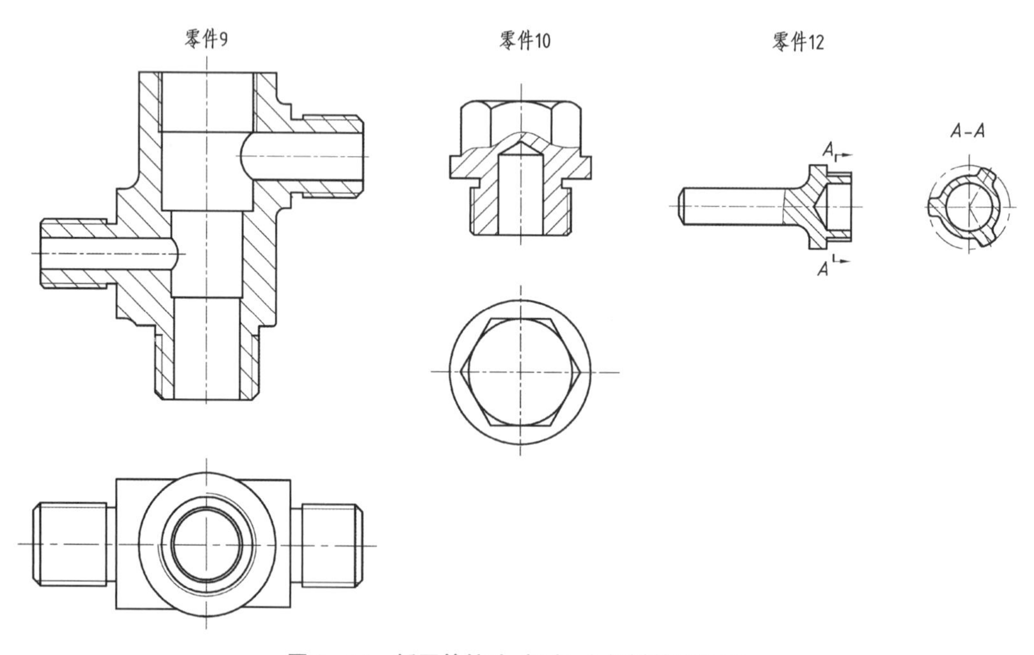

图 9-14　拆画管接头、螺塞、上阀瓣的零件图

9-4　看懂图 9-15 中阀门的装配图，回答下列问题，并按要求拆画出零件图。

(1) 分析零件间的装配关系________________

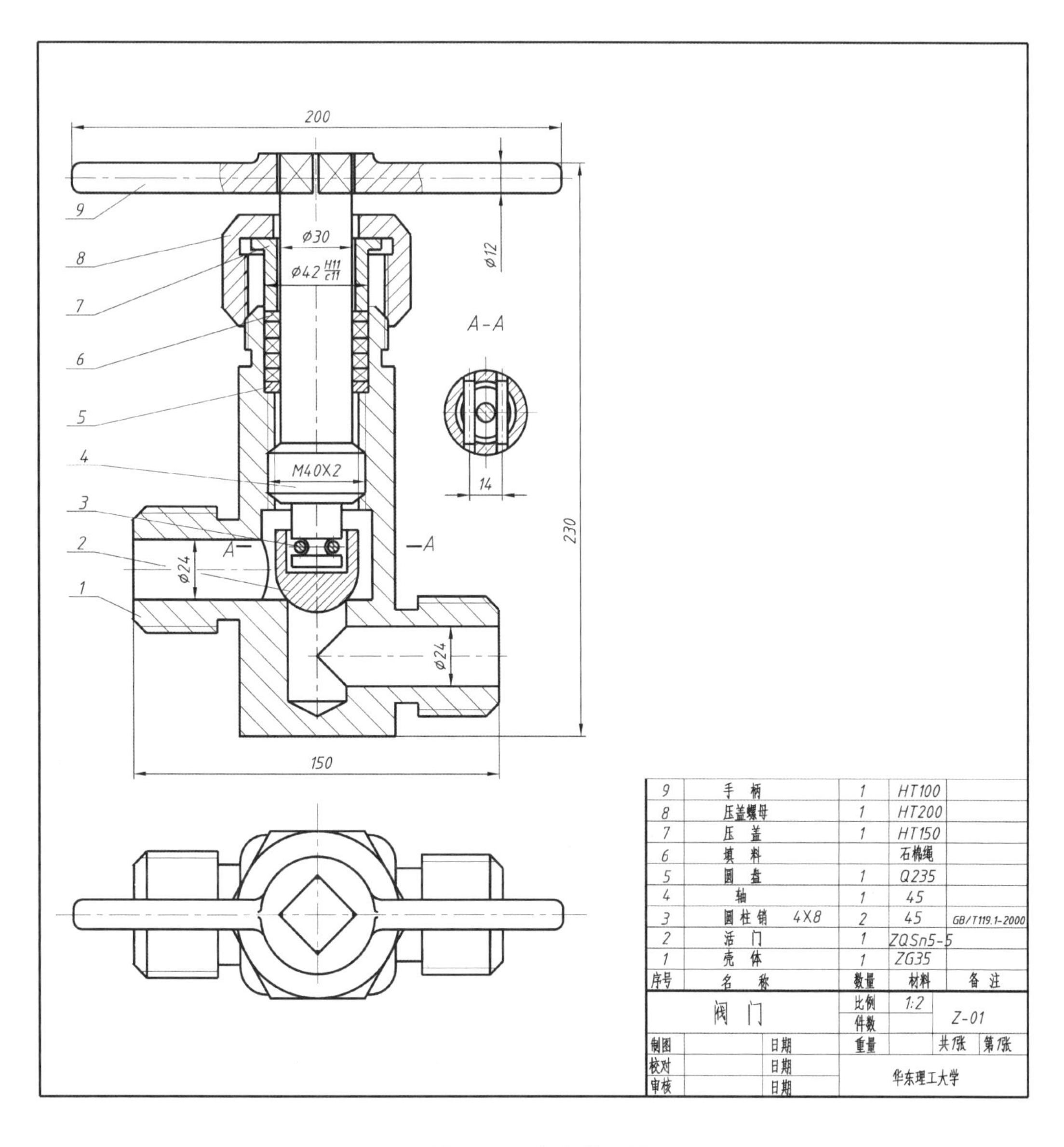

序号	名称	数量	材料	备注
9	手柄	1	HT100	
8	压盖螺母	1	HT200	
7	压盖	1	HT150	
6	填料		石棉绳	
5	圆盘	1	Q235	
4	轴	1	45	
3	圆柱销 4X8	2	45	GB/T119.1-2000
2	活门	1	ZQSn5-5	
1	壳体	1	ZG35	

图 9-15 阀门装配图

____

____。

阀门主视图的表达重点是____。

(2) 图中 ϕ42H11/c11 表示什么含义：____。

(3) 视图中尺寸 14 属于________尺寸、ϕ24 属于________尺寸。

(4) 说明活门(件 2)的拆卸顺序____。

(5) 读懂各零件的形状,并分别画出壳体(件 1)、活门(件 2)、轴(件 4)和压盖螺母(件 8)的视图(用适合的表达方法表示形体,大小从图上直接量取,尺寸、表面粗糙度等省略)。

阀门工作状况:阀门是控制流体流量和流动方向的部件。当旋动手柄(件 9)时,轴(件 4)通过圆柱销(件 3)带动活门(件 2)上升或下降,以开启或关闭壳体(件 1)内部的通路,并以活门的开启大小控制流量。为防止流体外泄,轴与壳体间用填料(件 6)密封。

【解题分析】

拆画零件图时应注意零件表达方案选择,阀体属于箱体类零件,加工位置变化较多,所以主视图的选择主要考虑工作位置和形状特征。

阀杆属于轴套类零件,一般在车床上加工,画图时要按形状和加工位置确定主视图,轴线水平放置,大端在左、小端在右,键槽和孔结构可以朝前放置,便于加工时读图和观察尺寸。

【作图步骤】

1. 填空题

(1) 分析零件间的装配关系:__活门(件 2)通过圆柱销(件 3)连接到轴(件 4)上,轴通过螺纹连接到壳体(件 1)上,装上圆盘(件 5)、填料(件 6),再装上压盖(件 7),压盖螺母(件 8)通过螺纹连接到阀体(件 1)上,最后装上手柄(件 9)__。

阀门主视图的表达重点是__表达阀的工作原理和主要的装配关系__。

(2) 图中 ϕ42H11/c11 表示什么含义:__表示压盖与阀体的配合为基孔制间隙配合,设计尺寸为 42,孔的基本偏差为 H,公差等级为 11,轴的基本偏差为 c,公差等级为 11__。

(3) 视图中尺寸 14 属于__配合__尺寸、ϕ24 属于__规格__尺寸。

(4) 说明活门(件 2)的拆卸顺序__9-8-7-6-5-3-4-2__。

2. 画出壳体(件 1)、活门(件 2)、轴(件 4)和压盖螺母(件 8)的视图。

以拆画壳体零件图为例说明拆画步骤:

(1) 分离壳体(件 1)零件(根据投影、表达方法、剖面线等)。画出该零件的投影轮廓,如图 9-16 中的左图所示。

(2) 选择表达方法,根据壳体工作位置作为壳体的安放位置,以形状特征为主选择投影方向,此处投影方向与装配图一致,主视图选择全剖视图,加上俯视图外形视图即可。

(3) 补上装配图中被遮住的投影轮廓,主视图中由连接关系补全内外螺纹,补画被阀杆、活门挡住的投影,补画俯视图上被手柄挡住的投影,补画壳体上部内、外螺纹的投影。

(4) 补画出壳体的工艺结构(倒角、铸造圆角等),最终壳体零件图如图 9-16(b)所示。

其余活门(件 2)、轴(件 4)和压盖螺母(件 8)的零件图如图 9-17 所示。

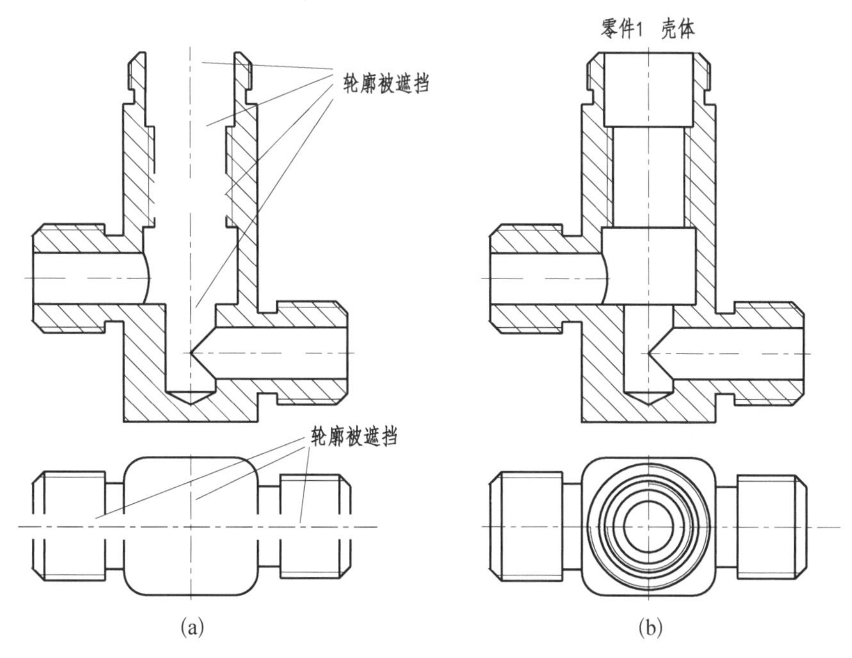

图 9-16 壳体零件图

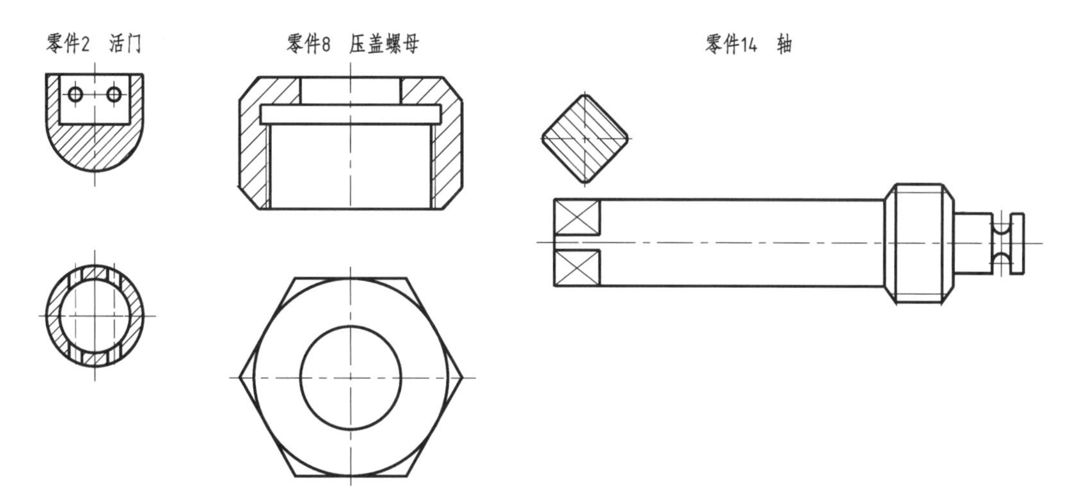

图 9-17 活门、轴和压盖螺母零件图

9.4 自测题

1. 装配图在实际应用中与零件图有何不同?
2. 装配图的规定画法、特殊画法和简化画法各是什么?
3. 对装配图的视图有怎样的要求,其一组视图要表示哪些内容?
4. 装配图视图选择的原则有哪些?

5. 如何确定装配图视图的选择步骤?

6. 选择装配图的主视图时,要综合考虑哪些方面?

7. 什么叫装配线;什么是零散装配点;在视图选择时如何处理对它们的表达?

8. 装配图中需标注哪几类尺寸,各类尺寸含义如何?

9. 装配图中明细栏的填写和零件的编号要注意哪些事项?

10. 试描述绘制装配图的方法和步骤。

11. 试描述读装配图的步骤。

12. 由装配图拆画零件图时,可依据什么方法来分离零件?

13. 拆画零件图时怎样确定零件的各个尺寸?

10　模拟试卷及参考答案

工程制图(2 学分、3 学分)期终考试试卷

一、填空题。(共 10 分,每空格 1 分)

1. 工程图样中可见轮廓线用________绘制,不可见轮廓线用________绘制。

2. 如果图样上所画一线段的实际长度是 36,而所注尺寸数字为 9,则表示采用的比例为________。

A. 1∶4　　B. 9∶4　　C. 1∶9　　D. 4∶1

3. 画正等测图时,三根轴测轴之间的夹角为________,简化的轴向伸缩系数为________。

4. 将零件向不平行于基本投影面的平面投射所得视图称为________图;只将零件的某一部分向基本投影面投射所得视图称为________图。

5. 机件上肋板、轮辐和薄壁等结构,如按纵向剖切,这些结构的剖切区域都不画________线,而用________线将它与连接部分分开。

6. 一回转轴垂直于 W 面的圆柱被正垂面截切,其截交线在 V 面上的投影为________。

A. 圆　　B. 椭圆

C. 倾斜于 OX 投影轴的直线　　D. 不确定

二、完整、清晰地标注尺寸(数值取整,由图量取)。(10 分)

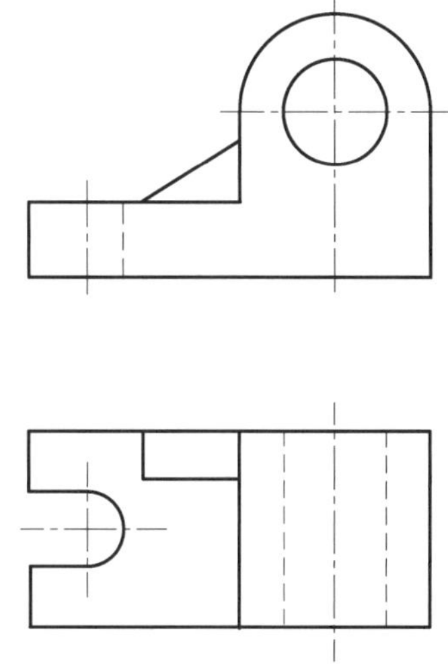

三、由主、俯视图补画左视图（虚、实线均要画）。（15 分）

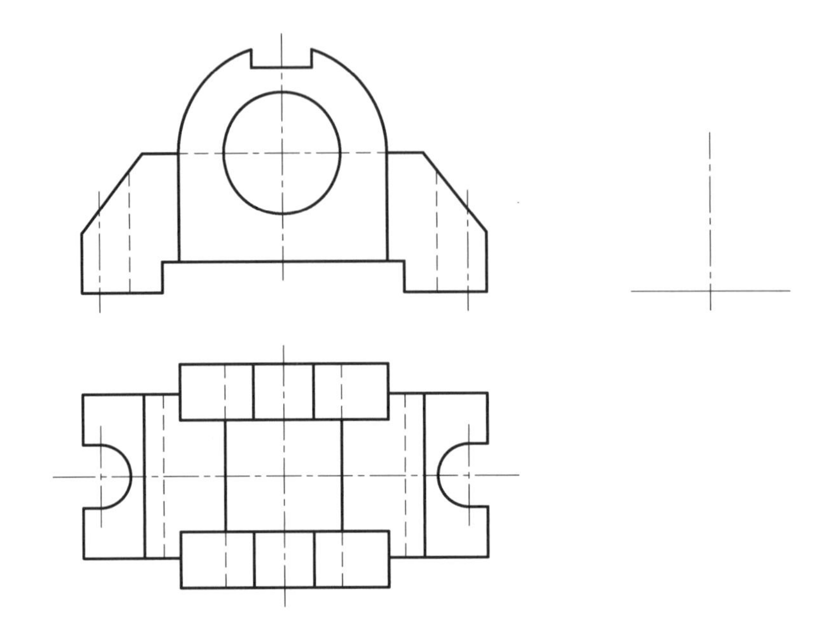

四、下图机件左右对称，将主视图改画成半剖视图，并画出全剖的左视图。（20 分）

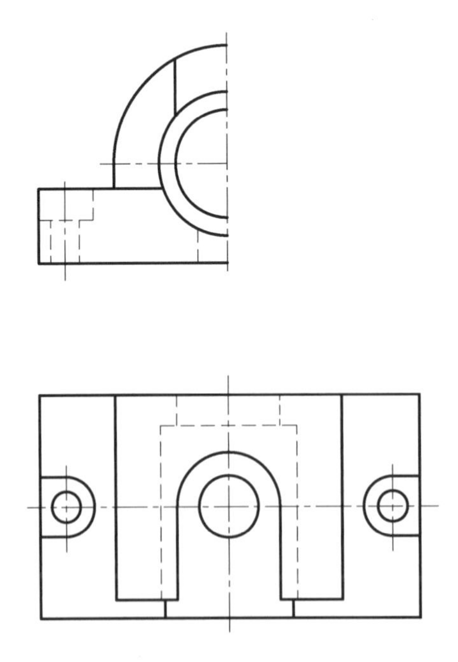

五、请读懂套筒零件图并回答问题及作图。(25分)

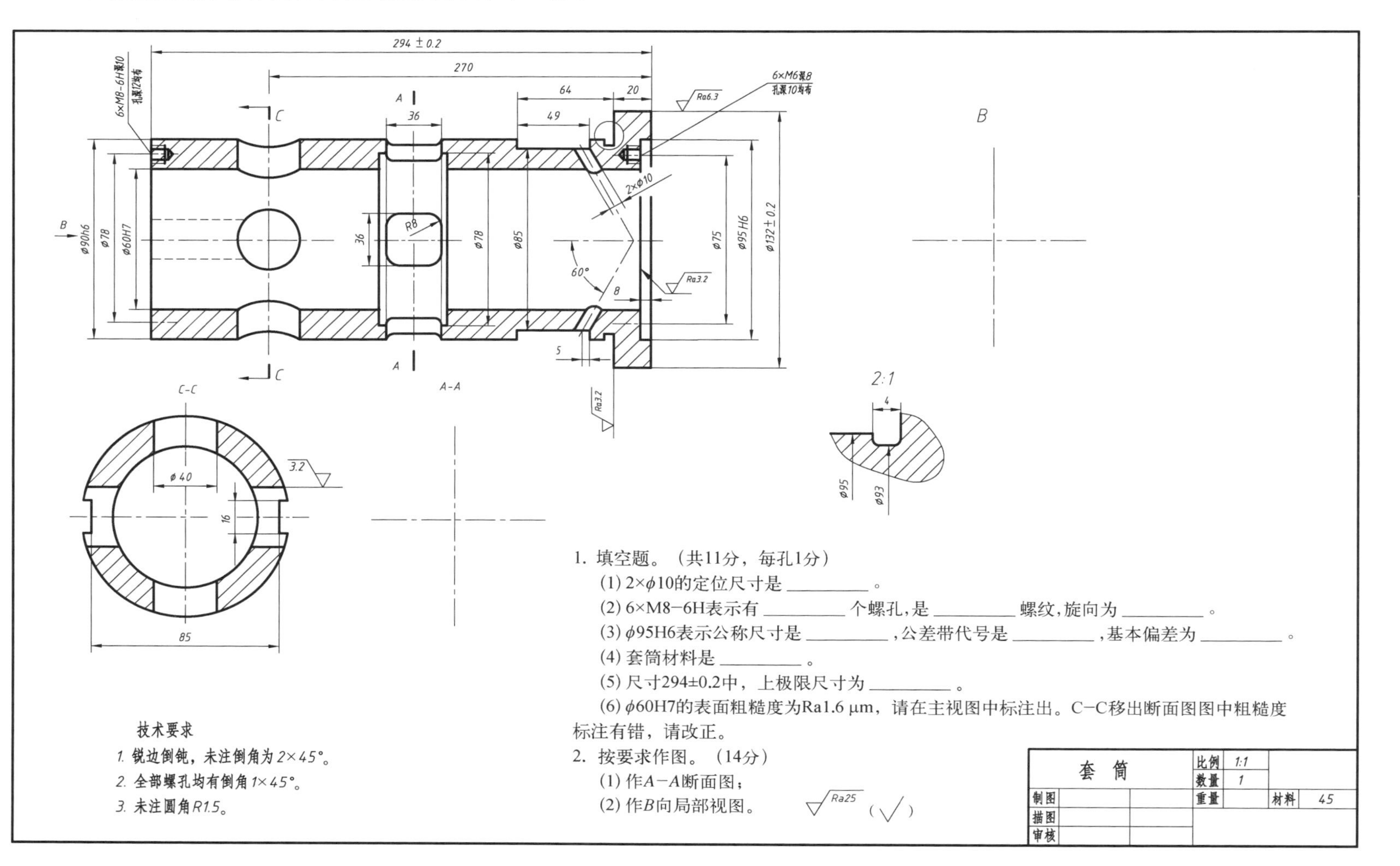

1. 填空题。(共11分，每孔1分)

(1) 2×ϕ10的定位尺寸是＿＿＿＿。

(2) 6×M8−6H表示有＿＿＿＿个螺孔，是＿＿＿＿螺纹，旋向为＿＿＿＿。

(3) ϕ95H6表示公称尺寸是＿＿＿＿，公差带代号是＿＿＿＿，基本偏差为＿＿＿＿。

(4) 套筒材料是＿＿＿＿。

(5) 尺寸294±0.2中，上极限尺寸为＿＿＿＿。

(6) ϕ60H7的表面粗糙度为Ra1.6 μm，请在主视图中标注出。C−C移出断面图图中粗糙度标注有错，请改正。

2. 按要求作图。(14分)

(1) 作A−A断面图；

(2) 作B向局部视图。

六、请读懂平口钳装配图，并拆画零件图。(20 分)

1. 工作原理

平口钳用于装卡被加工的零件。使用时将固定钳体 8 安装在工作台上，旋转丝杠 10 推动套螺母 5 及活动钳体 4 作直线往复运动，从而使钳口板开合，以松开或夹紧工件。紧固螺钉 6 用来在加工时锁紧套螺母 5。

2. 回答以下问题：

(1) 下列尺寸各属于装配图中的何种尺寸。

0～91 属于________尺寸，ϕ28H8/f8 属于________尺寸，160 属于________尺寸，270 属于________尺寸。

(2) 说明 ϕ25H8/f8 的含义：ϕ25 是________尺寸，H8 是________代号，f 是________。

(3) 两零件的接触面、基本尺寸相同的轴孔配合面应画________条线，非接触面画________条线。

(4) 平口钳装配体一共有________种零件，有________种标准件。

(5) 图中零件 6 紧固螺钉与零件 5 套螺母的螺纹连接有两处错误，请用引线指出并说明错误原因。

(6) 在下面空白处，选用恰当的表达方案拆画活动钳体 4 的零件图(只画视图，不标注尺寸及表面粗糙度等)。(10 分)

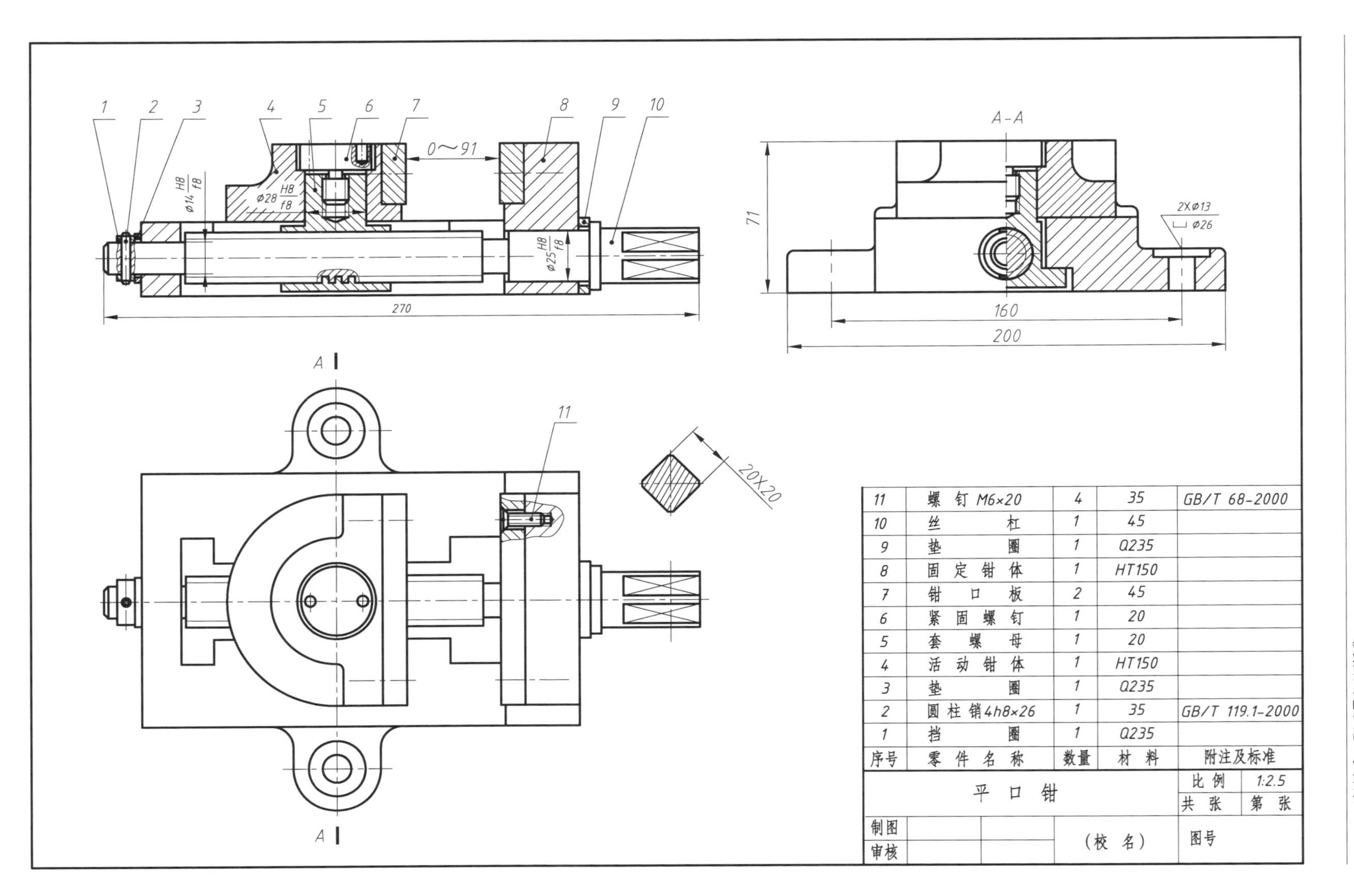

序号	零件名称	数量	材料	附注及标准
11	螺钉 M6×20	4	35	GB/T 68-2000
10	丝杠	1	45	
9	垫圈	1	Q235	
8	固定钳体	1	HT150	
7	钳口板	2	45	
6	紧固螺钉	1	20	
5	套螺母	1	20	
4	活动钳体	1	HT150	
3	垫圈	1	Q235	
2	圆柱销 4h8×26	1	35	GB/T 119.1-2000
1	挡圈	1	Q235	

平口钳		比例	1:2.5
		共 张	第 张
制图	（校名）	图号	
审核			

工程制图机械类(上)期终考试试卷

一、判断下列几何要素的相对位置，根据题意填空或者作图。(共 8 分，每小题 2 分)

1. 直线 AB 与 CD 的相对位置：________。

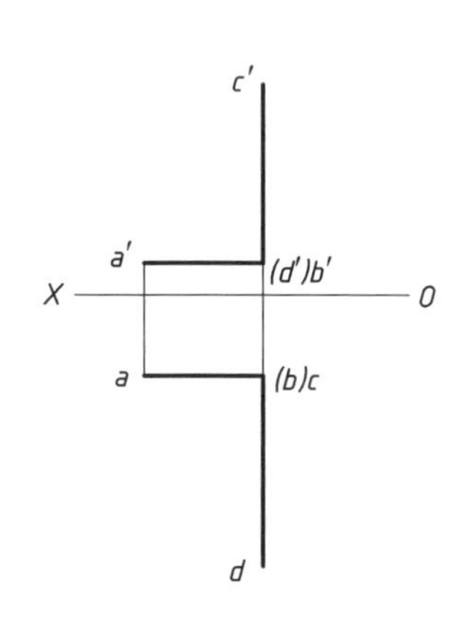

2. 直线 AB 与平面 CDE 的相对位置：________。

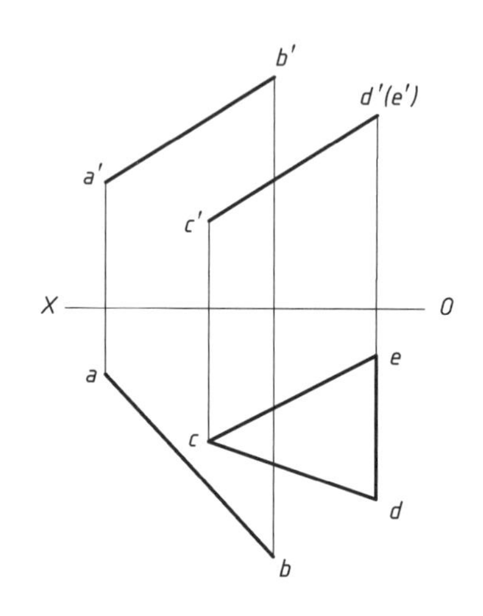

3. 点 K 是否从属于两相交直线所确定的平面。

答：________。

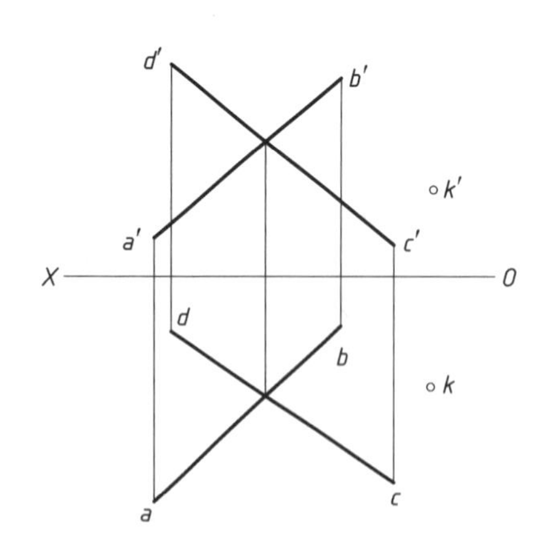

4. 判断下列图中的直线 EF 与平面

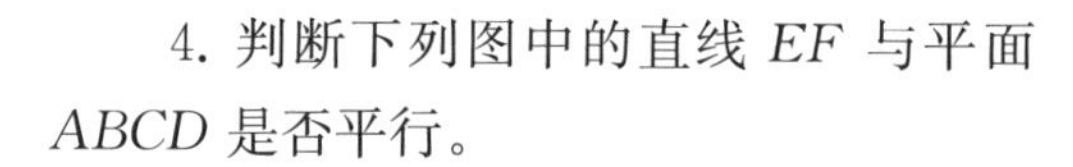

$ABCD$ 是否平行。

答：________。

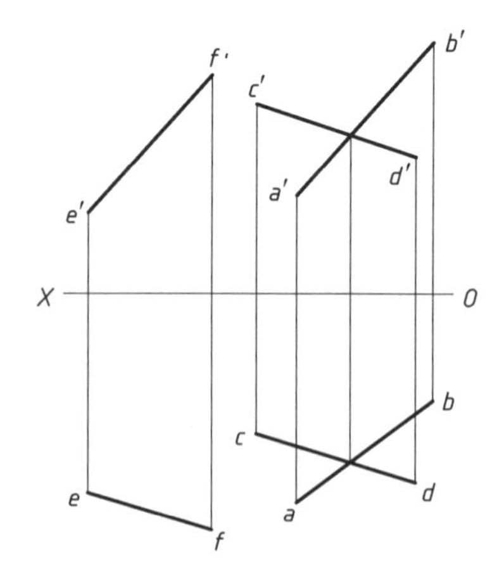

二、基本作图题(不能使用换面法)。(12 分)

1. 已知线段 AB 的实长为 35 mm,并知其投影 $a'b'$ 及 b,求该线段的水平投影。

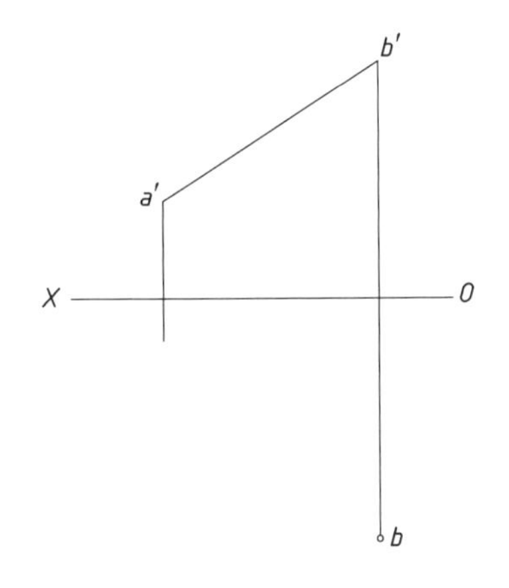

2. 已知直线 AB 和 CD($AB /\!/ CD$)所确定的平面平行于△EFG,完成 $ABCD$ 平面的水平投影。

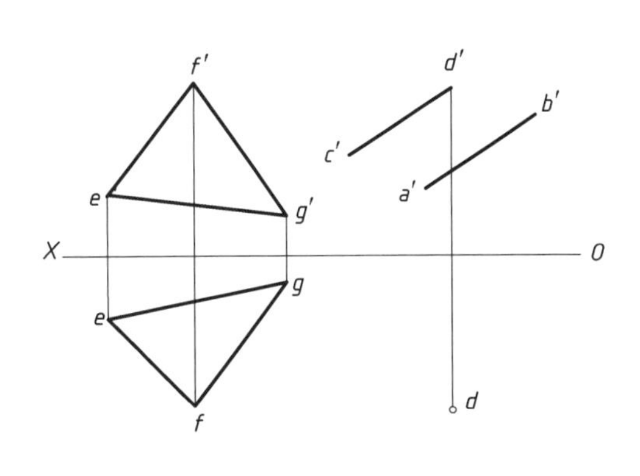

3. CE 方向向前,$\beta=45°$,而 CD 与 CE 的实长相等,求 ce 和 $c'd'$(两解)。

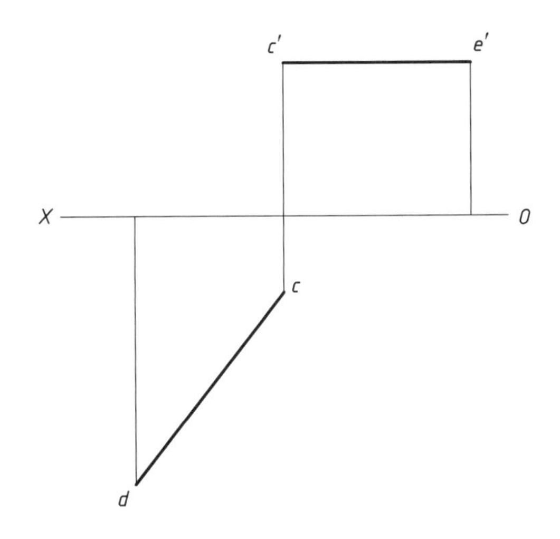

三、利用换面法求 *DF*、*EG* 两直线间的公垂线距离。(15 分)

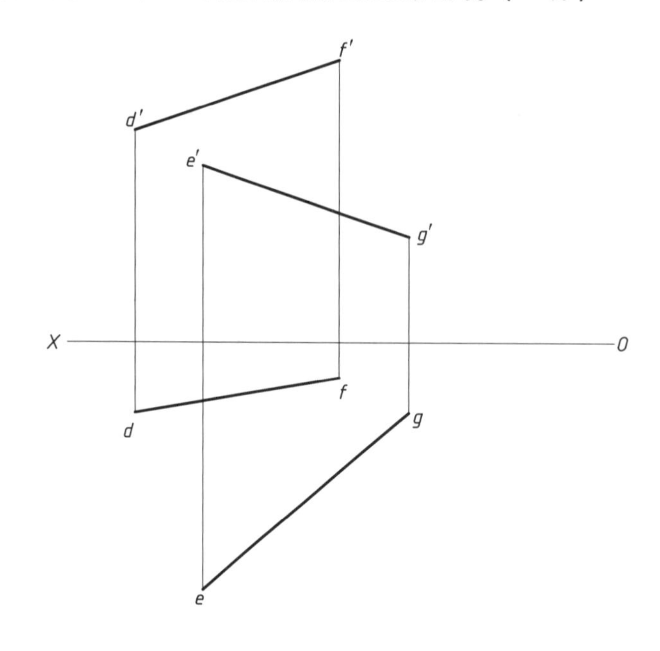

四、完整、清晰地标注尺寸(数值取整,由图中量取)。(10 分)

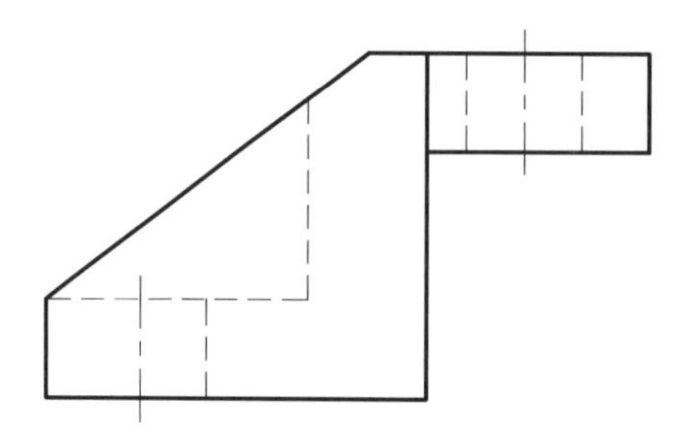

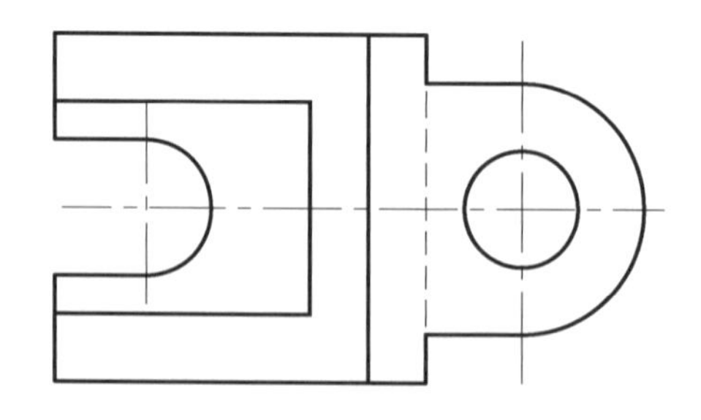

五、根据已知的回转轴视图，在指定位置画出三个断面图。(10分)

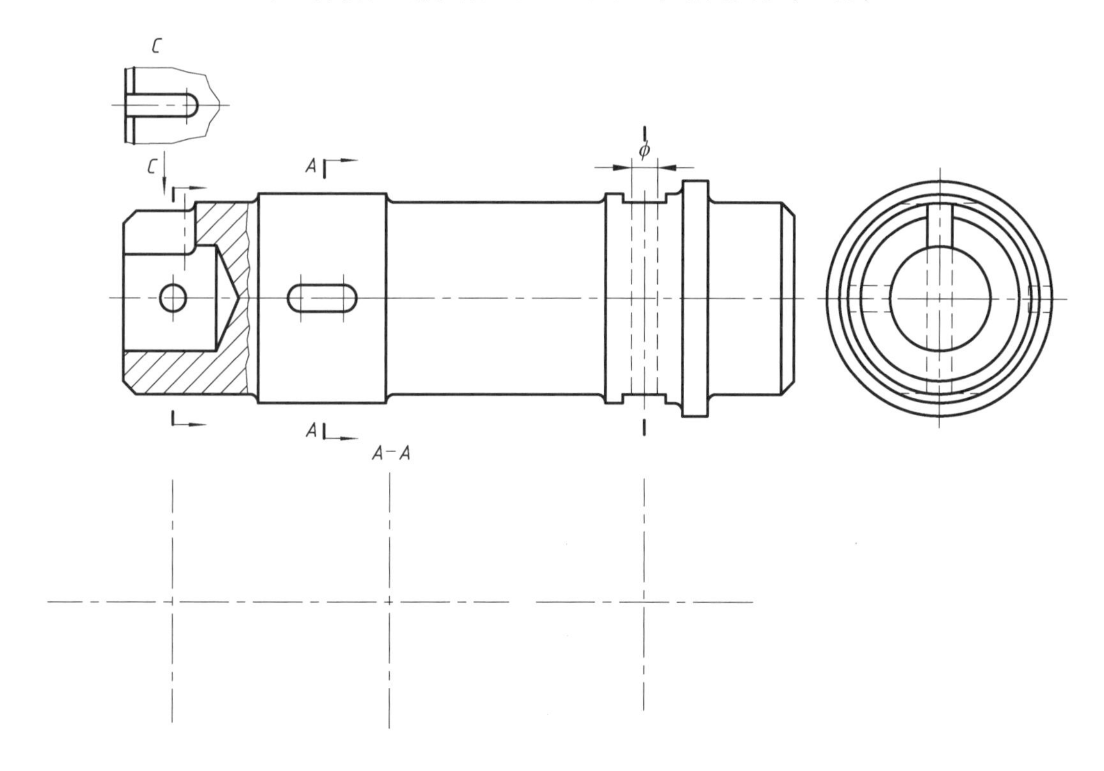

六、利用两个已知视图补画第三个视图(虚、实线均要画)。(25分)

1. 补画俯视图。(10分)

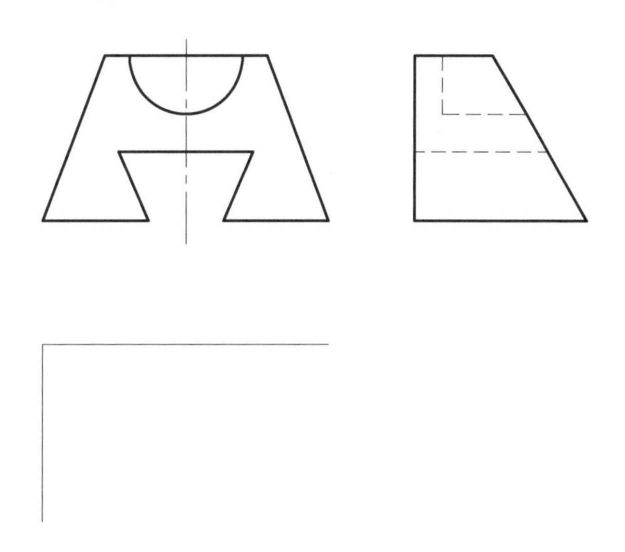

2. 补画左视图。(15 分)

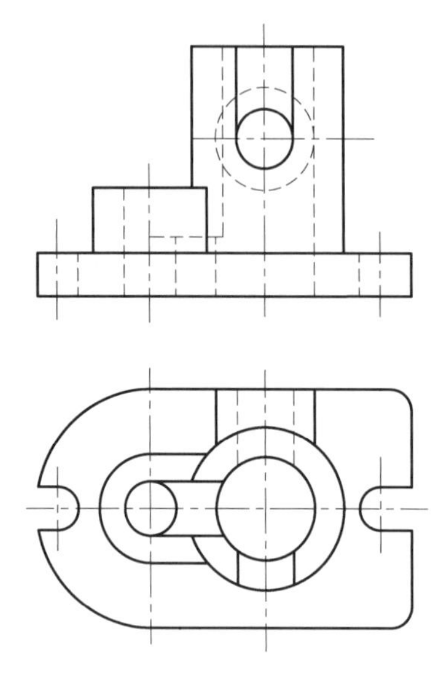

七、在指定位置将主视图改画成半剖视图,并画出全剖的左视图。(20 分)

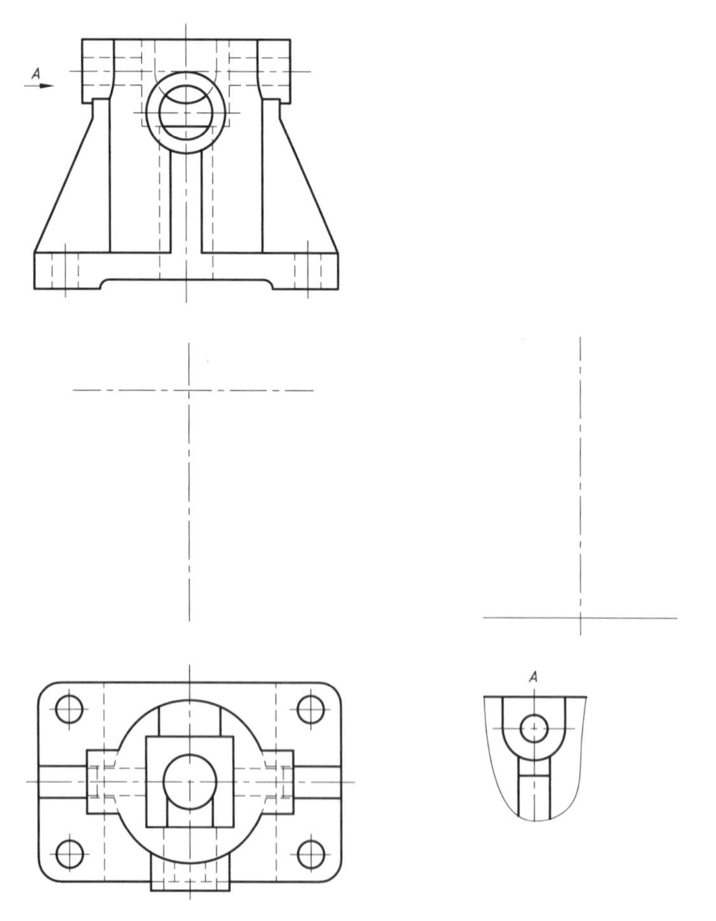

工程制图机械类(下)期终考试试卷

一、填空题。(共 15 分,每空格 1 分)

1. 螺纹标注 G1A 中,G 表示________,1 表示________,A 表示________。

2. $\phi 18^{+0.018}_{0}$的孔和 $\phi 18^{-0.016}_{-0.027}$的轴配合,它们属于________制的________配合,其中轴的公差值是________。

3. 螺纹相邻两个牙型在中径线上对应两点间的轴向距离称为________;沿同一条螺旋线上相邻两个牙型在中径线上对应两点间的轴向距离称为________。单线螺纹的螺距等于导程,多线螺纹的螺距乘以________等于导程。

4. 标准公差分为________级,即 IT01,IT0,IT1 至 IT18。从 IT01 至 IT18,精度等级依次________。

5. 画轴套类零件时,一般按加工位置将轴线________放置。通常采用________于轴线的方向作为主视图投影方向。键槽、退刀槽、孔等结构常用________图、局部剖视图、________图来表达。

二、改正下图中齿轮与轴连接画法的错误。(8 分)

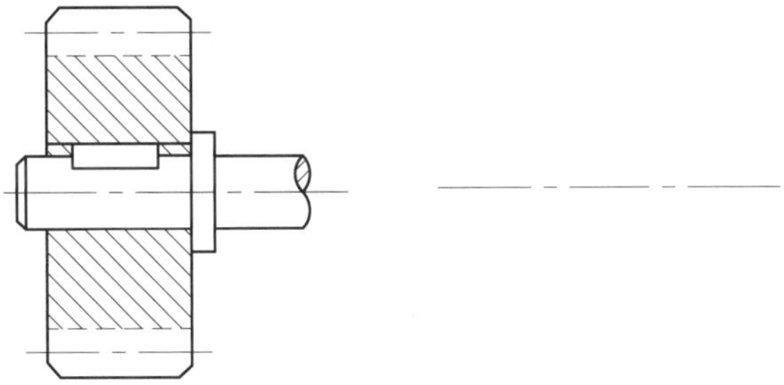

三、改正下图中螺纹画法的错误。(7 分)

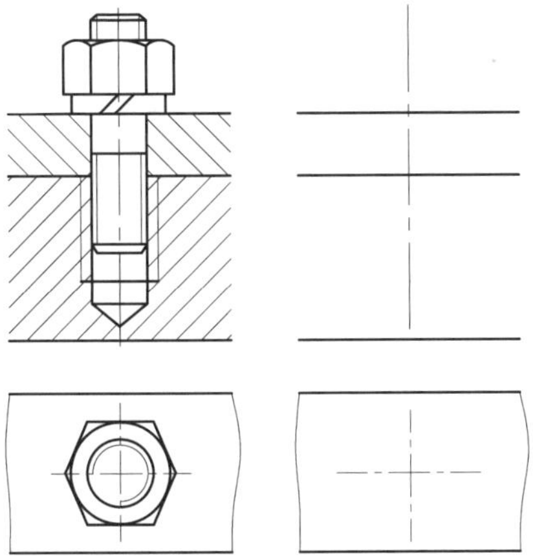

四、请读懂托架零件图并回答问题及作图。（30 分）

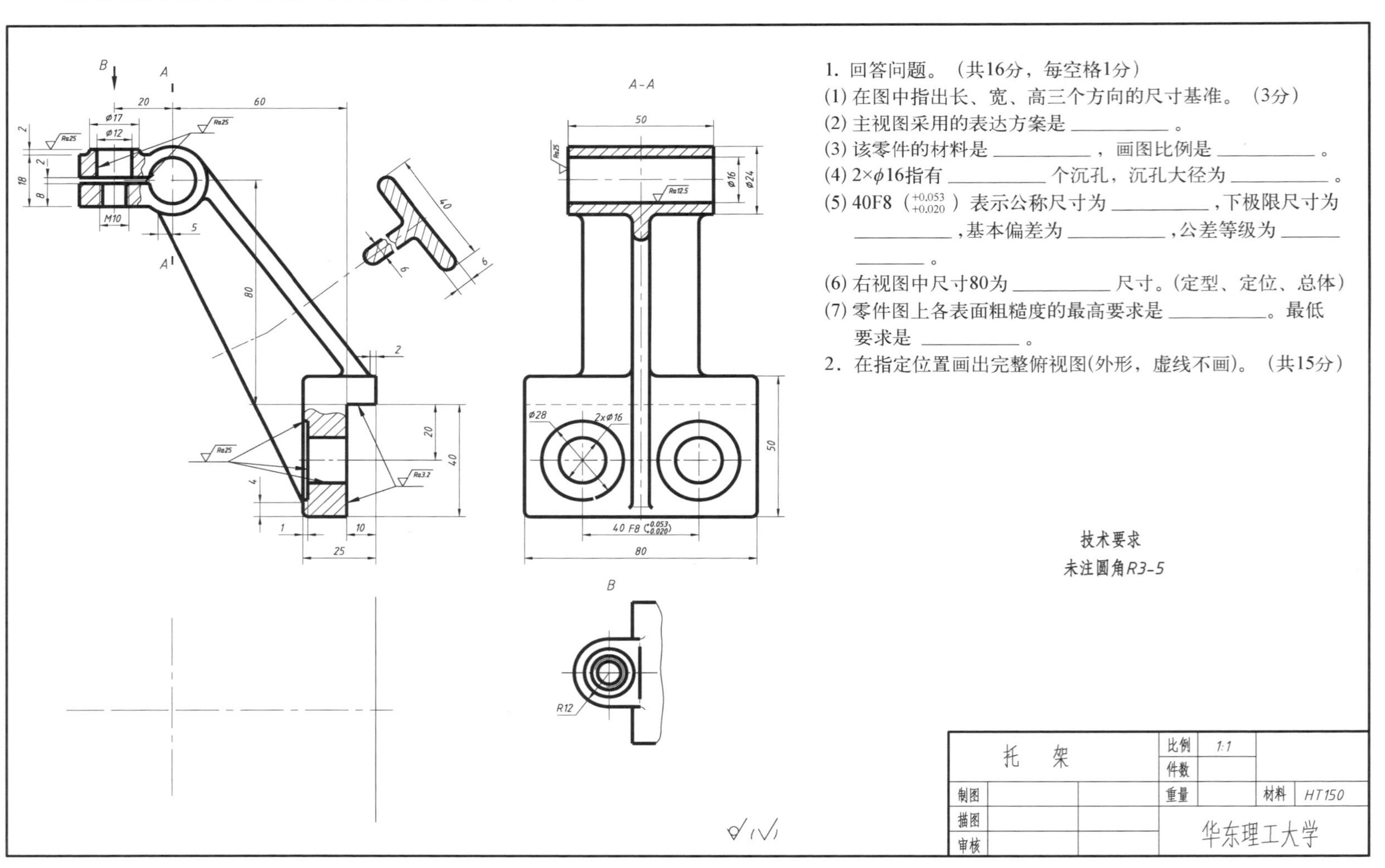

1. 回答问题。（共16分，每空格1分）

(1) 在图中指出长、宽、高三个方向的尺寸基准。（3分）

(2) 主视图采用的表达方案是 ________ 。

(3) 该零件的材料是 ________ ，画图比例是 ________ 。

(4) $2\times\phi16$指有 ________ 个沉孔，沉孔大径为 ________ 。

(5) 40F8 $\left(^{+0.053}_{+0.020}\right)$ 表示公称尺寸为 ________ ，下极限尺寸为 ________ ，基本偏差为 ________ ，公差等级为 ________ 。

(6) 右视图中尺寸80为 ________ 尺寸。（定型、定位、总体）

(7) 零件图上各表面粗糙度的最高要求是 ________ 。最低要求是 ________ 。

2. 在指定位置画出完整俯视图(外形，虚线不画)。（共15分）

五、请读懂隔膜阀装配图。(40 分)

工作状况：隔膜阀是一种节制气流的阀门，当阀帽(件 1)受外力作用下压时，固定在阀杆(件 8)上的隔膜(件 4)因弹力作用下压阀杆，故与阀杆连接的弹簧(件 12)被压缩使阀杆与胶垫(件 9)间产生空隙，而阀门底部进入的气体就均匀地流入阀体(件 7)而排出，阀帽外力消除后，由于弹簧的弹力使得阀杆压紧胶垫而气流不通。

1. 填充并回答问题。(15 分)

(1) 隔膜阀主视图的表达方案是________________________。表达重点是____。

(2) 隔膜阀左视图的表达方案是________________________。表达重点是____。

(3) 说明阀杆(件 8)的拆卸顺序____________________。

(4) 俯视图中尺寸 54 属于________尺寸，G1/2″属于________尺寸。

(5) $\phi 25\frac{H8}{f7}$ 属于________尺寸，$\phi 25\frac{H8}{f7}$ 属于________制________配合。H 表示________，8 表示____________________，f 表示____________________。

(6) 试说明塞子(件 13)和紧定螺钉(件 11)分别起什么作用。

2. 读懂各零件形状，分别画出阀体(件 7)、阀杆(件 8)的零件图。(用适合的表达方法表示形体，其大小可从图中直接量取，尺寸、表面粗糙度等省略)(25 分)

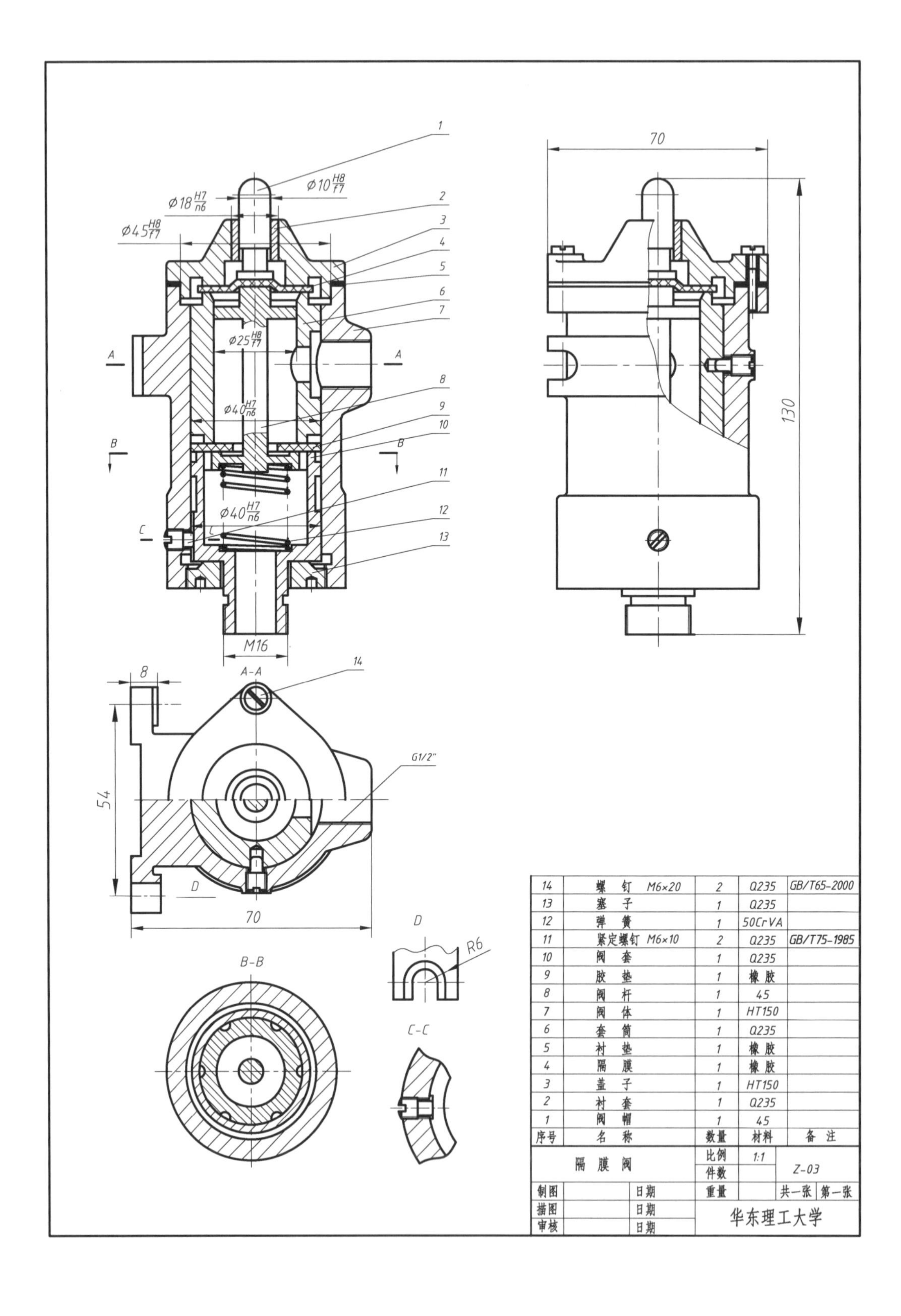

1
2
3
4
5
6
7
8
9
10
11
12
13
14
Φ10 H8/f7
Φ18 H7/n6
Φ45 H8/f7
Φ25 H8/f7
Φ40 H7/n6
Φ40 H7/n6
A
A
B
B
C
C
M16
70
130
A-A
8
54
G1/2"
D
70
D
R6
B-B
C-C
14 螺钉 M6×20 2 Q235 GB/T65-2000
13 塞子 1 Q235
12 弹簧 1 50CrVA
11 紧定螺钉 M6×10 2 Q235 GB/T75-1985
10 阀套 1 Q235
9 胶垫 1 橡胶
8 阀杆 1 45
7 阀体 1 HT150
6 套筒 1 Q235
5 衬垫 1 橡胶
4 隔膜 1 橡胶
3 盖子 1 HT150
2 衬套 1 Q235
1 阀帽 1 45
序号 名称 数量 材料 备注
隔膜阀
比例 1:1
件数
Z-03
重量
共一张 第一张
制图 日期
描图 日期
审核 日期
华东理工大学

工程制图(2 学分、3 学分)期终考试试卷答案

一、填空题。(共 10 分,每空格 1 分)

1. 工程图样中可见轮廓线用<u>　粗实线　</u>绘制,不可见轮廓线用<u>　虚　</u>线绘制。

2. 如果图样上所画一线段的实际长度是 36,而所注尺寸数字为 9,则表示采用的比例为<u>　D　</u>。

A. 1∶4　　　　B. 9∶4

C. 1∶9　　　　D. 4∶1

3. 画正等测图时,三根轴测轴之间的夹角为<u>　120°　</u>,简化的轴向伸缩系数为<u>　1　</u>。

4. 将零件向不平行于基本投影面的平面投射所得视图称为<u>　斜　</u>图;
只将零件的某一部分向基本投影面投射所得视图称为<u>　局部视　</u>图。

5. 机件上肋板、轮辐和薄壁等结构,如按纵向剖切,这些结构的剖切区域都不画<u>　剖面　</u>线,而用<u>　轮廓　</u>线将它与邻接部分分开。

6. 一回转轴垂直于 W 面的圆柱被正垂面截切,其截交线在 V 面上的投影为<u>　C　</u>。

A. 圆　　　　B. 椭圆

C. 倾斜于 OX 投影轴的直线　　　　D. 不确定

二、完整、清晰地标注尺寸(数值取整,由图中量取)。(10 分)

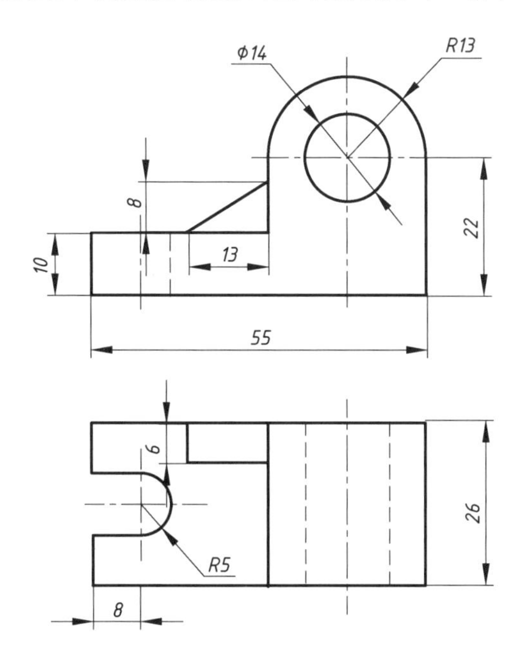

三、由主、俯视图补画左视图(虚、实线均要画)。(15分)

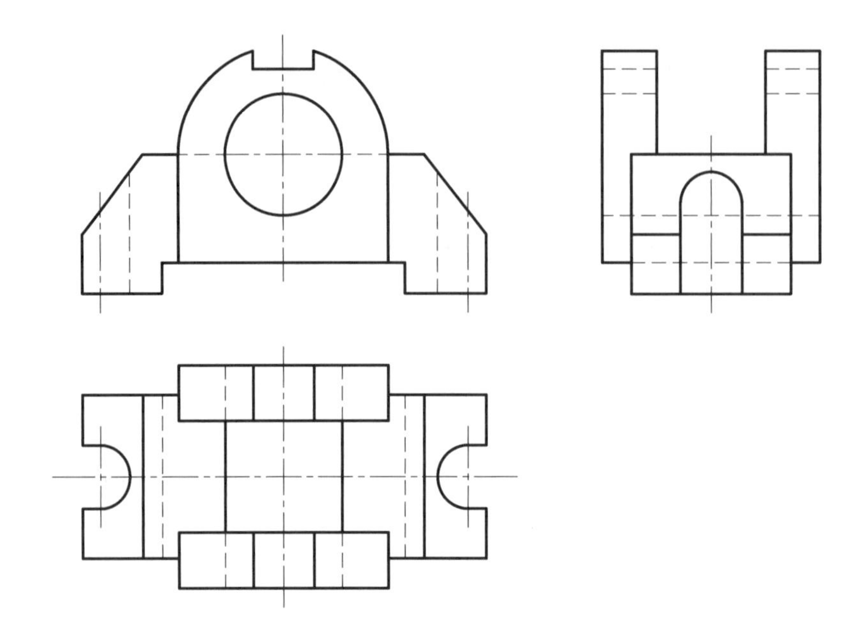

四、下图机件左右对称,将主视图改画成半剖视图,并画出全剖的左视图。(20分)

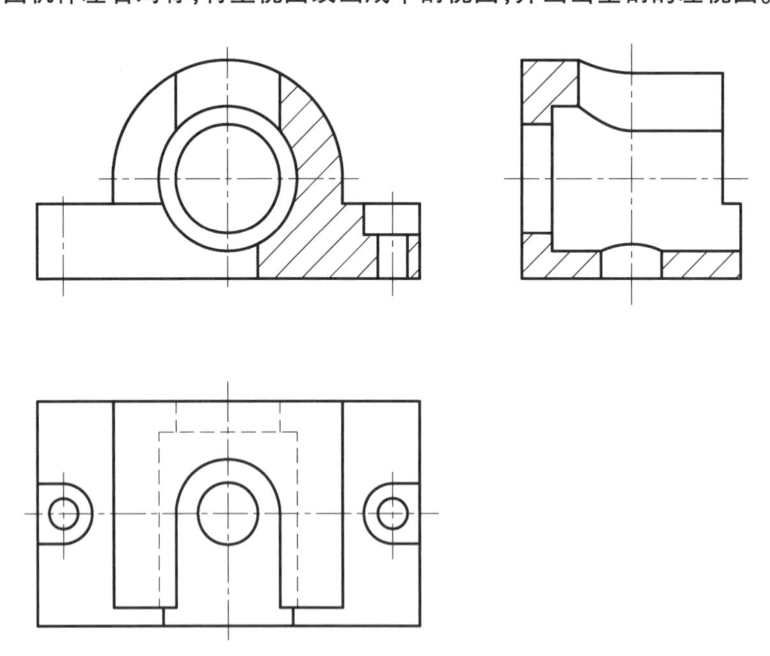

五、请读懂套筒零件图并回答问题及作图。(共 25 分)

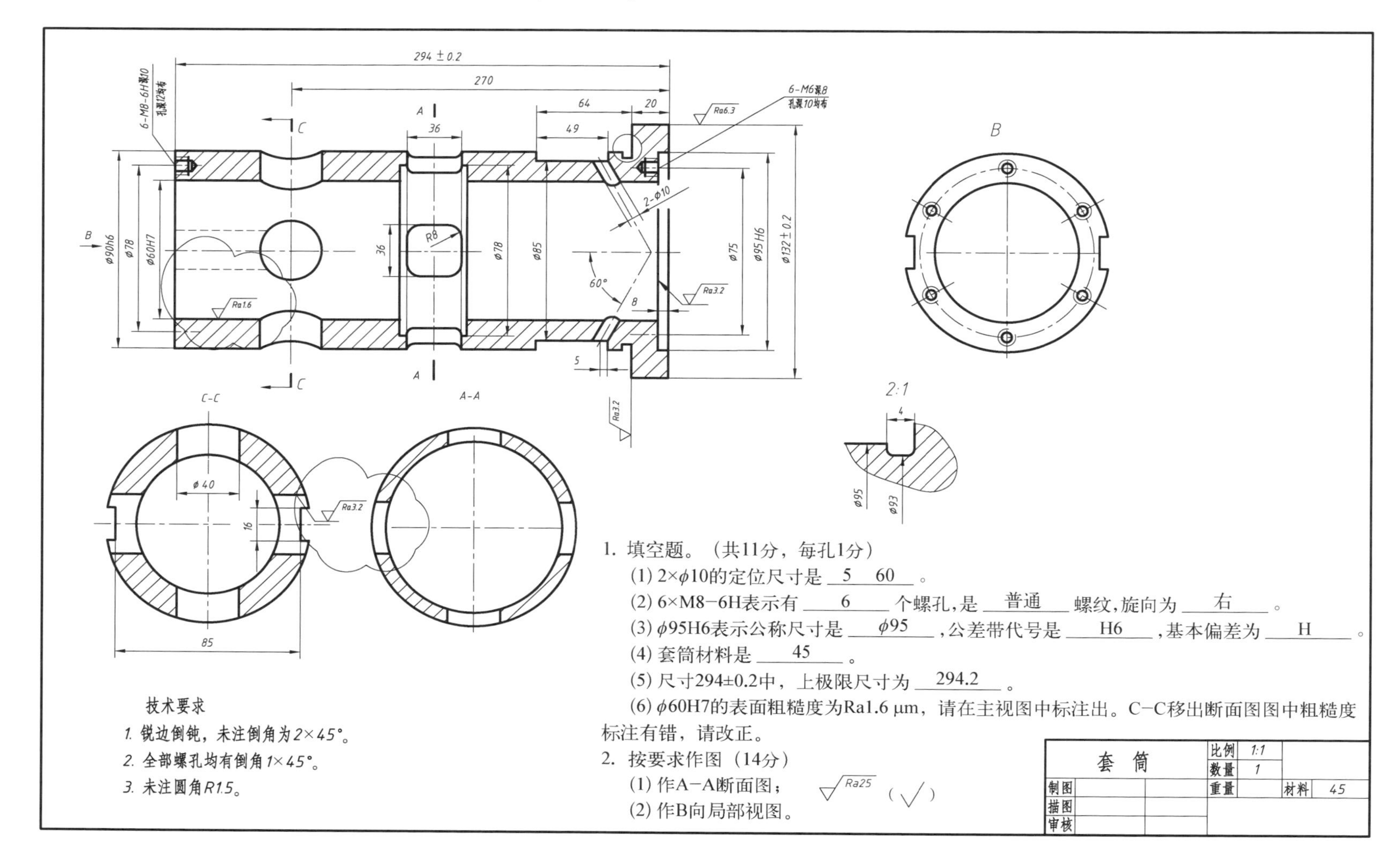

1. 填空题。(共11分，每孔1分)

(1) 2×ϕ10的定位尺寸是 <u>5 60</u> 。

(2) 6×M8−6H表示有 <u>6</u> 个螺孔，是 <u>普通</u> 螺纹，旋向为 <u>右</u> 。

(3) ϕ95H6表示公称尺寸是 <u>ϕ95</u> ，公差带代号是 <u>H6</u> ，基本偏差为 <u>H</u> 。

(4) 套筒材料是 <u>45</u> 。

(5) 尺寸294±0.2中，上极限尺寸为 <u>294.2</u> 。

(6) ϕ60H7的表面粗糙度为Ra1.6 μm，请在主视图中标注出。C−C移出断面图图中粗糙度标注有错，请改正。 Ra25 (√)

2. 按要求作图(14分)

(1) 作A−A断面图；

(2) 作B向局部视图。

六、请读懂平口钳装配图，并拆画零件图。（共 20 分）

1. 工作原理。

平口钳用于装卡被加工的零件。使用时将固定钳体 8 安装在工作台上，旋转丝杠 10 推动套螺母 5 及活动钳体 4 作直线往复运动，从而使钳口板开合，以松开或夹紧工件。紧固螺钉 6 用来在加工时锁紧套螺母 5。

2. 回答以下问题：

（1）下列尺寸各属于装配图中的何种尺寸。

0～91 属于<u>　性能规格　</u>尺寸，ϕ28H8/f8 属于<u>　装配　</u>尺寸，160 属于<u>　安装　</u>尺寸，270 属于<u>　外形　</u>尺寸。

（2）说明 ϕ25H8/f8 的含义：ϕ25 是<u>　公称　</u>尺寸，H8 是<u>　公差带　</u>代号，f 是<u>　基本偏差　</u>。

（3）两零件的接触面、基本尺寸相同的轴孔配合面应画<u>　一　</u>条线，非接触面画<u>　两　</u>条线。

（4）平口钳装配体一共有<u>　11　</u>种零件，有<u>　2　</u>种标准件。

（5）图中零件 6 紧固螺钉与零件 5 套螺母的螺纹连接有两处错误，请用引线指出并说明错误原因。

（6）在下面空白处，选用恰当的表达方案拆画活动钳体 4 的零件图（只画视图，不标注尺寸及表面粗糙度等）。（10 分）

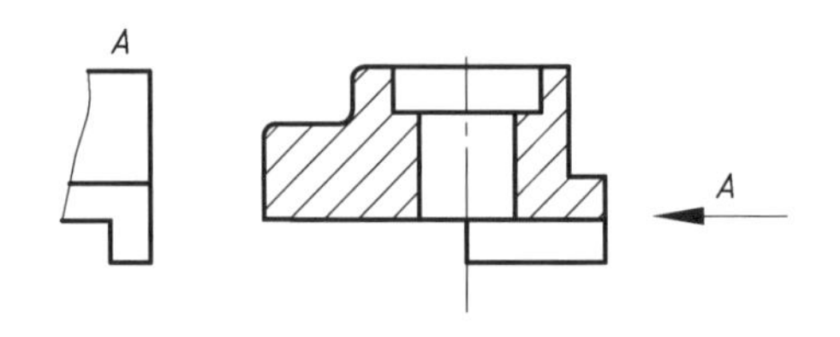

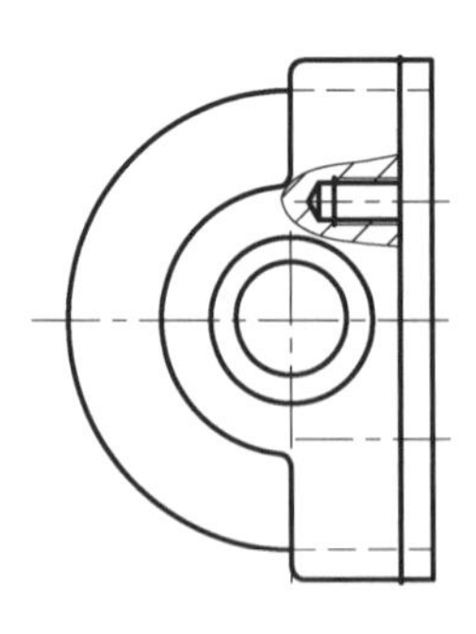

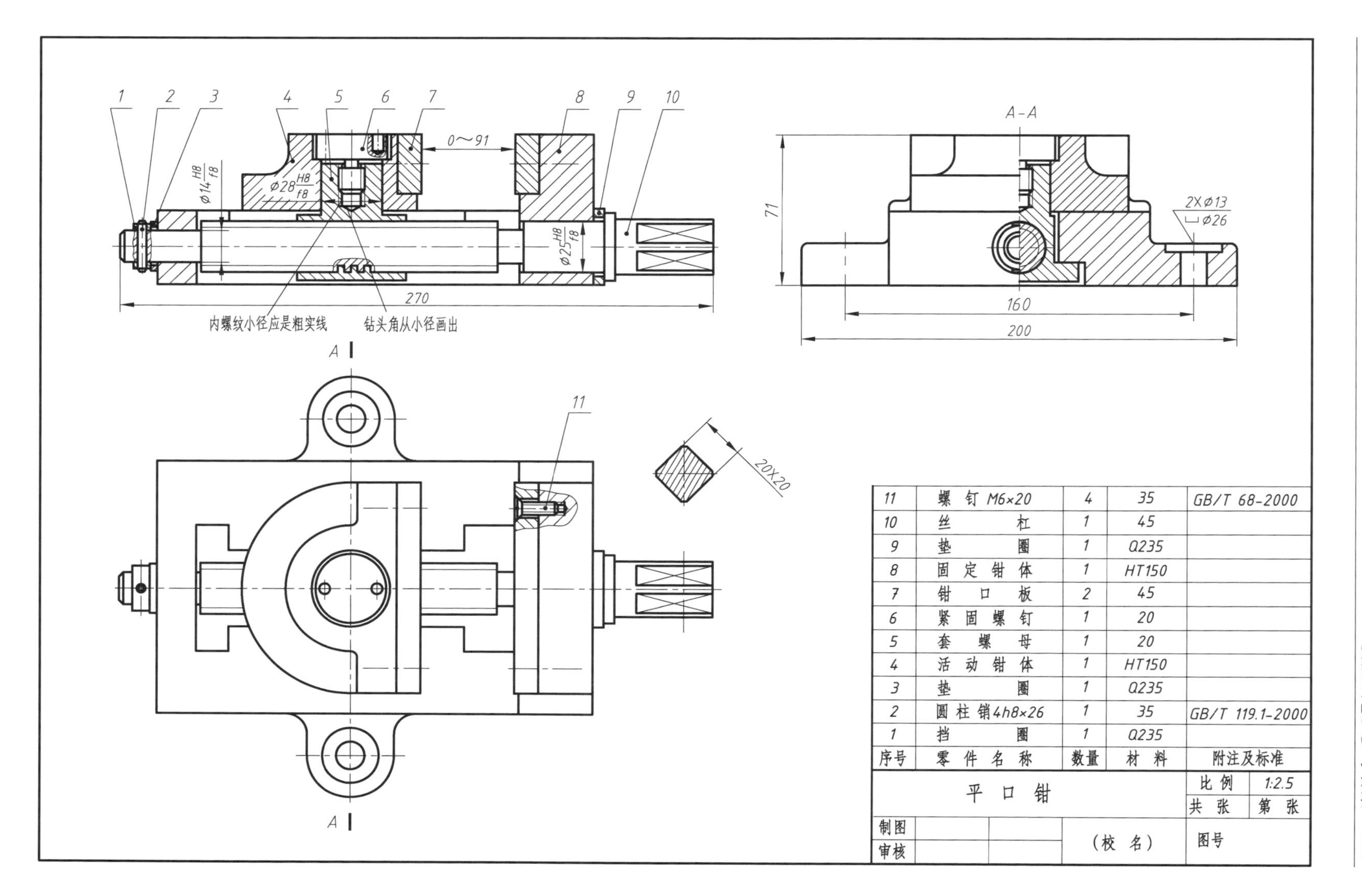

序号	零件名称	数量	材料	附注及标准
11	螺钉 M6×20	4	35	GB/T 68-2000
10	丝杠	1	45	
9	垫圈	1	Q235	
8	固定钳体	1	HT150	
7	钳口板	2	45	
6	紧固螺钉	1	20	
5	套螺母	1	20	
4	活动钳体	1	HT150	
3	垫圈	1	Q235	
2	圆柱销 4h8×26	1	35	GB/T 119.1-2000
1	挡圈	1	Q235	

平口钳		比例	1:2.5
		共 张	第 张
制图		图号	
审核	（校名）		

工程制图机械类(上)期终考试试卷答案

一、判断下列几何要素的相对位置，根据题意填空或者作图。(共 8 分，每小题 2 分)

1. 直线 AB 与 CD 的相对位置：<u>垂直交叉</u>。

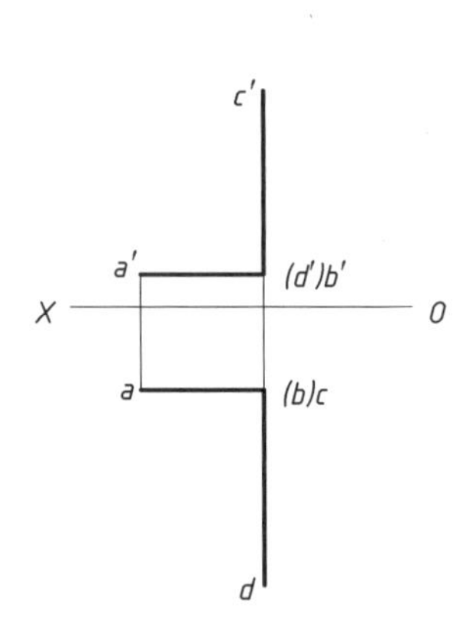

2. 直线 AB 与平面 CDE 的相对位置：<u>平行</u>。

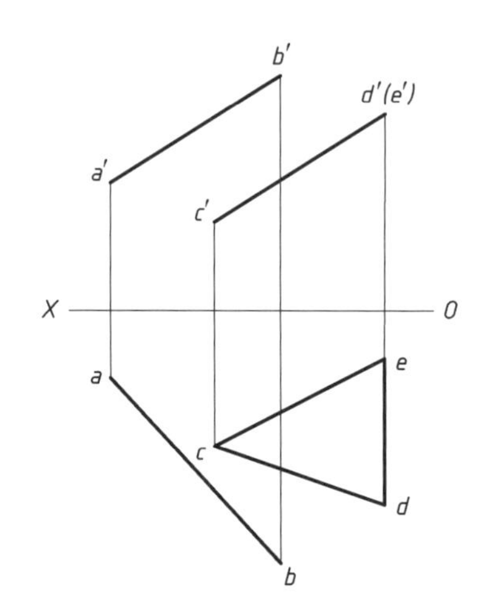

3. 点 K 是否从属于两相交直线所确定的平面。

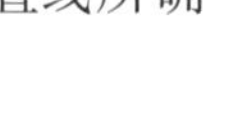

答：<u>不属于</u>。

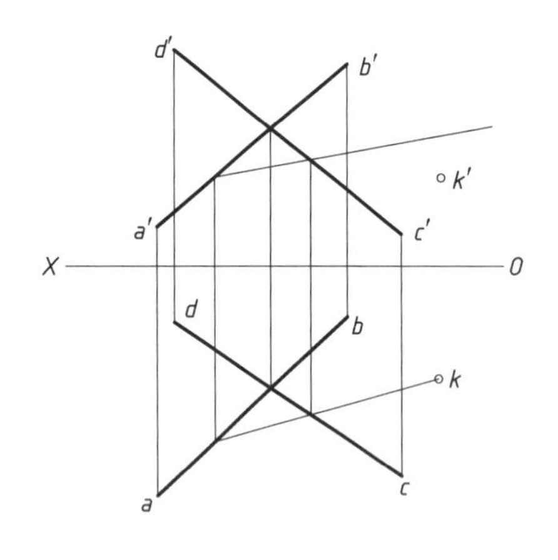

4. 判断下列图中的直线 EF 与平面 $ABCD$ 是否平行。

答：<u>不平行</u>。

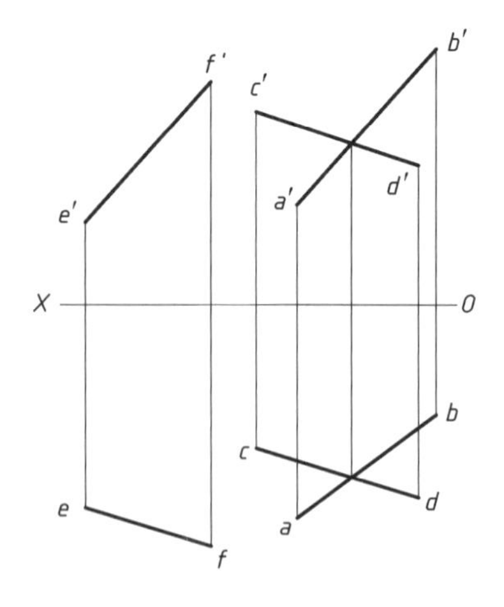

二、基本作图题(不能使用换面法)。(12分)

1. 已知线段 AB 的实长为 35 mm，并知其投影 $a'b'$ 及 b，求该线段的水平投影。

2. 已知直线 AB 和 CD($AB // CD$)所确定的平面平行于$\triangle EFG$，完成 $ABCD$ 平面的水平投影。

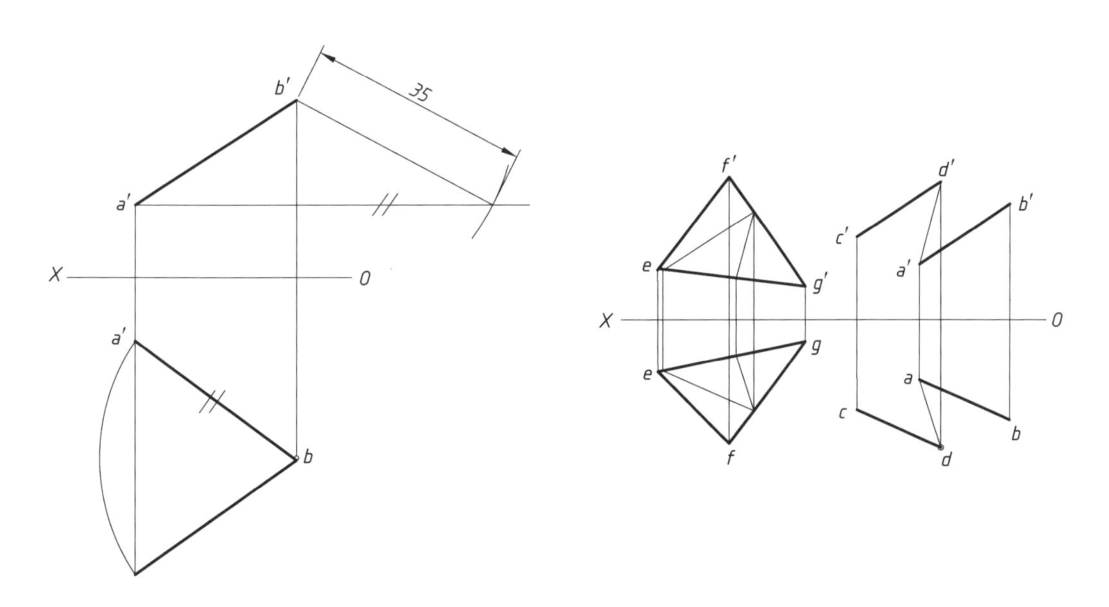

3. CE 方向向前，$\beta=45°$，而 CD 与 CE 的实长相等，求 ce 和 $c'd'$(两解)。

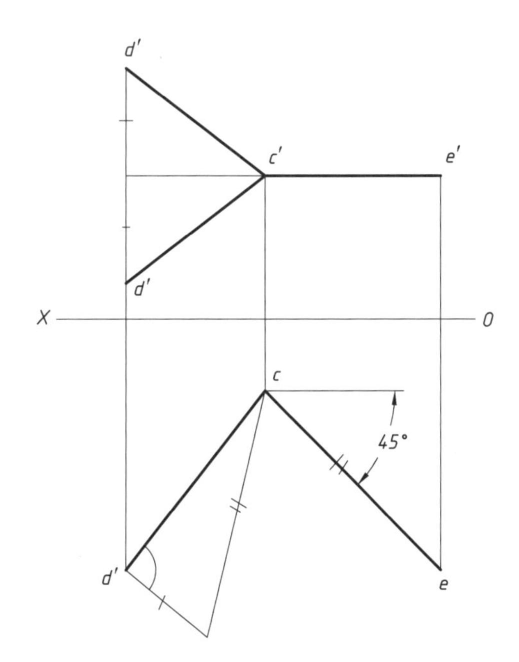

三、利用换面法求 ***DF***、***EG*** 两直线间的公垂线距离。(15 分)

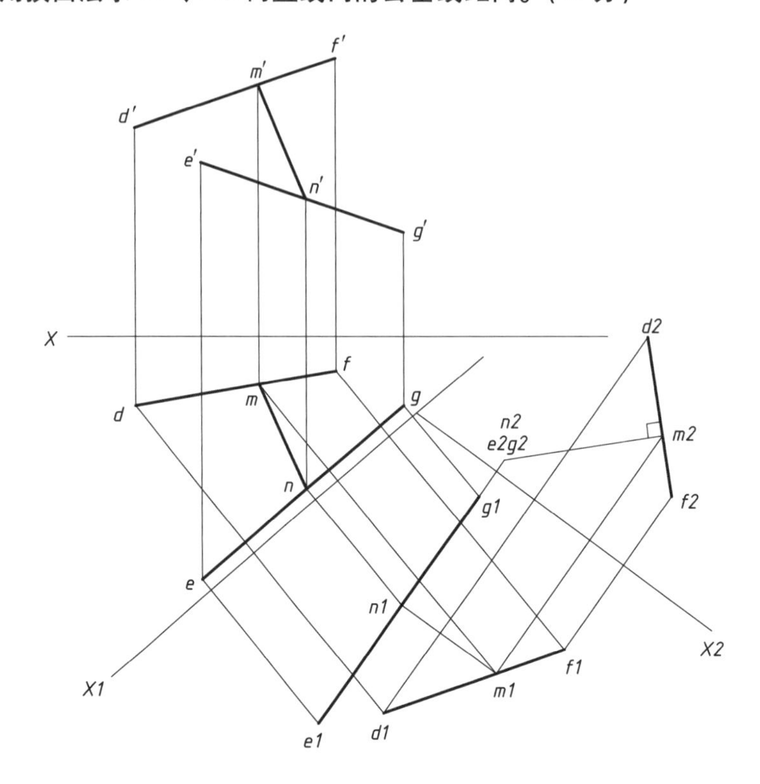

四、完整、清晰地标注尺寸(数值取整,由图中量取)。(10 分)

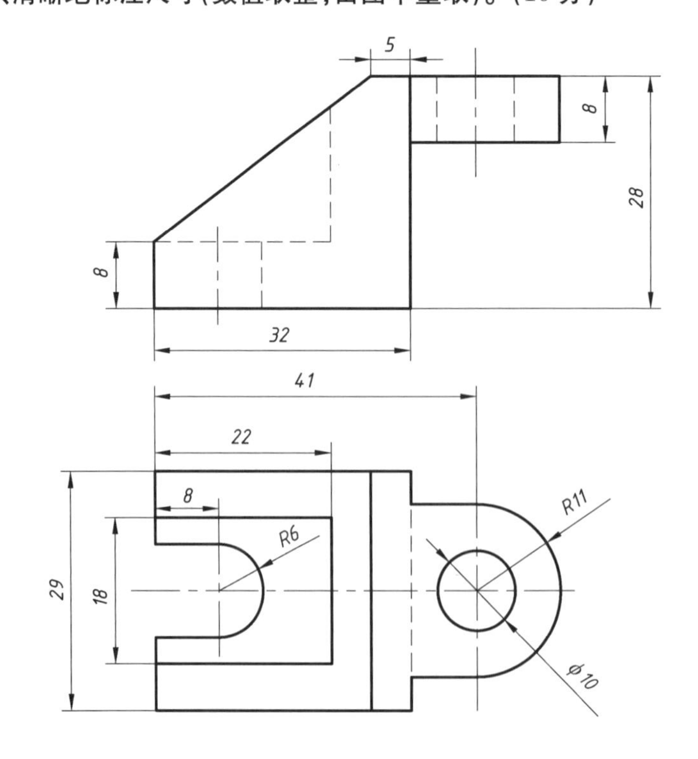

五、根据已知的回转轴视图，在指定位置画出三个断面图。(10 分)

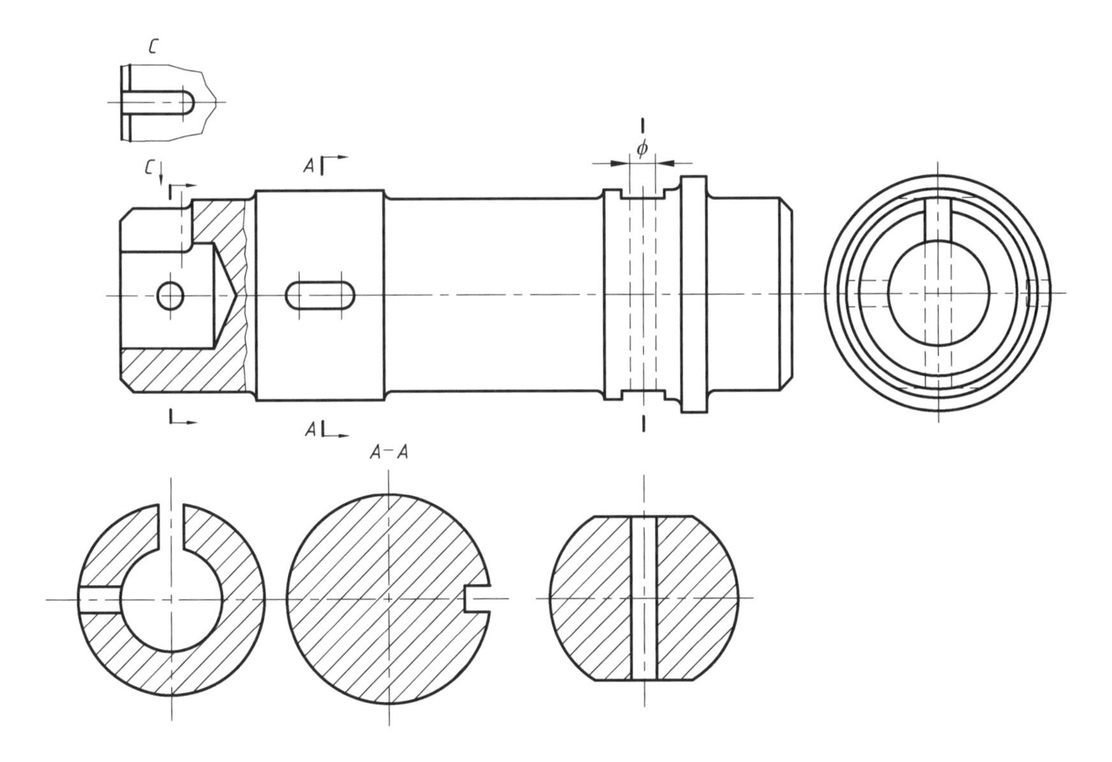

六、利用两个已知视图补画第三个视图(虚、实线均要画)。(25 分)

1. 补画俯视图。(10 分)

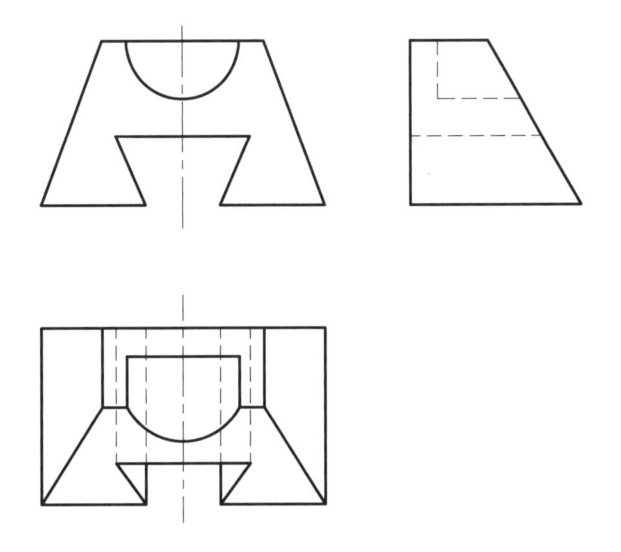

2. 补画左视图。(15 分)

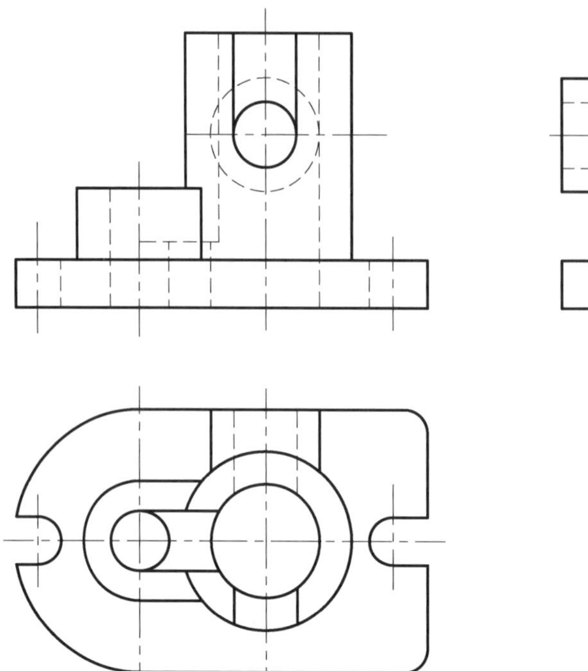

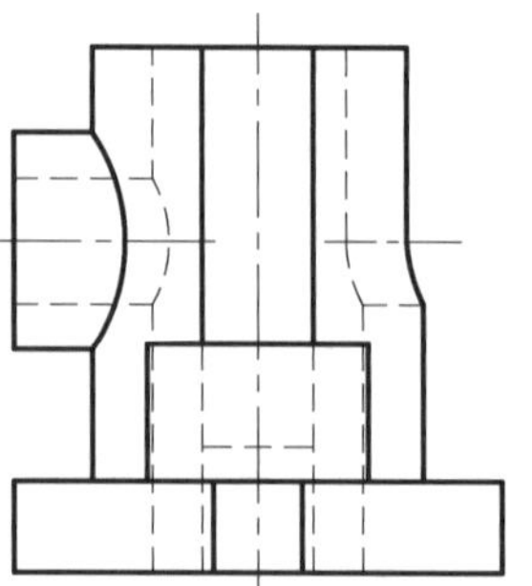

七、在指定位置将主视图改画成半剖视图,并画出全剖的左视图。(**20** 分)

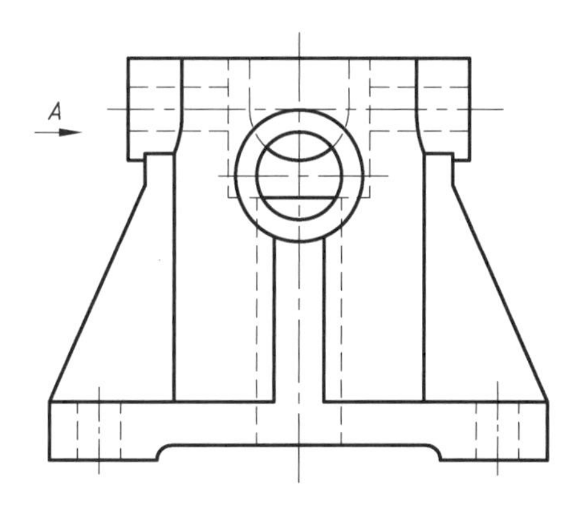

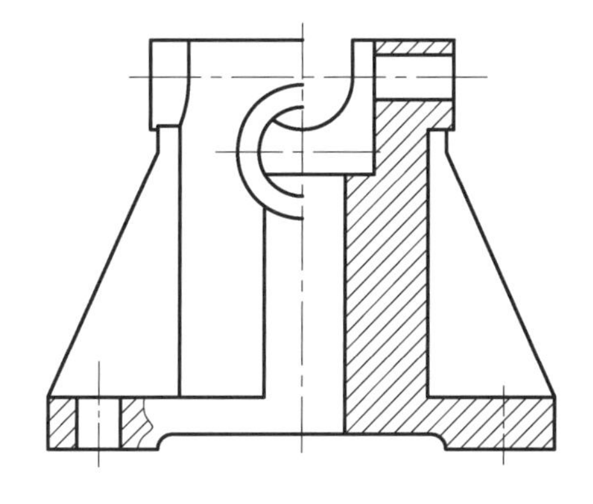

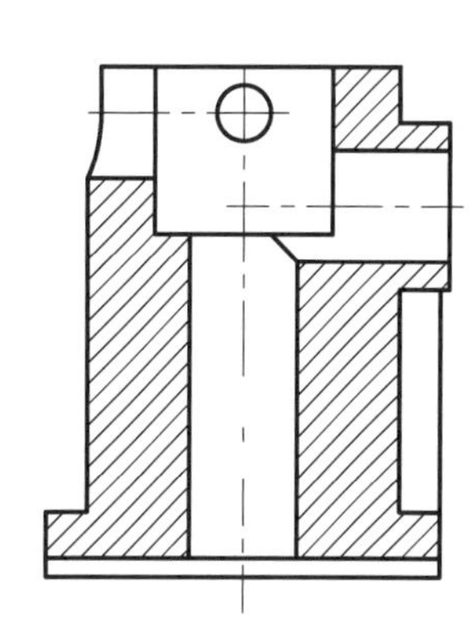

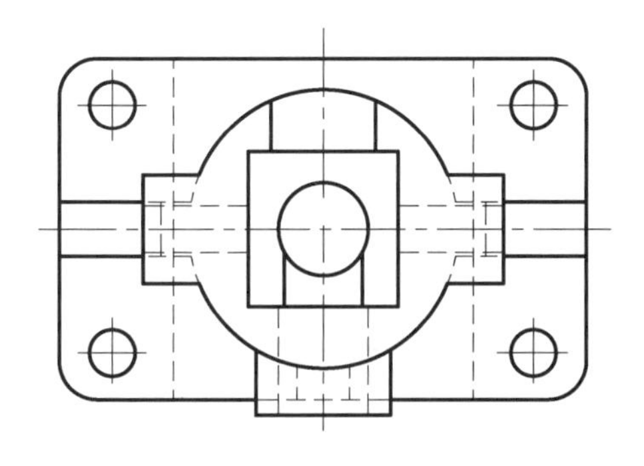

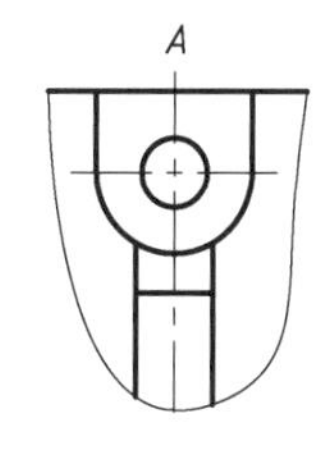

工程制图机械类(下)期终考试试卷答案

一、填空题。(共 15 分,每空格 1 分)

1. 螺纹标注 G1A 中,G 表示<u>　非螺纹密封管螺纹　</u>,1 表示<u>　尺寸代号　</u>,A 表示<u>　公差等级　</u>。

2.$\phi 18^{+0.018}_{0}$的孔和$\phi 18^{-0.016}_{-0.027}$的轴配合,它们属于<u>　基孔　</u>制的<u>　间隙　</u>配合,其中轴的公差值是<u>　0.011　</u>。

3. 螺纹相邻两个牙型在中径线上对应两点间的轴向距离称为<u>　螺距　</u>;沿同一条螺旋线上相邻两个牙型在中径线上对应两点间的轴向距离称为<u>　导程　</u>。单线螺纹的螺距等于导程,多线螺纹的螺距乘以<u>　线数　</u>等于导程。

4. 标准公差分为<u>　20　</u>级,即 IT01,IT0,IT1 至 IT18。从 IT01 至 IT18,精度等级依次<u>　降低　</u>。

5. 画轴套类零件时,一般按加工位置将轴线<u>　水平　</u>放置。通常采用<u>　垂直　</u>于轴线的方向作为主视图投影方向。键槽、退刀槽、孔等结构常用<u>　移出断面　</u>图、局部剖视图、<u>　局部放大　</u>图来表达。

二、改正下图中齿轮与轴连接画法的错误。(8 分)

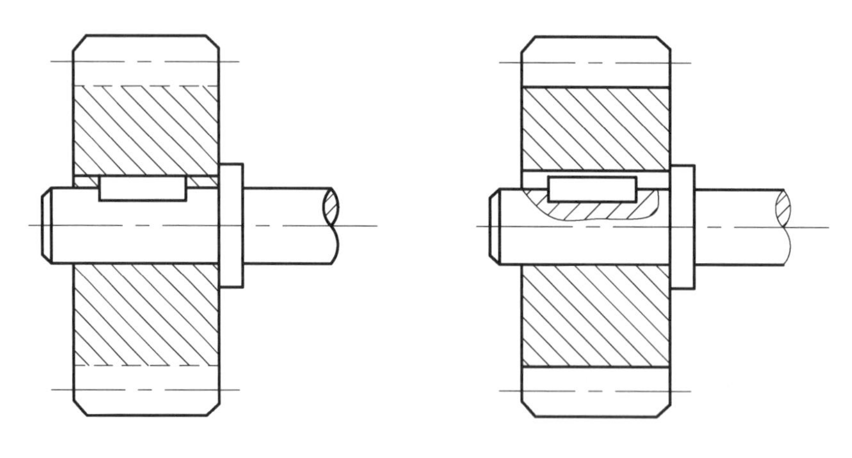

三、改正下图中螺纹画法的错误。(7 分)

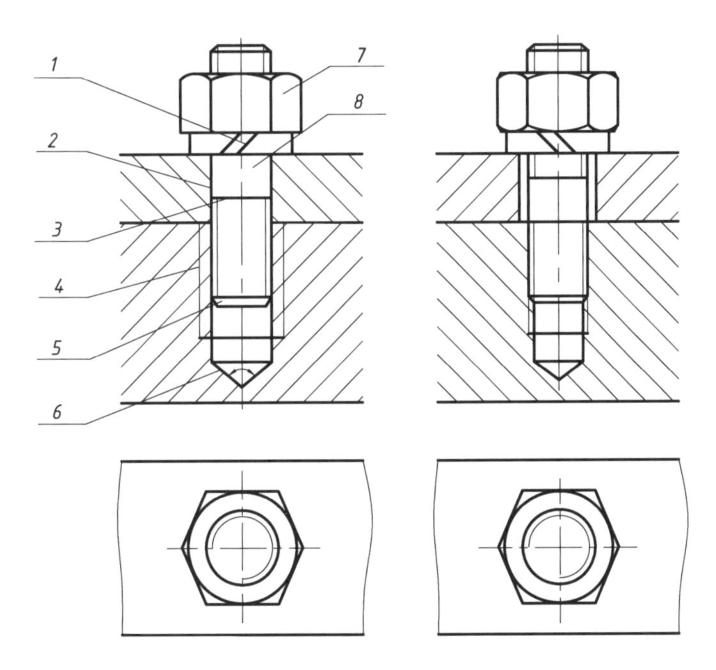

1. 倾斜方向应由左上向右下倾斜 70°。
2. 此处应画两条线。
3. 双头螺柱旋入端的螺纹终止线应与结合面平齐。
4. 内外螺纹旋合时大小径线应对齐。
5. 外螺纹小径线应画入倒角。
6. 此处角度应为 120°。
7. 螺母的画法有误。
8. 上螺纹太短。

四、请读懂托架零件图并回答问题及作图。(共 30 分)

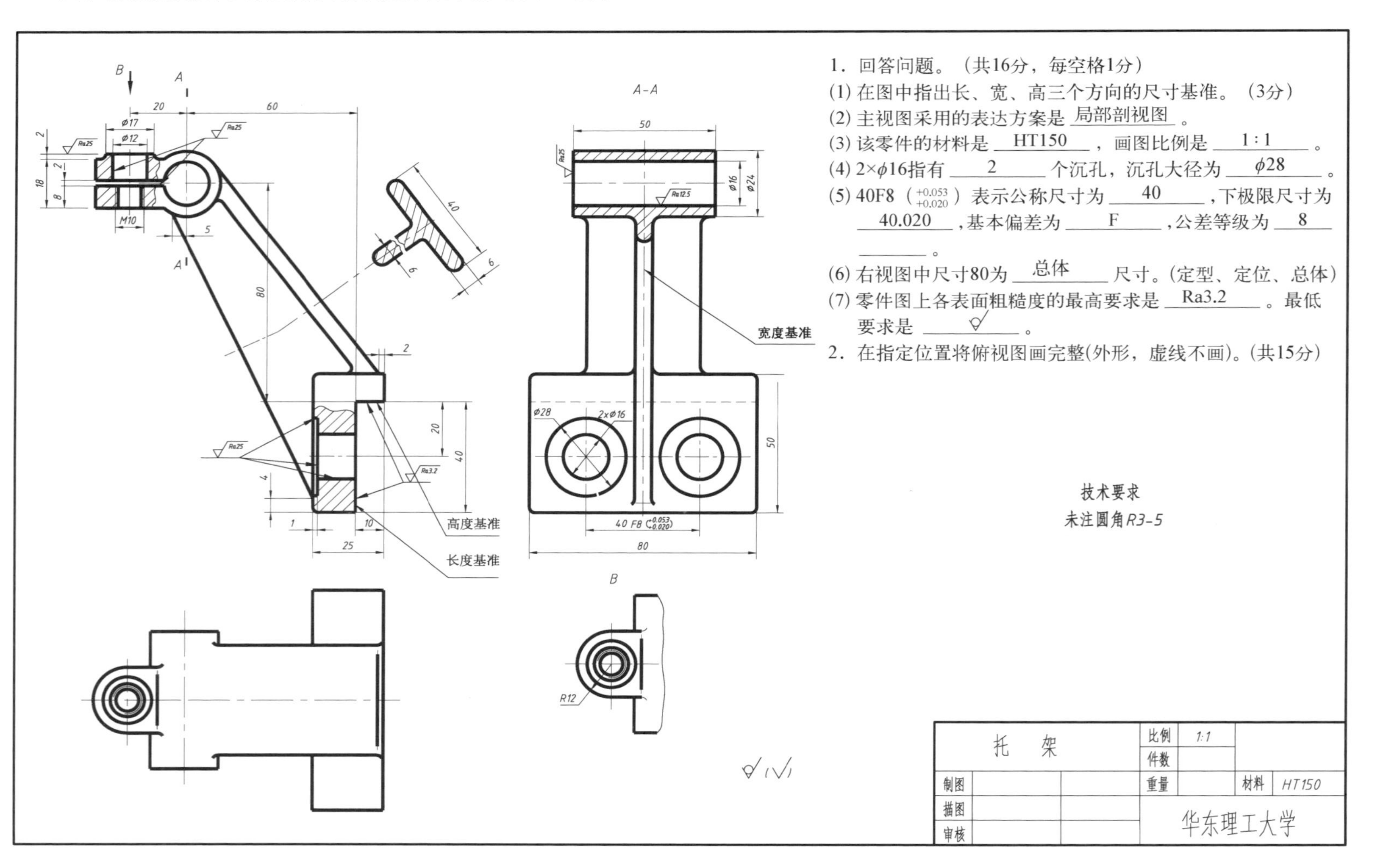

1．回答问题。(共16分，每空格1分)

(1) 在图中指出长、宽、高三个方向的尺寸基准。(3分)

(2) 主视图采用的表达方案是 局部剖视图 。

(3) 该零件的材料是 HT150 ，画图比例是 1∶1 。

(4) 2×ϕ16指有 2 个沉孔，沉孔大径为 ϕ28 。

(5) 40F8 ($^{+0.053}_{+0.020}$) 表示公称尺寸为 40 ，下极限尺寸为 40.020 ，基本偏差为 F ，公差等级为 8 。

(6) 右视图中尺寸80为 总体 尺寸。(定型、定位、总体)

(7) 零件图上各表面粗糙度的最高要求是 Ra3.2 。最低要求是 ____ 。

2．在指定位置将俯视图画完整(外形，虚线不画)。(共15分)

五、读隔膜阀装配图。隔膜阀工作原理见后面图中说明。(共 40 分)

1. 填充并回答问题。(15 分)

(1) 隔膜阀主视图的表达方案是<u>全剖</u>。表达重点是<u>表达隔膜阀的工作原理和主要的装配关系</u>。

(2) 隔膜阀左视图的表达方案是<u>局部剖</u>。表达重点是<u>表达盖子与阀体、阀体与套筒的连接关系、其他零件的外形</u>。

(3) 说明阀杆(件 8)的拆卸顺序<u>14－3－2－1－4－6－9－8</u>。

(4) 俯视图中尺寸 54 属于<u>安装</u>尺寸、G1/2″属于<u>性能</u>尺寸。

(5) $\phi 25\frac{H8}{f7}$属于<u>装配</u>尺寸,$\phi 25\frac{H8}{f7}$属于<u>基孔</u>制<u>间隙</u>配合。H 表示<u>孔的基本偏差</u>,8 表示<u>孔的公差等级</u>,f 表示<u>轴的基本偏差</u>。

(6) 试说明塞子(件 13)和紧定螺钉(件 11)分别起什么作用?

答:塞子(件 13)的作用是调节弹簧的预紧力,从而达到调节排出气体的压力,紧定螺钉(件 11)的作用是防止阀套及套筒的旋转。

2. 读懂各零件形状,分别画出阀体(件 7)、阀杆(件 8)的零件图。(用适合的表达方法表示形体,其大小从图中直接量取,尺寸、表面粗糙度等省略)(25 分)

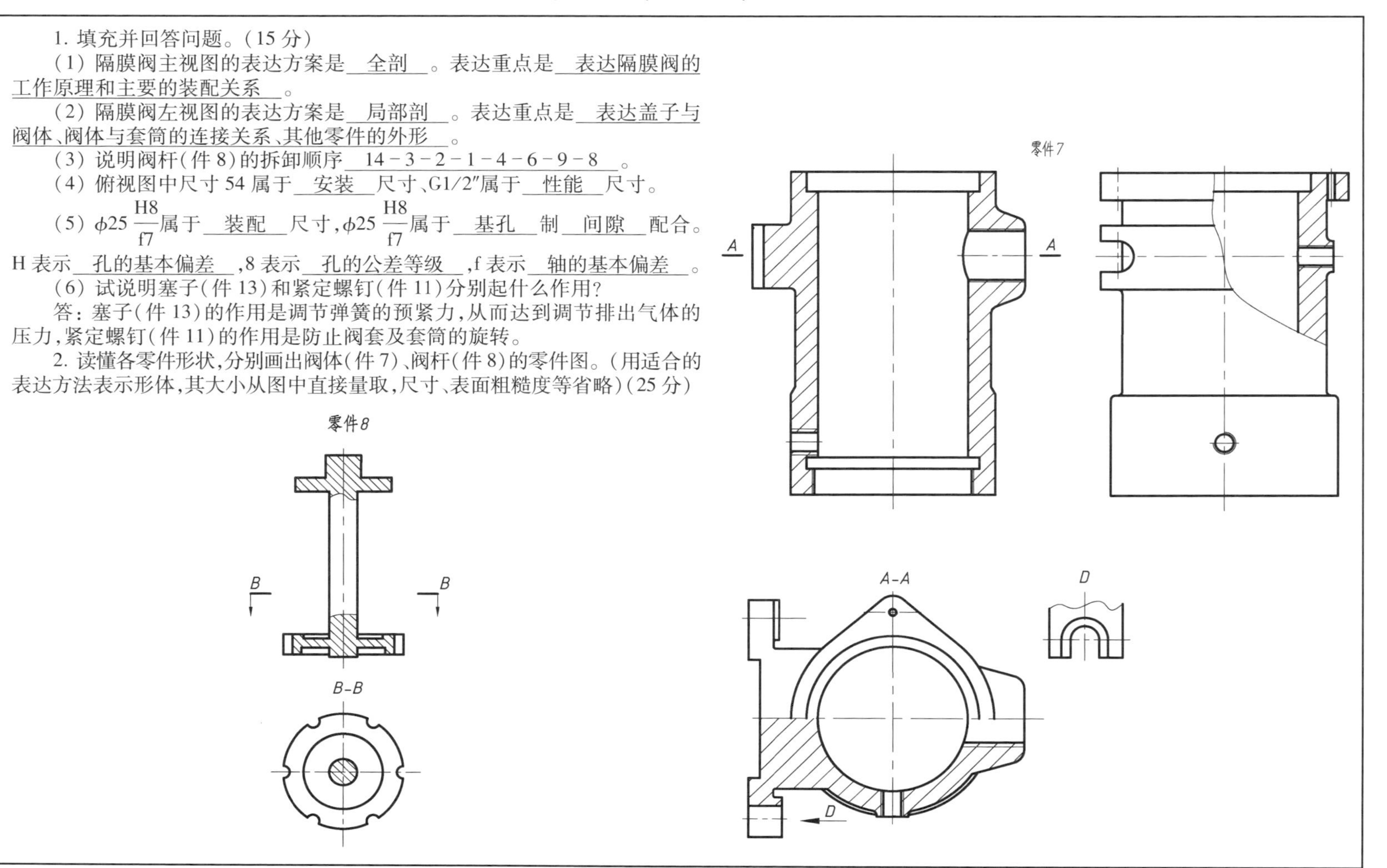

参 考 文 献

［1］ 刘虹，黄笑梅，屈新怀.现代机械工程图学解题指导.北京：机械工业出版社，2012.

［2］ 陆国栋，施岳定.工程图学解题指导与学习引导.北京：高等教育出版社，2007.

［3］ 曾明华.画法几何及机械制图.成都：西南交通大学出版社，2010.

［4］ 田怀文，王伟.机械工程图学.成都：西南交通大学出版社，2006.

［5］ 黄英，李小号，杨广衍，等.画法几何及机械制图.北京：高等教育出版社，2017.

［6］ 黄皖苏，黄笑梅.工程图学解题指导.合肥：中国科学技术大学出版社，2008.